教育部高等农林院校理科基础课程教学指导委员会
推荐示范教材

高等农林教育“十三五”规划教材

概率论与数理统计

Probability Theory and Mathematical Statistics

第 2 版

雷　鸣　杜忠复　主编

中国农业大学出版社
· 北京 ·

内 容 简 介

本书为高等农林院校概率论与数理统计课程教材。全书共 9 章：概率论基础、一维随机变量及其分布、多维随机变量及其分布、随机变量的数字特征、大数定律与中心极限定理、数理统计的基本概念、假设检验、统计分析、数学建模介绍与数学实验。

本书是编者在不断总结多年教学实践及研究经验的基础上编写而成的。注重统计思想方法的渗透，淡化经典概率；加强数学建模与数学实验，通过数学建模与数学实验的手段与方法强调随机应用问题的处理，从而提高学生对随机问题的认识及解决能力。同时在第 1 版的基础上增加例题，并增加了二维码，在二维码中加入了数学家小传、知识点介绍、教学基本要求与重点和典型例题，还增加了练习题。

本书可作为高等农林院校概率论与数理统计课程教学用书，以及相关科技人员的参考书。

图书在版编目(CIP)数据

概率论与数理统计/雷鸣，杜忠复主编. —2 版. —北京：中国农业大学出版社，2017. 8
ISBN 978-7-5655-1914-7

Ⅰ. ①概… Ⅱ. ①雷…②杜… Ⅲ. ①概率论 ②数理统计 Ⅳ. ①O21

中国版本图书馆 CIP 数据核字(2017)第 200696 号

书　　名　概率论与数理统计　第 2 版
作　　者　雷　鸣　杜忠复　主编

策划编辑　张秀环　　**责任编辑**　韩元凤
封面设计　郑　川　　**责任校对**　王晓凤
出版发行　中国农业大学出版社
社　　址　北京市海淀区圆明园西路 2 号　　**邮政编码**　100193
电　　话　发行部 010-62818525，8625　　**读者服务部** 010-62732336
编辑部 010-62732617，2618　　**出　版　部** 010-62733440
网　　址　http://www.cau.edu.cn/caup　　**E-mail**　cbsszs@cau.edu.cn
经　　销　新华书店
印　　刷　北京时代华都印刷有限公司
版　　次　2017 年 8 月第 2 版　　2017 年 8 月第 1 次印刷
规　　格　787×1 092　16 开本　13.5 印张　330 千字
定　　价　30.00 元

第 2 版编写人员

主　编　雷　鸣（北华大学）
杜忠复（北华大学）

副主编　徐文科（东北林业大学）
王　鹏（北京林业大学）
张丽春（北华大学）
吴素文（沈阳农业大学）
吴清太（南京农业大学）
刘郁文（湖南农业大学）
何延治（延边大学）

编　者　（按姓氏笔画排序）
于　妍（沈阳农业大学）
王　鹏（北京林业大学）
王殿坤（青岛农业大学）
冯大光（沈阳农业大学）
刘郁文（湖南农业大学）
李　辉（北华大学）
何延治（延边大学）
张丽春（北华大学）
杜忠复（北华大学）
杨海涛（内蒙古民族大学）
吴素文（沈阳农业大学）
吴清太（南京农业大学）
徐文科（东北林业大学）
葛　立（河南科技学院）
董建国（沈阳农业大学）
雷　鸣（北华大学）

第1版编写人员

主　编　杜忠复　崔文善　雷　鸣
副主编　徐文科　李永慈　李　辉　吴素文
吴清太　刘郁文　何延治
编　者（以姓氏笔画排序）
王殿坤（青岛农业大学）
石立新（四川农业大学）
刘郁文（湖南农业大学）
李永慈（北京林业大学）
李　辉（北华大学）
何延治（延边大学）
张丽春（北华大学）
吴素文（沈阳农业大学）
吴清太（南京农业大学）
杜忠复（北华大学）
杨海涛（内蒙古民族大学）
徐文科（东北林业大学）
崔文善（青岛农业大学）
葛　立（河南科技学院）
董建国（沈阳农业大学）
雷　鸣（北华大学）

出版说明

在教育部高教司农林医药处的关怀指导下，由教育部高等农林院校理科基础课程教学指导委员会（以下简称“基础课教指委”）推荐的本科农林类专业数学、物理、化学基础课程系列示范性教材现在与广大师生见面了。这是近些年全国高等农林院校为贯彻落实“质量工程”有关精神，广大一线教师深化改革，积极探索加强基础、注重应用、提高能力、培养高素质本科人才的立项研究成果，是具体体现“基础课教指委”组织编制的相关课程教学基本要求的物化成果。其目的在于引导深化高等农林教育教学改革，推动各农林院校紧密联系教学实际和培养人才需求，创建具有特色的数理化精品课程和精品教材，大力提高教学质量。

课程教学基本要求是高等学校制定相应课程教学计划和教学大纲的基本依据，也是规范教学和检查教学质量的依据，同时还是编写课程教材的依据。“基础课教指委”在教育部高教司农林医药处的统一部署下，经过批准立项，于 2007 年年底开始组织农林院校有关数学、物理、化学基础课程专家成立专题研究组，研究编制农林类专业相关基础课程的教学基本要求，经过多次研讨和广泛征求全国农林院校一线教师意见，于 2009 年 4 月完成教学基本要求的编制工作，由“基础课教指委”审定并报教育部农林医药处审批。

为了配合农林类专业数理化基础课程教学基本要求的试行，“基础课教指委”统一规划了名为“教育部高等农林院校理科基础课程教学指导委员会推荐示范教材”（以下简称“推荐示范教材”）。“推荐示范教材”由“基础课教指委”统一组织编写出版，不仅确保教材的高质量，同时也使其具有比较鲜明的特色。

一、“推荐示范教材”与教学基本要求并行 教育部专门立项研究制定农林类专业理科基础课程教学基本要求，旨在总结农林类专业理科基础课程教育教学改革经验，规范农林类专业理科基础课程教学工作，全面提高教育教学质量。此次农林类专业数理化基础课程教学基本要求的研制，是迄今为止参与院校和教师最多、研讨最为深入、时间最长的一次教学研讨过程，使教学基本要求的制定具有扎实的基础，使其具有很强的针对性和指导性。通过“推荐示范教材”的使用推动教学基本要求的试行，既体现了“基础课教指委”对推行教学基本要求的决心，又体现了对“推荐示范教材”的重视。

二、规范课程教学与突出农林特色兼备 长期以来各高等农林院校数理化基础课程在教学计划安排和教学内容上存在着较大的趋同性和盲目性，课程定位不准，教学不够规范，必须科学地制定课程教学基本要求。同时由于农林学科的特点和专业培养目标、培养规格的不同，对相关数理化基础课程要求必须突出农林类专业特色。这次编制的相关课程教学基本要求最大限度地体现了各校在此方面的探索成果，“推荐示范教材”比较充分反映了农林类专业教学改革的新成果。

三、教材内容拓展与考研统一要求接轨 2008 年教育部实行了农学门类硕士研究生统一入学考试制度。这一制度的实行，促使农林类专业理科基础课程教学要求作必要的调整。“推荐示范教材”充分考虑了这一点，各门相关课程教材在内容上和深度上都密切配合这一考试制度的实行。

四、多种辅助教材与课程基本教材相配 为便于导教导学导考，我们以提供整体解决方案的模式，不仅提供课程主教材，还将逐步提供教学辅导书和教学课件等辅助教材，以丰富的教学资源充分满足教师和学生的需求，提高教学效果。

乘着即将编制国家级“十二五”规划教材建设项目之机，“基础课教指委”计划将“推荐示范教材”整体运行，以教材的高质量和新型高效的运行模式，力推本套教材列入“十二五”国家级规划教材项目。

“推荐示范教材”的编写和出版是一种尝试，赢得了许多院校和老师的参与和支持。在此，我们衷心地感谢积极参与的广大教师，同时真诚地希望有更多的读者参与到“推荐示范教材”的进一步建设中，为推进农林类专业理科基础课程教学改革，培养适应经济社会发展需要的基础扎实、能力强、素质高的专门人才做出更大贡献。

中国农业大学出版社

2009 年 8 月

第2版前言

本书是在教育部高等农林院校理科基础课程教学指导委员会领导下，针对农林院校人才培养目标而为农林院校开设概率论与数理统计课程编写的。

第1版2009年12月出版以来，在8年的教学应用中受到了较好的评价。第1版在编写过程中除了在内容取舍上注意必须够用，突出思想方法，注意淡化经典概率内容而侧重数理统计，尤其是统计分析的思想和方法，引入数学建模与数学实验以使学生在学习中能运用现代观点和方法去思考解决相应的问题。在文字处理上，力求简洁、通俗、直观易懂。书中列举了大量较为典型、易于接受、能说明问题的例题，配备了相当数量的习题，也列举了部分实际应用上的问题。第2版在第1版基础上增加例题，并增加了二维码，在二维码中加入了数学家小传、知识点介绍、基本要求和典型例题，还增加了练习题。

本书由雷鸣、杜忠复担任主编，徐文科、王鹏、张丽春、吴素文、吴清太、刘郁文、何延治担任副主编，全书由雷鸣统一制订编写大纲并统一定稿。

参加本书编写工作的人员还有王殿坤、李辉、杨海涛、葛立、董建国等。

中国农业大学出版社在本书的编写出版过程中从各方面给予了我们大力的支持和帮助，这里我们也一并表示感谢。

本书是编者在多年从事概率论与数理统计教学、总结经验的基础上编写而成的，适用于该课程在多学时情况下的教学，使用者可根据具体情况选择教学内容。由于编者学识有限，不妥之处敬请同行指正。

编者

2017年6月

第1版前言

随机现象反映着自然界中诸多带有偶然因素的事情，了解并设法解决处理这类问题，掌握处理随机问题的基本思想与方法已经成为当代大学生基本能力的一个重要标志。

本书是在教育部高等农林院校理科基础课程教学指导委员会领导下，针对农林院校人才培养目标而为农林院校开设概率论与数理统计课程编写的。考虑农林院校学生的特点及培养要求，编写过程中，在内容取舍上注意必须够用、突出思想方法，遵循教指委下发的关于本课程的教学基本要求，同时根据教学改革的趋势，注意淡化经典概率内容而侧重数理统计，尤其是统计分析的思想和方法，引入数学建模与数学实验以使学生在学习中能运用现代观点和方法去思考解决相应的问题。文字处理上，力求简洁、通俗、直观易懂。书中列举了大量较为典型、易于接受、能说明问题的例题，配备了相当数量的习题，也列举了部分实际应用上的问题。

本书由杜忠复、崔文善、雷鸣担任主编，徐文科、李永慈、李辉、吴素文、吴清太、刘郁文、何延治担任副主编，全书由杜忠复统一制订编写大纲并统一定稿。

参加本书编写工作的人员还有王殿坤、石立新、张丽春、杨海涛、葛立、董建国等。

中国农业大学出版社在本书的编写出版过程中从各方面给予了大力的支持和帮助，这里一并表示感谢。

本书是编者在多年从事概率论与数理统计教学、总结经验的基础上编写而成的，适用于该课程在多学时情况下的教学，使用者可根据具体情况选择教学内容。由于编者学识有限，不妥之处敬请同行指正。

编者

2009年10月

目　　录

Chapter 1 第 1 章 概率论基础

Foundation of Probability Theory

概率论与数理统计是研究随机现象及其统计规律的一门学科，是统计学的理论基础，是近代数学的重要组成部分。本章将介绍概率论的基本概念，并进一步讨论事件之间的关系及其运算，概率的性质及计算方法等，这些都是我们学习概率论与数理统计的基础。

1.1 随机事件与样本空间

1.1.1 随机现象和必然现象

人们在生产活动、社会实践和科学试验中所遇到的自然现象和社会现象大体分为两类：一类是确定性现象，另一类是随机现象。

所谓确定性现象，是指事先可预知的，一定条件下必然发生的现象。例如，每天早晨太阳从东方升起；在标准大气压下，水加热到 100℃时会沸腾；竖直向上抛一重物，则该重物一定会竖直下落等。这类现象的结果是可以准确预知的。

所谓随机现象，是指事先不能预知的，在一定条件下可能发生这样的结果，也可能发生那样的结果，具有偶然性的现象。例如，抛一枚硬币，观察下落后的结果，有可能正面向上，也可能反面向上；观察种子发芽的情况，某粒种子可能发芽，也可能不发芽；某个射手向一目标射击，结果可能命中，也可能不中。这类现象的结果在试验之前是不可能准确预知的。

随机事件在一次试验中，可能发生，也可能不发生，带有不确定性。但在多次重复试验中，这些无法准确预知的现象并非杂乱无章，而是存在着某种规律的，我们称这种规律为随机现象的统计规律。概率论与数理统计就是揭示和研究随机现象统计规律的一门数学学科。概率论与数理统计的理论和方法在物理学、医学、生物学等学科以及农业、工业、国防和国民经济等方面都具有极广泛的应用。

1.1.2 样本空间和随机事件

为了获得随机现象的统计规律，必须在相同的条件下做大量的重复试验，若一个试验满足以下三个特点：

(1)在相同的条件下可以重复进行；

(2)每次试验的结果不止一个，但是在试验之前可以确定一切可能出现的结果，一次试验中有且只有其中的一个结果发生；

(3)每次试验结果恰好是这些结果中的一个，但试验之前不能准确地预知哪种结果会出现。就称这种试验为**随机试验**，也简称为**试验**，我们常用 E 来表示。

随机试验的每一个可能的结果称为**基本事件**，有时也称为**样本点**，常用 ω 表示。而所有样本点组成的集合称为**样本空间**，通常用 Ω 表示。显然 $\omega\in\Omega$。

[例 1] 观察一粒种子的发芽情况，一次观察就是一次试验，试验的结果为

$\omega_1=$“发芽”，$\omega_2=$“不发芽”，$\Omega_1=\{\omega_1,\omega_2\}$

[例 2] 掷两枚硬币，观察正反面的情况，试验的可能结果有

$\omega_1=\{H,H\},\omega_2=\{H,T\},\omega_3=\{T,H\},\omega_4=\{T,T\}.\ \Omega_2=\{\omega_1,\omega_2,\omega_3,\omega_4\}$

[例 3] 观测某地的年降雨量，则试验的样本空间为

$\Omega_3=[0,+\infty)$

[例 4] 从 J,Q,K,A 四张扑克中随意抽取两张，则试验的样本点与样本空间为

$\omega_1=\{J,Q\},\omega_2=\{J,K\},\omega_3=\{J,A\},\omega_4=\{Q,K\},\omega_5=\{Q,A\},\omega_6=\{K,A\}$

$\Omega_4=\{\omega_1,\omega_2,\omega_3,\omega_4,\omega_5,\omega_6\}$

需要注意的是

(1)样本空间中的元素可以是数也可以不是数。

(2)从样本空间含有样本点的个数来看，样本空间可以分为有限与无限两类。例如以上样本空间中 $\Omega_1,\Omega_2,\Omega_4$ 含有有限个样本点，故为有限样本空间，而 Ω_3 中样本点的个数为无限个，为无限样本空间。

随机试验 E 的样本空间 Ω 的任一子集称为**随机事件**，简称**事件**，常用大写字母 $A,B,C\cdots$ 表示。在试验中，如果出现 A 中所包含的某一个基本事件 ω，则称 **A 发生**，并记作 $\omega\in A$。反之则称 **A 不发生**，记作 $\omega\notin A$。

因为 Ω 是由所有基本事件所组成的，因而在任一次试验中，必然要出现 Ω 中的某一基本事件 ω。也就是在试验中，Ω 必然会发生，所以今后用 Ω 来表示一个**必然事件**。又因为空集 $\varnothing$ 也可以看作是 Ω 的子集，且它不包含任何基本事件，故每次试验中 $\varnothing$ 必定不会发生，故我们称 $\varnothing$ 为**不可能事件**。

[例 5] 同时抛三枚硬币，顺次记录出现正反面的情况，得样本空间为

$\Omega=\{HHH,HHT,HTH,THH,HTT,THT,TTH,TTT\}$

$A=$“正面出现两次”$=\{HHT,HTH,THH\}$

$B=$“正面出现两次及以上”$=\{HHH,HHT,HTH,THH\}$

$C=$“正反面次数不相等”$=\Omega$

$D=$“正面出现超过三次”$=\varnothing$

[例 6] 同时掷三颗骰子，记录其出现的点数之和，$A=\{$点数之和为偶数$\}$。写出随机

试验的样本空间和相应的事件。

解:样本空间 $\Omega=\{3,4,5,\cdots 18\}$,事件 $A=\{4,6,8,10,12,14,16,18\}$

1.1.3 事件之间的关系和运算

一个样本空间 Ω 中,可以有很多的随机事件,为了将复杂事件用简单事件来表示,以便研究复杂事件发生的可能性,需要建立事件之间的关系和事件之间的运算。

1. 事件的包含

如果事件 A 中任一样本点都属于 B,称事件 A 包含于事件 B(或称事件 B 包含事件 A)。记作 $A\subset B$ 或 $B\supset A$,它的几何表示如图 1.1.1 所示。或用概率的语言说"事件 A 发生必然导致 B 发生"。例 5 中有 $A\subset B$。因为不可能事件 $\varnothing$ 不含有任何样本点 ω,故对任一事件 A,我们约定 $\varnothing\subset A$。

2. 事件的相等

若 $A\subset B$ 与 $B\subset A$ 同时成立,则称 A 与 B 相等,记作 $A=B$。或用概率的语言说"事件 A 发生则等同于事件 B 发生"。

3. 事件的并(或事件的和)

由事件 A 与事件 B 中所有样本点组成的事件称为 A 与 B 的和事件,记作 $A\cup B$ 或 $A+B$。它的几何表示如图 1.1.2 所示。或用概率的语言说"事件 A 与事件 B 中至少有一个发生"。

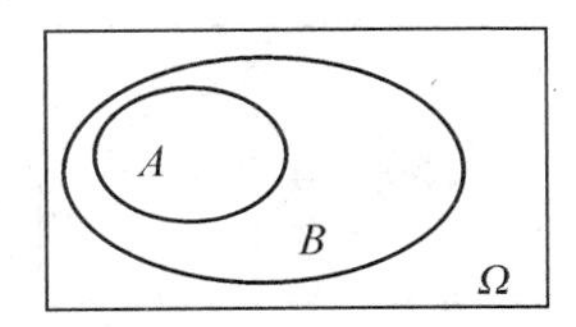

图 1.1.1

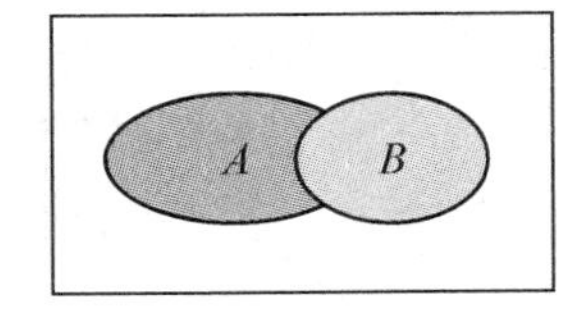

图 1.1.2

如在掷骰子的试验中,记事件 $A=$"出现奇数点"$=\{1,3,5\}$,记事件 $B=$"出现的点数不超过 3"$=\{1,2,3\}$,则 A 与 B 的并为 $A\cup B=\{1,2,3,5\}$。

和事件可以推广到更多个事件上去,n 个事件 $A_1,A_2,\cdots,A_n$ 至少一个发生的事件称为事件 $A_1,A_2,\cdots,A_n$ 的和事件,记作 $A_1\cup A_2\cup\cdots\cup A_n=\bigcup\limits_{i=1}^{n}A_i$。

4. 事件的交(积)

由既属于 A 又属于 B 的样本点组成的集合,称为事件 A 和事件 B 的交或积,记作 $A\cap B$ 或 AB。它的几何表示如图 1.1.3 所示。或用概率的语言说"A 与 B 两个事件同时发生"。

如在掷骰子的试验中,记事件 $A=$"出现奇数点"$=\{1,3,5\}$,记事件 $B=$"出现的点数不超过 3"$=\{1,2,3\}$,则 A 与 B 的交为 $A\cap B=\{1,3\}$。

积事件可以推广到更多个事件上去,n 个事件 $A_1,A_2,\cdots,A_n$ 同时发生的事件称为事件 $A_1,A_2,\cdots,A_n$ 的积事件,记作 $A_1\cap A_2\cap\cdots\cap A_n=\bigcap\limits_{i=1}^{n}A_i$。

5. 互不相容事件(或互斥事件)

若事件 A 和事件 B 不能同时发生,即 $AB=\varnothing$,则称事件 A 和事件 B **互不相容**(或称互斥事件)。它的几何表示如图 1.1.4 所示。

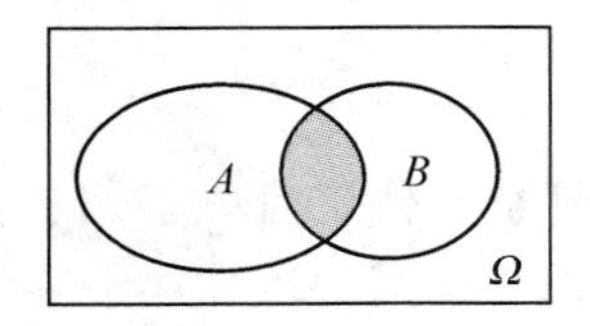

图 1.1.3

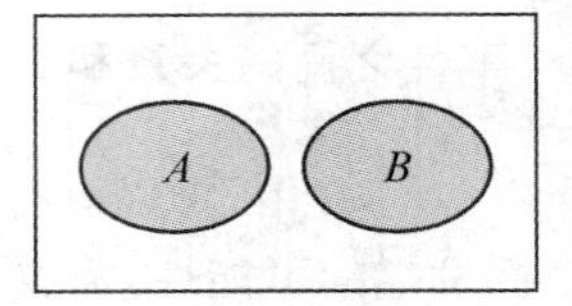

图 1.1.4

6. 对立事件(或互逆事件)

由 Ω 中不属于 A 的样本点组成的集合,称为事件 A 的对立事件,记作 $\overline{A}=\Omega-A$。亦称 A 的逆事件。它的几何表示如图 1.1.5 所示。或用概率的语言说"A 不发生"。显然:$A\overline{A}=\varnothing$,$A\cup\overline{A}=\Omega$,$\overline{\overline{A}}=A$。

由于 $A\overline{A}=\varnothing$,互逆事件一定是互不相容事件,但反之则不成立。因为它缺少了 $A\cup\overline{A}=\Omega$ 这个条件。

7. 事件的差

由属于 A 但不属于 B 的所有样本点组成的集合称为事件 A 与事件 B 的差事件,记作 $A-B$,另记 $A\overline{B}$。它的几何表示如图 1.1.6 所示。或用概率的语言说"事件 A 发生而事件 B 不发生"或"事件 A 发生且 $\overline{B}$ 发生"。

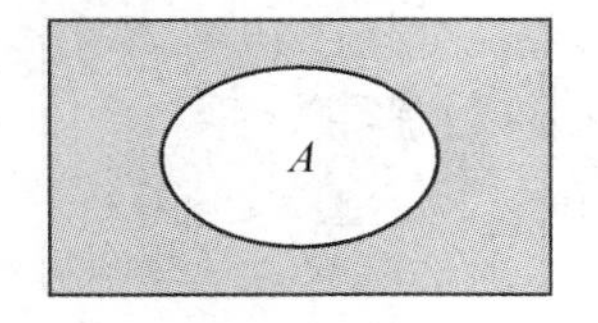

图 1.1.5

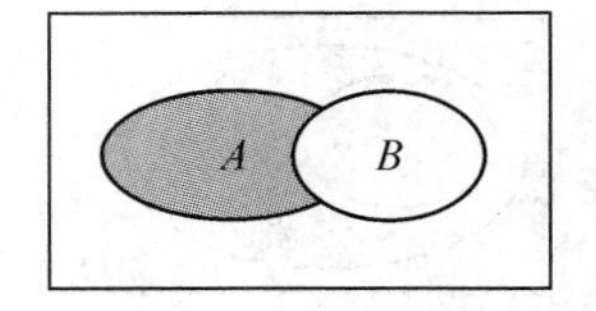

图 1.1.6

例如在掷骰子的试验中,记事件 $A=$"出现奇数点"$=\{1,3,5\}$,记事件 $B=$"出现的点数不超过 3"$=\{1,2,3\}$,则 A 与 B 的差为 $A-B=\{5\}$。

有了以上的定义,我们就可以把对事件的分析转化为对集合的分析,利用集合间的运算关系来分析事件之间的关系。但是,我们要注意学会用概率的语言来描述各种事件,并会用这些运算关系来表示一些事件。

8. 事件的运算性质

(1)交换律

$$A\cup B=B\cup A,A\cap B=B\cap A \tag{1.1.1}$$

(2)结合律

$$A\cup(B\cup C)=(A\cup B)\cup C,A\cap(B\cap C)=(A\cap B)\cap C \tag{1.1.2}$$

(3)分配律

$$(A\cup B)\cap C=(A\cap C)\cup(B\cap C),(A\cap B)\cup C=(A\cup C)\cap(B\cup C) \tag{1.1.3}$$

(4)对偶律(德莫根公式)

$$\overline{A\cup B}=\overline{A}\cap\overline{B},\ \overline{A\cap B}=\overline{A}\cup\overline{B} \tag{1.1.4}$$

德莫根公式可以推广到多个事件的场合:

$$\overline{\bigcup_{i=1}^{n}A_i}=\bigcap_{i=1}^{n}\overline{A}_i,\ \overline{\bigcap_{i=1}^{n}A_i}=\bigcup_{i=1}^{n}\overline{A}_i \tag{1.1.5}$$

[例 7] 设 A,B,C 是 Ω 中的三个事件,用事件的运算式子表示下列各事件。

(1)三个事件恰好有两个发生:$AB\overline{C}\cup A\overline{B}C\cup\overline{A}BC$

(2)三个事件至少发生一个:$A\cup B\cup C$

(3)三个事件中至少发生两个:$AB\cup BC\cup AC$

(4)A 与 B 发生,C 不发生:$AB\overline{C}$ 或 $AB-C$

(5)A,B,C 都不发生:$\overline{A}\overline{B}\overline{C}$ 或$\overline{A\cup B\cup C}$

(6)A,B,C 至多发生一个:$\overline{A}\overline{B}\overline{C}\cup A\overline{B}\overline{C}\cup\overline{A}B\overline{C}\cup\overline{A}\overline{B}C$

[例 8] 某人加工了三个零件,设事件 $A_i(i=1,2,3)$表示"加工的第 i 个零件是合格品",试用 $A_i(i=1,2,3)$表示下列事件。

(1)只有一件合格品:$A_1\overline{A}_2\overline{A}_3\cup\overline{A}_1A_2\overline{A}_3\cup\overline{A}_1\overline{A}_2A_3$

(2)只有第一件合格:$A_1\overline{A}_2\overline{A}_3$

(3)至少有一件合格:$A_1\cup A_2\cup A_3$

(4)最多有一件合格:$\overline{A}_1\overline{A}_2\overline{A}_3\cup A_1\overline{A}_2\overline{A}_3\cup\overline{A}_1A_2\overline{A}_3\cup\overline{A}_1\overline{A}_2A_3$

(5)三件全合格:$A_1A_2A_3$

(6)至少有一件不合格:$\overline{A}_1\cup\overline{A}_2\cup\overline{A}_3$

[例 9] 掷一颗骰子,观察出现的点数。设 $A=$"出现奇数",$B=$"出现的点数小于 5",$C=$"出现小于 5 的偶数"。(1)写出样本空间 Ω 及事件 $A+B,A-B,A+\overline{C},\overline{A+B},AB$;(2)分析事件 $A+\overline{C},A-B,B,C$ 之间的包含、互斥及对立关系。

解:(1)样本空间为 $\Omega=\{1,2,3,4,5,6\}$,事件 $A=\{1,3,5\}$,$B=\{1,2,3,4\}$,$C=\{2,4\}$,则

$A+B=\{1,2,3,4,5\}$,$A-B=\{5\}$

$A+\overline{C}=\{1,3,5,6\}$,$\overline{A+B}=\{6\}$,$AB=\{1,3\}$

(2)由(1)有 $A-B\subset A+\overline{C}$,$C\subset B$。互斥的有 $A-B$ 与 B,A 与 C,AB 与 C;对立的有 C 与 $A+\overline{C}$。

1.2 随机事件的概率

对于随机事件 A,在一次试验中是否发生具有不确定性,但是在多次重复试验中它的发生却能呈现出一定的规律性,即它出现可能性的大小是可以度量的,我们把度量事件发生可能性大小的数值称为随机事件 A 发生的概率,这一节将从不同角度给出随机事件概率的定义。

1.2.1 随机事件的频率

定义1 设在 n 次随机试验中事件 A 发生了 μ 次，则称 μ 为事件 A 发生的频数，而称

$$f_n(A)=\frac{\mu}{n} \tag{1.2.1}$$

为 n 次随机试验中事件 A 发生的**频率**。

频率具有下述性质：

(1)非负性，即 $0\leqslant f_n(A)\leqslant 1$；

(2)规范性，即若 Ω 是必然事件，则 $f_n(\Omega)=1$；

(3)有限可加性，即若 A,B 互不相容，则 $f_n(A\cup B)=f_n(A)+f_n(B)$。

为了研究在抛掷硬币的试验中，"出现正面"这一事件发生的规律，历史上一些著名的科学家曾做了大量试验，其部分试验结果如表1.2.1所示。

表1.2.1

试验者	抛掷次数 n	正面向上的次数 μ	正面向上的频率
德莫根	2 408	1 061	0.440 6
蒲丰	4 040	2 048	0.506 9
皮乐逊	24 000	12 012	0.500 5

从表1.2.1中可以看出，出现正面的频率虽然随着 n 的不同而不同，但却都在0.5这个数值附近摆动，n 越大，频率越接近0.5。因此我们可以说，在抛硬币的试验中频率出现的总趋势是随着试验次数的增多而逐渐稳定在0.5这个数值附近。随试验次数的增加，频率所稳定于的数值就是随机事件发生的概率。

定义2 在相同的条件下，重复进行 n 次试验，如果随着试验次数的增大，事件 A 出现的频率 $f_n(A)$ 稳定地在某一常数 p 附近摆动，则称常数 p 为事件 A 发生的概率，记作

$$P(A)=p$$

这个定义称为概率的**统计定义**。从上面的两个定义可以看出，频率与概率是不相同的，频率随着试验的结果而变化，但是概率却是固定不变的。概率的统计定义有以下基本性质：

(1)对于任意给定的事件 A，有 $0\leqslant P(A)\leqslant 1$；

(2)$P(\Omega)=1,P(\varnothing)=0$；

(3)对于 n 个两两互不相容的事件 $A_1,A_2,\cdots,A_n$，有 $P(A_1\cup A_2\cup\cdots\cup A_n)=P(A_1)+P(A_2)+\cdots+P(A_n)$。

由频率的性质及频率与概率的关系，容易理解上述性质的正确性。

1.2.2 古典概率模型

人们在生活中最早研究的是一类简单的随机试验，比如足球比赛中扔硬币挑边问题，围棋比赛中猜谁先走的问题。这类试验的共同特点是

(1)试验的样本空间只含有有限个基本事件；

(2)在一次试验中，每个基本事件发生的可能性是相同的。

这两个特点分别称为有限性与等可能性。具备这两个特点的试验是大量存在的，它曾

经是概率论中主要研究的对象，人们常把具备有限性与等可能性的试验模型称为古典概率模型，简称古典概型。

定义 3 设 $\Omega=\{\omega_1,\omega_2,\cdots,\omega_n\}$ 为古典概率模型的样本空间，规定 $P(\omega_i)=\frac{1}{n}$，$i=1,2,\cdots,n$，设事件 A 包含 r_A 个样本点，则规定事件 A 发生的概率为

$$P(A)=\frac{r_A}{n} \tag{1.2.2}$$

这个定义称为概率的**古典定义**。按照这种定义方式，求事件的古典概率就要求出样本空间中所包含的样本点个数与所求事件包含的样本点的个数。在确定概率的古典方法中大量使用排列与组合公式，下面我们介绍两条计数原理：加法原理与乘法原理。

加法原理 如果某件事可由 k 类不同途径之一去完成，在第一类途径中有 m_1 种完成方法，在第二类途径中有 m_2 种完成方法……在第 k 类途径中有 m_k 种完成方法，那么完成这件事共有 $m_1+m_2+\cdots+m_k$ 种方法。

乘法原理 如果某件事需经 k 个步骤去完成，做第一步有 m_1 种完成方法，做第二步有 m_2 种完成方法……做第 k 步有 m_k 种完成方法，那么完成这件事共有 $m_1\times m_2\times\cdots\times m_k$ 种方法。

[例 1] 将一枚均匀的硬币连续掷两次，计算：

(1)正面只出现一次的概率；

(2)正面至少出现一次的概率。

解：我们先来求出该试验的样本空间

$\Omega=\{(H,H),(H,T),(T,H),(T,T)\}$

设事件 A 表示“正面只出现一次”，事件 B 表示“正面至少出现一次”，则

$A=\{(H,T),(T,H)\}$，$B=\{(H,H),(H,T),(T,H)\}$

所以 $r_A=2$，$r_B=3$

因此有(1)$P(A)=\frac{2}{4}$；(2)$P(A)=\frac{3}{4}$

[例 2] 将 n 个球放入 n 个盒子中，求每个盒子中恰有一个球的概率。

解：样本空间 Ω 中含有样本点的总个数为 $m=n^n$，设事件 A 表示“每个盒子中恰有一个球”，则 $r_A=n!$

故 $P(A)=\frac{r_A}{m}=\frac{n!}{n^n}$

[例 3] 一口袋装有 6 个球，其中 4 个白球、2 个红球。从袋中取球两次，每次随机取一只。考虑两种取球方式：

放回抽样，第一次取一个球，观察其颜色后放回袋中，搅匀后再取一球。

不放回抽样，第一次取出一个球后不放回袋中，第二次从剩余的球中再取一球。

分别就上面两种方式求：

(1)取到的两个都是白球的概率；

(2)取到的两个球颜色相同的概率。

解：从袋中取两个球，每一种取法就是一个基本事件。

设A=“取到的两个都是白球”

B=“取到的两个球颜色相同”

有放回抽取 $P(A)=\frac{4^2}{6^2}=0.444$；$P(B)=\frac{4^2+2^2}{6^2}=0.556$

无放回抽取 $P(A)=\frac{C_4^2}{C_6^2}=0.4$； $P(B)=\frac{C_4^2+C_2^2}{C_6^2}=\frac{7}{15}$

[例 4] 把 10 本书随意放在书架上，求其中指定的 5 本书放在一起的概率。

解：设事件 A={其中指定的 5 本书放在一起}。由题意知样本空间中基本事件总数为 10!。对于事件 A，我们将指定的 5 本书当作一个元素考虑。6 个元素的全排列为 6!，而5 本书相互之间的全排列为 5!。因此利于事件 A 的样本点个数为 6! 5!，故

$$P(A)=\frac{6!\ 5!}{10!}=\frac{1}{42}$$

1.2.3 概率的公理化定义

前面我们已经遇到了概率的两种定义方式：统计定义与古典定义。它们分别适用于不同的概率模型，古典定义是以样本空间的有限性和等可能性为前提的，因而在应用中具有很大的局限性。而概率的统计定义虽然适合用于一般的情形，但是在数学上远不够严密。因此有必要给出有关随机事件概率的严密数学定义，建立起概率论完整的科学体系。下面我们给出概率的公理化定义。历史上这个定义是由苏联学者**柯尔莫格洛夫**于 1933 年提出的。

二维码 1.1 柯尔莫格洛夫

定义 4 设 E 是一随机试验，Ω 是 E 的样本空间，对于试验 E 的任意一个随机事件 A，都赋予一个实数 $P(A)$，若 $P(A)$满足下面三个公理：

(1)对于任一随机事件 A，都有 $0\leqslant P(A)\leqslant 1$

(2)$P(\Omega)=1$

(3)设事件 $A_1,A_2,\cdots$两两互不相容，则 $P(\bigcup\limits_{i=1}^{\infty}A_i)=\sum\limits_{i=1}^{\infty}P(A_i)$

称 $P(A)$为事件 A 的概率。

其中公理(3)称为概率的可列可加性。可以验证，概率的统计定义、古典定义都满足这个定理的要求，因此，它们都是这个一般定义范围内的特殊情况。根据此定理，容易得到如下概率的基本性质：

性质 1 $P(\varnothing)=0$

证：因为 $\Omega=\Omega\cup\varnothing\cup\varnothing\cup\cdots$

所以 $P(\Omega)=P(\Omega)+P(\varnothing)+\cdots$

从而 $P(\varnothing)=0$

性质 2 若 $A_1,A_2,\cdots,A_n$ 是一组两两互不相容的事件，则

$P(\bigcup_{i=1}^{n}A_i)=\sum_{i=1}^{n}P(A_i)$

证:因为$\bigcup_{i=1}^{n}A_i=A_1\cup A_2\cup\cdots\cup A_n\cup\varnothing\cup\varnothing\cup\cdots$

由可列可加性及$P(\varnothing)=0$得$P(\bigcup_{i=1}^{n}A_i)=\sum_{i=1}^{n}P(A_i)$

性质3　对于任一事件A,恒有

$P(\overline{A})=1-P(A)$

性质4　若$A\supset B$,则

$P(A-B)=P(A)-P(B)$

证:当$A\supset B$时,有$A=B\cup(A-B)$,且$B\cap(A-B)=\varnothing$

由有限可加性有$P(A)=P(B)+P(A-B)$,移项后即得欲证的不等式。

特别地,若$A\supset B$,则$P(A)\geqslant P(B)$

性质5　对任意的两个事件A,B,有

$P(A\cup B)=P(A)+P(B)-P(AB)$

证:因为$A\cup B=A\cup(B-AB)$,$A\cap(B-AB)=\varnothing$

所以有$P(A\cup B)=P(A)+P(B-AB)$,又因为$AB\subset B$,从而由性质4可得$P(A+B)=P(A)+P(B)-P(AB)$

性质5可以用归纳法推广到任意有限个事件。设$A_1,A_2,\cdots,A_n$是n个随机事件,则有

$$P(\bigcup_{i=1}^{n}A_i)=\sum_{i=1}^{n}P(A_i)-\sum_{1\leqslant i<j\leqslant n}P(A_iA_j)+\sum_{1\leqslant i<j<k\leqslant n}P(A_iA_jA_k)+\cdots+(-1)^{n-1}P(A_1A_2\cdots A_n)$$

这个公式也称为概率的**一般加法公式**。

[例5]　设事件A,B的概率分别为$\frac{1}{3}$和$\frac{1}{2}$,求在以下三种情况下的$P(B\overline{A})$值。

(1)A,B互斥;(2)$A\subset B$;(3)$P(AB)=\frac{1}{8}$。

解:(1)由于A与B互斥,则$B\subset\overline{A}$,所以$B\overline{A}=B$,即得$P(B\overline{A})=P(B)=\frac{1}{2}$

(2)当$A\subset B$时,$P(B\overline{A})=P(B-A)=P(B)-P(A)=\frac{1}{2}-\frac{1}{3}=\frac{1}{6}$

(3)因为$A\cup B=A\cup B\overline{A}$,而$P(A\cup B)=P(A)+P(B)-P(AB)$,$P(A\cup B\overline{A})=P(A)+P(B\overline{A})$,即$P(A)+P(B)-P(AB)=P(A)+P(B\overline{A})$

所以$P(B\overline{A})=P(B)-P(BA)=\frac{1}{2}-\frac{1}{8}=\frac{3}{8}$

[例6]　已知$P(A)=P(B)=P(C)=\frac{1}{4}$,$P(AB)=0$,$P(AC)=P(BC)=\frac{1}{6}$,求$A,B,C$全不发生的概率。

解:$P(\overline{A}\,\overline{B}\,\overline{C})=P(\overline{A\cup B\cup C})=1-P(A\cup B\cup C)$

$$=1-[P(A)+P(B)+P(C)-P(AB)-P(AC)-P(BC)+P(ABC)]$$

$$=1-\frac{1}{4}-\frac{1}{4}-\frac{1}{4}+0+\frac{1}{6}+\frac{1}{6}-P(ABC)$$

由于 $ABC\subset AB$，故 $P(ABC)=0$。从而

$$P(\overline{A}\,\overline{B}\,\overline{C})=1-\frac{3}{4}+\frac{2}{6}=\frac{7}{12}$$

1.2.4 几何概率模型*

在古典概率模型中，试验的可能结果是有限的，这就具有非常大的限制。在概率论发展的早期，人们当然就要竭力突破这个限制，尽量扩大自己的研究范围。一般情况下，当试验结果为无限时，会出现一些本质性的困难，使问题的解决变得非常困难。这里我们讨论一种简单的情况，即具有某种“等可能性”的问题。

我们在一个面积为 S_Ω 的区域 Ω 中，等可能地任意投点，如图 1.2.1 所示。这里等可能地的含义是：投向区域 Ω 的任意点的机会都是均等的。也就是若在区域 Ω 中有任意一个小区域 A，如果它的面积为 S_A，则点落入区域 A 的可能性大小与 S_A 成正比，而与 A 的位置及形状无关。若仍记 A 为“点落入小区域 A”这个事件，由 $P(\Omega)=1$ 可得

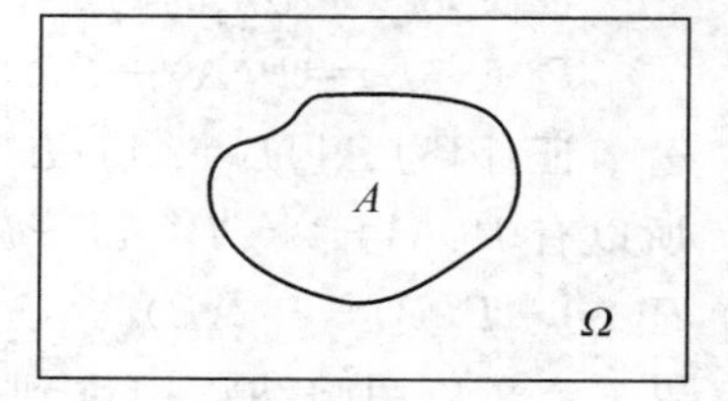

图 1.2.1

$$P(A)=\frac{S_A}{S_\Omega}$$

这一类概率通常称为**几何概率**。需要注意的是，如果是在一条线段上投点，那么面积应改为长度；如果在一个立方体内投点，则面积应改为体积；几何概率是概率论中所考虑的一种，它满足概率公理化定义的几个性质。

几何概率在现实生活中有许多应用，下面是个实际应用的例子。

[例 7] （约会问题）甲、乙两人相约在 0 到 T 这段时间内在预定地点会面，先到的人等候另一人，经过时间 $t(t<T)$ 后离去，设每人在 0 到 T 内到达的时刻是等可能的，且两个人到达的时刻互不牵连，求甲、乙两人能会面的概率。

解： 设 x,y 分别表示甲、乙两人到达的时刻，事件 A 表示“两人能会面”，(x,y)表示平面上的点（图 1.2.2），则

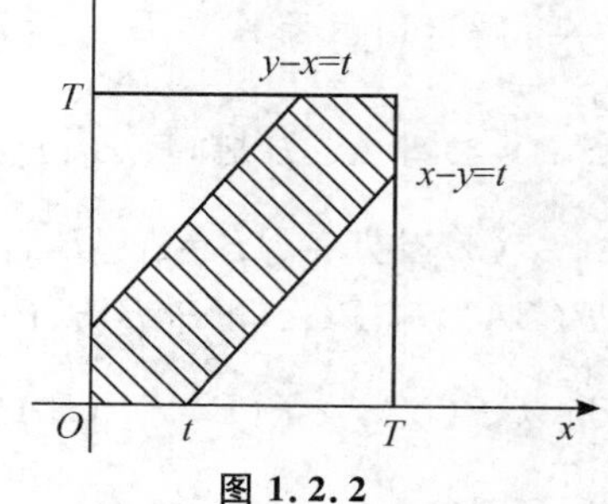

图 1.2.2

$$\Omega=\{(x,y)\mid 0\leqslant x\leqslant T,0\leqslant y\leqslant T\}$$

$$A=\{(x,y)\mid |x-y|\leqslant t\}$$

所以 $P(A)=\dfrac{T^2-(T-t)^2}{T^2}=1-\left(1-\dfrac{t}{T}\right)^2$

1.3 条件概率、全概率公式与贝叶斯公式

1.3.1 条件概率与乘法公式

在实际问题中，我们往往会遇到在事件 A 已经发生的条件下求事件 B 的概率的情况，这时就有了附加条件。一般说来，后者与 A 发生的概率是不相同的，这种概率称为事件 A 发生条件下事件 B 发生的条件概率，记为 $P(B|A)$。下面先看一个例子。

［例 1］ 一个盒子中有四个外形相同的球，它们的标号分别为 1，2，3，4，每次从盒中取出一球，有放回地取两次。则该试验的所有可能的结果为：(1，1)(1，2)(1，3)(1，4)(2，1)(2，2)(2，3)(2，4)(3，1)(3，2)(3，3)(3，4)(4，1)(4，2)(4，3)(4，4)，(i,j)表示第一次取 i 号球，第二次取 j 号球。

解：设 A=｛第一次取出球的标号为 2｝，B=｛取出的两球标号之和为 4｝，则事件 B 所含的样本点为(1，3)(2，2)(3，1)。因此事件 B 的概率为

$$P(B)=\frac{3}{16}$$

下面我们考虑在事件 A 发生的条件下，事件 B 发生的概率。由于已知事件 A 已经发生，则该试验的所有可能结果为(2，1)(2，2)(2，3)(2，4)。这时，事件 B 是在事件 A 已经发生的条件下的概率。

另外易知

$$P(A)=\frac{4}{16},P(AB)=\frac{1}{16}$$

因此这时所求的概率为

$$P(B|A)=\frac{1}{4}=\frac{P(AB)}{P(A)}$$

由此，我们引入下面的定义：

定义 1 设 A,B 为随机试验 E 的两个随机事件，且 $P(A)>0$，则

$$P(B|A)=\frac{P(AB)}{P(A)} \tag{1.3.1}$$

称为**在事件 A 发生的条件下 B 发生的条件概率**，简称**条件概率**。

由条件概率的定义可知，对任意两个事件 A 和 B，若 $P(A)>0$，则有

$$P(AB)=P(B|A)P(A)$$

此公式称为**乘法公式**。

我们可以将这个公式推广到有限个事件的情况，即

若 $P(A_1A_2\cdots A_{n-1})>0$，则

$$P(A_1A_2\cdots A_n)=P(A_1)P(A_2|A_1)P(A_3|A_1A_2)\cdots P(A_n|A_1A_2\cdots A_{n-1}) \tag{1.3.2}$$

不难验证，条件概率 $P(\cdot|A)$符合概率定义中的三个基本特性，即

(1)对于任一事件 B,都有 $0\leqslant P(B|A)\leqslant 1$

(2)$P(\Omega|A)=1$

(3)设 B_i 是两两互不相容的事件,则有 $P\left(\bigcup_{n=1}^{\infty} B_n \middle| A\right)=\sum_{n=1}^{\infty} P(B_n \mid A)$

[例 2] 已知某家有三个小孩,且至少有一个是女孩,求该家至少有一个男孩的概率。

解:设 A={三个小孩至少有一个女孩},B={三个小孩至少有一个男孩},则

$$P(A)=1-P(\overline{A})=1-\frac{1}{8}=\frac{7}{8},P(AB)=\frac{6}{8}$$

由条件概率的定义知

$$P(B|A)=\frac{P(AB)}{P(A)}=\frac{6/8}{7/8}=\frac{6}{7}$$

[例 3] 设袋中有五个红球,三个黑球,两个白球。按以下两种方式求第三次才取到白球的概率。

(1)有放回地取球三次;(2)无放回地取球三次。

解:设 A="第一次取到红球或黑球",B="第二次取到红球或黑球",C="第三次取到白球",则所求的概率为 $P(ABC)$。

(1)在有放回条件下

$$P(A)=\frac{8}{10},P(B|A)=\frac{8}{10},P(C|AB)=\frac{2}{10}$$

所以有 $P(ABC)=P(A)P(B|A)P(C|AB)=\frac{8}{10}\times\frac{8}{10}\times\frac{2}{10}=\frac{16}{125}$

(2)在无放回条件下

$$P(A)=\frac{8}{10},P(B|A)=\frac{7}{9},P(C|AB)=\frac{2}{8}$$

所以有 $P(ABC)=P(A)P(B|A)P(C|AB)=\frac{8}{10}\times\frac{7}{9}\times\frac{2}{8}=\frac{7}{45}$

1.3.2 全概率公式

前面讨论的是直接利用概率的可加性及乘法公式计算简单事件的概率。但是对于复杂事件的概率,经常要把它先分解为一些互不相容事件的和的形式,再利用概率的加法公式与乘法定理,得到最终所需要的概率。

定义 2 设 Ω 是随机试验 E 的样本空间,$A_1,A_2,\cdots,A_n$ 为 E 的一组事件,如果

(1)$A_iA_j=\varnothing(i\neq j;i,j=1,2,\cdots,n)$

(2)$A_1\cup\cdots\cup A_n=\Omega$

则称 $A_1,A_2,\cdots,A_n$ 为样本空间的一个划分,或称 $A_1,A_2,\cdots,A_n$ 构成完备事件组。

定理 1 设 Ω 是随机试验 E 的样本空间,B 为 Ω 中的一个事件,$A_1,A_2,\cdots,A_n$ 为 Ω 的一个划分,且 $P(A_i)>0$ 则

$$P(B)=\sum_{i=1}^{n} P(A_i)P(B \mid A_i) \tag{1.3.3}$$

此公式称为全概率公式，它是概率论中一个非常重要的公式，它提供了计算复杂事件概率的一条有效途径，使一个复杂事件的概率计算问题化繁为简。

[**例 4**] 某工厂有四条流水线生产同一种产品，该四条流水线的产量分别占总产量的15%，20%，30%和35%，又这四条流水线的不合格品率依次为0.05，0.04，0.03和0.02。现在从出厂产品中任取一件，问恰好抽到不合格品的概率是多少？

解： 设 A="任取一件，恰好抽到不合格品"，B="任取一件，恰好抽到第 i 条生产线的产品"$(i=1,2,3,4)$，由全概率公式得

$$\begin{aligned}P(A)&=\sum_{i=1}^{4}P(B_i)P(A|B_i)\\&=0.15\times0.05+0.20\times0.04+0.30\times0.03+0.35\times0.02\\&=0.0325=3.25\%\end{aligned}$$

[**例 5**] 甲箱中有三个白球两个黑球，乙箱中有一个白球三个黑球。现从甲箱中任取一球放入乙箱，再从乙箱中任意取出一球。问从乙箱中取出白球的概率是多少？

解： 设 B="从乙箱中取出白球"，A_1="从甲箱中取出白球"，A_2="从甲箱中取出黑球"，则 $A_1A_2=\varnothing$，$A_1\cup A_2=\Omega$，而

$$P(A_1)=\frac{3}{5},P(A_2)=\frac{2}{5},P(B|A_1)=\frac{2}{5},P(B|A_2)=\frac{1}{5}$$

由全概率公式得

$$P(B)=P(A_1)P(B|A_1)+P(A_2)P(B|A_2)=\frac{3}{5}\times\frac{2}{5}+\frac{2}{5}\times\frac{1}{5}=\frac{8}{25}$$

1.3.3 贝叶斯公式

在例4中，若已知取得次品，则这件次品来自四条生产线的概率分别为多大？解决这类问题需要用到下面的贝叶斯公式。

定理 2 设 $A_1,A_2,\cdots,A_n$ 为样本空间的一个划分，且 $P(A_i)>0$，B 为样本空间中的任一事件，且 $P(B)>0$，则

$$P(A_i|B)=\frac{P(A_i)P(B|A_i)}{\sum\limits_{i=1}^{n}P(A_i)P(B|A_i)}\quad(i=1,2,\cdots,n)\qquad(1.3.4)$$

二维码 1.2 贝叶斯

该公式由**贝叶斯**于1763年提出，它是观察到事件 B 发生的条件下，寻找导致 A 发生的每一个原因。贝叶斯公式在实际中有很多应用，它可以帮助人们确定某结果发生的最可能的原因。

[**例 6**] 发报台分别以概率0.6和0.4发出信号"·"和"—"，由于通信系统受到干扰，当发出"·"时，收报台分别以概率0.8和0.2收到信号"·"和"—"，又当发出"—"时，收报台分别以概率0.9和0.1收到信号"—"和"·"，求当收报台收到"·"时，发报台确实发出"·"的概率，以及收到"—"时，确实发出"—"的概率。

解:设A_1="发报台发出信号'·'",B_1="发报台发出信号'—'"

A_2="收报台收到信号'·'",B_1="收报台收到信号'—'"

则$P(A_1)=0.6,P(B_1)=0.4,P(A_2|A_1)=0.8$

$P(B_2|A_1)=0.2,P(B_2|B_1)=0.9,P(A_2|B_1)=0.1$

由贝叶斯公式得

$$P(A_1|A_2)=\frac{P(A_1)\cdot P(A_2|A_1)}{P(A_1)\cdot P(A_2|A_1)+P(B_1)\cdot P(A_2|B_1)}=\frac{0.6\times 0.8}{0.6\times 0.8+0.4\times 0.1}=\frac{12}{13}$$

$$P(B_1|B_2)=\frac{P(B_1)\cdot P(B_2|B_1)}{P(B_1)\cdot P(B_2|B_1)+P(A_1)\cdot P(B_2|A_1)}=\frac{0.4\times 0.9}{0.4\times 0.9+0.6\times 0.2}=\frac{3}{4}$$

[例7] 某地区患癌症的人占0.005,患者对一种试验反应是阳性的概率为0.95,正常人对这种试验反应是阳性的概率为0.04,现抽查了一人试验反应是阳性,问此人是癌症患者的概率多大?

解:设A="试验结果是阳性",B="抽查的人患癌症",则$\overline{B}$="抽查的人不患癌症"。已知:$P(B)=0.005,P(\overline{B})=0.995,P(A|B)=0.95,P(A|\overline{B})=0.04$

由贝叶斯公式得

$$P(B|A)=\frac{P(B)\cdot P(A|B)}{P(B)\cdot P(A|B)+P(\overline{B})\cdot P(A|\overline{B})}=0.1066$$

这种试验对诊断一个人是否患病有无意义?若不做,抽查一人患病的概率$P(B)=0.005$,若试验后呈阳性,此人患病的概率为0.1066,从0.005到0.1066增加了近21倍。因此对于试验呈阳性的人来说,有必要保持更高的警觉,必要时应做进一步的检验。

[例8] 设10件产品中有2件次品,8件正品。现每次从中任取一件产品,取后不放回,试求:(1)第二次取到次品的概率;(2)若已知第二次取到次品,求第一次也取到次品的概率。

解:(1)设A_1="第一次取到次品",A_2="第二次取到次品",则

$$P(A_1)=\frac{2}{10}=\frac{1}{5},P(\overline{A}_1)=\frac{8}{10}=\frac{4}{5},P(A_2|A_1)=\frac{1}{9},P(A_2|\overline{A}_1)=\frac{2}{9}$$

且A_1与$\overline{A}_1$构成一个完备事件组,由全概率公式有

$$P(A_2)=P(A_1)P(A_2|A_1)+P(\overline{A}_1)P(A_2|\overline{A}_1)=\frac{1}{5}\cdot\frac{1}{9}+\frac{4}{5}\cdot\frac{2}{9}=\frac{1}{5}$$

(2)由逆概公式有

$$P(A_1|A_2)=\frac{P(A_1A_2)}{P(A_2)}=\frac{P(A_1)P(A_2|A_1)}{P(A_2)}=\frac{1}{5}\cdot\frac{1}{9}\bigg/\frac{1}{5}=\frac{1}{9}$$

[例9] 三个箱子,第一个箱子中有3个黑球1个白球,第二个箱子中有2个黑球3个白球,第三个箱子中有3个黑球2个白球,求:(1)随机地取一个箱子,再从这个箱子中取出1个球,这个球为白球的概率是多少?(2)已知取出的球是白球,此球属于第三个箱子的概率是多少?

解:设A_i="取到第i个箱子"$(i=1,2,3)$,B="取到的球为白球"

由题意知

$$P(A_i)=\frac{1}{3}(i=1,2,3),P(B|A_1)=\frac{1}{4},P(B|A_2)=\frac{3}{5},P(B|A_3)=\frac{2}{5}$$

(1)由全概论公式有

$$P(B)=\sum_{i=1}^{3}P(A_i)P(B|A_i)=\frac{1}{3}\times\left(\frac{1}{4}+\frac{3}{5}+\frac{2}{5}\right)=\frac{5}{12}$$

(2)由逆概率公式有

$$P(A_3|B)=\frac{P(A_3B)}{P(B)}=\frac{P(A_3)P(B|A_3)}{\sum_{i=1}^{3}P(A_i)P(B|A_i)}=\frac{1}{3}\times\frac{2}{5}\Big/\frac{5}{12}=\frac{24}{75}$$

1.4 事件的相互独立性

1.4.1 事件的独立性

我们已经知道，一般来说，$P(A)$与$P(A|B)$是不相等的。但是，如果事件B发生与否并不受事件A的影响，那会是什么情况呢？例如，口袋里有十个球，其中三个是红球，其余是白球，采用有放回抽样的方式从口袋中随机地取两次。设事件B表示“第一次取到的是红球”，事件A表示“第二次取到的是红球”，则显然有$P(A)=P(A|B)$。这种情况表明，事件A的发生不受“事件B已发生”的这个附加条件的影响，这时称事件A与事件B是相互独立的。

定义1 设两个随机事件A,B满足

$$P(AB)=P(A)P(B)$$

则称事件A,B为相互独立的。

定理1 当$P(A)>0$或$(P(B)>0)$时，事件A与B相互独立的充要条件是

$$P(A|B)=P(A)(P(B|A)=P(A)) \tag{1.4.1}$$

也就是说，一个事件的发生与否对另外一个事件的发生并没有影响，这就是事件独立性的含义。

定理2 若事件A,B相互独立，则A与$\overline{B}$，$\overline{A}$与B，$\overline{A}$与$\overline{B}$也独立。

证：这里我们只证$\overline{A}$与$\overline{B}$独立(其余的读者自己证明)。

$$\begin{aligned}P(\overline{A}\overline{B})&=P(\overline{A\cup B})=1-P(A\cup B)=1-P(A)-P(B)+P(AB)\\&=(1-P(A))(1-P(B))=P(\overline{A})P(\overline{B})\end{aligned}$$

故$\overline{A}$与$\overline{B}$独立相互独立。

两个事件的独立性可以推广到多个事件的独立性上去。下面我们来研究三个事件的独立性问题。

定义2 设事件A_1,A_2,A_3满足

$$P(A_1A_2)=P(A_1)P(A_2) \tag{1.4.2}$$

$$P(A_1A_3)=P(A_1)P(A_3) \tag{1.4.3}$$

$$P(A_2A_3)=P(A_2)P(A_3) \tag{1.4.4}$$

$$P(A_1A_2A_3)=P(A_1)P(A_2)P(A_3) \tag{1.4.5}$$

则称 A_1, A_2, A_3 **相互独立**。

根据定义 2 可知，A_1, A_2, A_3 相互独立可推出 A_1, A_2, A_3 两两相互独立，但反之不成立，下面的例子就说明了这一点。

[例 1] 一个均匀的四面体，第一面涂上红色，第二面涂上白色，第三面涂上黑色，第四面同时涂上红、白、黑三种颜色。现在我们以事件 A, B, C 分别表示投一次四面体出现红、白、黑颜色。因为在四面体中有两面有红色，所以

$$P(A)=\frac{1}{2}$$

同理 $P(B)=P(C)=\frac{1}{2}$

而事件 AB, BC, AC 分别表示投一次四面体出现红白色、白黑色、红黑色。四面体的第四面有红、白、黑三种颜色，所以

$$P(AB)=P(BC)=P(AC)=\frac{1}{4}$$

定义中的前三个等式成立。事件 ABC 表示投一次四面体出现红白黑色，所以

$$P(ABC)=\frac{1}{4}$$

但是 $P(ABC)\neq P(A)P(B)P(C)$

因此第四个等式不成立，从而事件 A, B, C 不相互独立。

[例 2] 甲、乙二人向同一目标射击，甲击中目标的概率为 0.6，乙击中目标的概率为 0.5，试计算：

(1) 两人都击中目标的概率；(2) 恰有一人击中目标的概率；(3) 目标被击中的概率。

解： 设 A="甲击中目标"，B="乙击中目标"，则 $P(A)=0.6, P(B)=0.5$，并且认为事件 A 与事件 B 是相互独立的。

(1) $P(AB)=P(A)P(B)=0.6\times 0.5=0.3$

(2) "恰有一人击中目标"$=A\overline{B}\cup\overline{A}B$，由于 $A\overline{B}\cap\overline{A}B=\varnothing$，$A, \overline{B}$ 相互独立，$\overline{A}, B$ 也相互独立，从而有

$$P(A\overline{B}\cup\overline{A}B)=P(A)P(\overline{B})+P(\overline{A})P(B)=0.6\times 0.5+0.4\times 0.5=0.5$$

(3) "目标被击中"$=A\cup B$，由加法公式可知

$$P(A\cup B)=P(A)+P(B)-P(AB)=0.6+0.5-0.6\times 0.5=0.8$$

[例 3] 三人同时独立地破译一份密码，已知每人能译出的概率分别为 $\frac{1}{5}, \frac{1}{3}, \frac{1}{4}$，求密码被译出的概率。

解： 设 A_i="第 i 个人译出密码" $i=1,2,3$。则

$$P(A_1)=\frac{1}{5}, P(A_2)=\frac{1}{3}, P(A_3)=\frac{1}{4}$$

故 $P(A_1\cup A_2\cup A_3)=1-P(\overline{A}_1\overline{A}_2\overline{A}_3)=1-P(\overline{A}_1)P(\overline{A}_2)P(\overline{A}_3)$

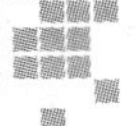

$$=\left(1-\frac{1}{5}\right)\left(1-\frac{1}{3}\right)\left(1-\frac{1}{4}\right)=1-0.4=0.6$$

1.4.2　伯努利概型

现实生活的很多试验都是在相同条件下重复进行的，且各次试验之间是相互独立的。如果做 n 次试验，它们完全是同一个试验在相同条件下的重复，且在每次试验中随机事件的概率都不依赖于其他各次试验的结果，则称这种试验为 n 重独立试验，在历史上称为 n 重**伯努利**(Bernoulli)试验。如果已知在一次试验中事件 A 出现的概率为 p，我们考虑某个事件 A 在 n 次重复独立试验中出现 $k(0\leqslant k\leqslant n)$ 次的概率，可得到以下的定理。

二维码 1.3　伯努利

定理 3　设在一次试验中事件 A 出现的概率为 $p(0<p<1)$，则在 n 次重复独立试验中，事件 A 恰好发生 k 次的概率为

$$P_n(k)=C_n^k p^k(1-p)^{n-k}(k=0,1,2,\cdots,n) \tag{1.4.6}$$

证：由于在 n 次重复独立试验中事件 A 在指定的 k 个试验中发生，其余 $n-k$ 个试验中不发生的概率为

$$p^k(1-p)^{n-k}$$

且这种指定的方式有 C_n^k 种，因此

$$P_n(k)=C_n^k p^k(1-p)^{n-k}(k=0,1,2,\cdots,n)$$

特别地

$$P_n(0)+P_n(1)+\cdots+P_n(n)=\sum_{k=0}^{n}C_n^k p^k(1-p)^{n-k}=(p+1-p)^n=1 \tag{1.4.7}$$

由于 $C_n^k p^k(1-p)^{n-k}$ 恰好是 $[p+(1-p)]^n$ 的二项展开式中的第 $k+1$ 项，故此公式又称为二项概率公式。

[例 4]　设某人打靶，命中率为 0.7，重复射击五次，求恰好命中一次的概率。

解：可以认为各次射击是相互独立的，故本试验可以看作五重伯努利试验。设 A="恰好命中一次"，则由伯努利公式得

$$P(A)=P_5(1)=C_5^1\times 0.7\times(0.3)^4=0.028\,35$$

[例 5]　一个工人负责维修十台同类型的机床，在一段时间内每台机床发生故障的概率为 0.3，求这段时间内至少有两台机床要维修的概率。

解：设 A="至少两台需要维修"，则

$$P(A)=1-P(\overline{A})=1-P_{10}(0)-P_{10}(1)=1-(0.7)^{10}-C_{10}^1(0.7)^9\times 0.3=0.85$$

[例 6]　设三台机器相互独立运转，第一、第二、第三台机器不发生故障的概率依次为 0.9，0.8 和 0.7，求这三台机器中至少有一台发生故障的概率。

解：设 A_i="第 i 台机器发生故障"$(i=1,2,3)$，则所求概率为 $P(A_1+A_2+A_3)$。

由已知有 $A_i(i=1,2,3)$ 相互独立，且

$P(A_1)=0.1, P(A_2)=0.2, P(A_3)=0.3$

则

$$\begin{aligned}&P(A_1+A_2+A_3)\\&=P(A_1)+P(A_2)+P(A_3)-P(A_1A_2)-P(A_1A_3)-P(A_2A_3)+P(A_1A_2A_3)\\&=0.1+0.2+0.3-0.02-0.03-0.06+0.006=0.496\end{aligned}$$

[例 7] 一批种子发芽率为 0.8,试问每穴至少播种几粒种子,才能保证 0.99 以上的穴不空苗?

解: 设至少播种 n 粒种子,才能保证 0.99 以上的穴不空苗。则可将播 n 粒种子看作 n 重伯努利试验。因为

P(至少一粒出苗)$\geqslant 0.99 \Leftrightarrow P$(没有一粒出苗)$<0.01$

故要求 n 满足

$p_n(0)<0.01$,即 $0.2^n<0.01$

进而得

$$n>\frac{-2}{\lg 2-1}=2.861$$

可见每穴至少播种 3 粒,才能保证 0.99 以上的穴不空苗。

[例 8] 设在 3 次独立试验中,事件 A 出现的概率均相等且至少出现一次的概率为 $\frac{19}{27}$,求在一次试验中,事件 A 出现的概率。

解: 设事件 A 在一次试验中出现的概率为 $P(A)=p$,又 A 至少出现一次的对立事件为 A 一次都不出现,由伯努利概型知

$$1-C_3^0p^0(1-p)^3=\frac{19}{27}$$

故 $p=\frac{1}{3}$

二维码 1.4 知识点介绍

二维码 1.5 教学基本要求与重点

二维码 1.6 典型例题

第 1 章习题

1. 抛一枚硬币并掷一颗骰子,观察硬币的正反面及骰子的点数。写出该试验的样本空间。

2. 设 A,B,C 样本空间 Ω 中的三个随机事件,试用 A,B,C 的运算表达式表示下列随机事件。

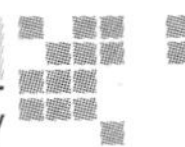

(1)仅 A 发生;(2)三个事件都发生;(3)恰有两个发生;(4)至多有一个发生。

3. 把三个小球随机放入四个盒内。求:

(1)基本总数;(2)事件“恰有两个空盒”所包含的基本事件数。

4. 考察某养鸡场的十只小鸡在一年后能有几只产蛋。设 A=“只有五只产蛋”,B=“至少有五只产蛋”,C=“最多有四只产蛋”。试问:

(1)A 与 B,A 与 C,B 与 C 是否为互不相容?(2)A 与 B,A 与 C,B 与 C 是否为对立事件?

5. 已知十个灯泡中有七个正品三个次品,从中不放回地抽取两次,每次一个灯泡,求下列事件的概率。

(1)取出的两个灯泡都是正品;(2)取出的两个灯泡都是次品;(3)取出一个正品,一个次品;(4)第二次取出的灯泡是次品。

6. 某人在黑暗中开门,他所带的五把钥匙中只有一把能打开房门。他采取无放回地抽取钥匙进行试开的方法,求事件“恰好在第三次打开房门”,“在三次内打开房门”的概率。

7. 设随机事件 A,B 互不相容,且 $P(A)=p$,$P(B)=q$,求

(1)$P(A\cup B)$;(2)$P(\overline{A}\cup B)$;(3)$P(A\cup\overline{B})$;(4)$P(\overline{A}B)$;(5)$P(A\overline{B})$;(6)$P(\overline{A}\overline{B})$。

8. 把甲、乙、丙三名学生依次随机地分到五间宿舍中的任意一间中去,假定每间宿舍最多能住八个人,试求:

(1)这三名学生住在不同宿舍的概率;(2)这三名学生至少有两名住在同一宿舍中的概率。

9. 两人约定在某地点相会,他们可以在中午 12 时到下午 1 时之间的任意时刻到达,求先到者等待后到者的时间不超过 10 min 的概率。

10. 掷三颗骰子,记 A=“掷出的点数之和不小于 10”。

(1)设 B=“第一颗骰子出现 1 点”,求 $P(A|B)$;(2)设 C=“至少有一颗骰子出现 1 点”,求 $P(A|C)$。

11. 某建筑物按设计要求使用寿命超过 50 年的概率为 0.8,超过 60 年的概率为 0.6,该建筑物在经历了 50 年后,它将在 10 年内倒塌的概率是多少?

12. 两台车床加工同样的零件,第一台加工后的废品率为 0.03,第二台加工后的废品率为 0.02,加工出来的零件放在一起。已知这批零件中第一台车床加工的占 $\frac{2}{3}$,第二台加工的占 $\frac{1}{3}$。从这批零件中任取一件,求得到合格品的概率。

13. 设每百个男人中有五个色盲,而每万个女人中有二十五个色盲。今从人群中任选一人,且发现其是色盲,求此人是女性的概率。

14. 设甲袋中有两个白球三个黑球,乙袋中有三个白球一个黑球,丙袋中有一个白球两个黑球,现从甲袋中任取一球放入乙袋中,然后从乙袋中任取一球,求:

(1)从乙袋中取出的球是黑球的概率;(2)将乙袋中取出的球放入丙袋,然后从丙袋中任取一球发现是黑球,从乙袋中取出的球是黑球的概率。

15. 三人分别向同一目标射击，击中目标的概率分别为$\frac{3}{5}$，$\frac{1}{3}$，$\frac{1}{4}$。求：

(1)目标被击中的概率；(2)恰有一人击中目标的概率；(3)恰有二人击中目标的概率；(4)三人都击中目标的概率。

16. 一批产品中有20％的次品，进行有放回地重复抽样检查，共取五件样品。计算这五件样品中：

(1)恰好有三件次品的概率；(2)至多有三件次品的概率。

17. 设有两门高射炮，每门击中飞机的概率都是0.6，求同时发射一发炮弹而击中飞机的概率。又若一架敌机入侵，若要以99％的概率击中它，问至少需要多少门高炮？

二维码 1.7　习题答案

二维码 1.8　补充习题及参考答案

Chapter 2 第2章

一维随机变量及其分布

One-dimensional Random Variable and Its Distribution

2.1 随机变量的概念

在第1章中，我们学习了概率论的一些基础内容：样本空间，随机事件，概率的定义、性质及计算方法等。为了全面研究随机试验的结果，揭示随机现象的统计规律性，我们现在将试验结果数量化，这样做的好处是更加便于计算，并且可以引入微积分，整个概率论会随之改观，意义重大。

定义 设随机试验 E 的样本空间为 Ω，若对每个基本事件 $\omega\in\Omega$ 都有一个确定的实数 $X(\omega)$ 与之对应，则称 X 为随机变量，$X(\omega)$为随机变量的值。

[例1] 随机抽查100名学生的考试成绩(整数分值)，记录其结果，则可能结果为0，1，…，100。该试验的样本空间为 $\Omega=\{\omega_0,\omega_1,\cdots,\omega_{100}\}$ 或表示成 $\Omega=\{0,1,\cdots,100\}$。

这里，每一个试验结果都对应着一个实数，所以，我们引入随机变量 X，每个对应的实数看作是它所取的值，这样，对于样本空间 Ω 的每一个元素 ω，变量 X 都有一个确定的实数值与之对应，故可把变量 X 看成是定义在样本空间 Ω 上的函数：$X=X(\omega)$，$\omega\in\Omega$。

在例1中，因为 X 表示的是考试成绩，则取出的成绩为80分的概率可表示为

$P(X=80)$

如果试验结果与数量无关，我们可以指定一个数量来表示。

[例2] 随机掷一次硬币，所有结果为出现正面或反面。

令"1"为出现正面，"0"为出现反面。对应的随机变量的值为

$$X(\omega)=\begin{cases}1\\0\end{cases}$$

这使得样本空间 $\Omega=\{$"出现正面"，"出现反面"$\}$，可以记为 $\Omega=\{1,0\}$，每一个结果又可以用实数表示出来了。

[例3] 测试灯泡的寿命情况，若以 X 表示灯泡的寿命，则 X 是一个随机变量，是定义

在样本空间 $\Omega=\{t \mid t>0\}$ 上的一个函数，它在某个区间上的取值是随机的，并有确定的概率与之对应。

随机变量一般用大写的英文字母 $X,Y,Z,\cdots$ 表示，也可以用希腊字母 $\xi,\eta,\zeta,\cdots$ 来表示，小写的英文字母 $x,y,z,\cdots$ 表示随机变量的取值。

通过前面的介绍我们知道，随机试验的结果通常可以有三种表示方式：直接用语言文字表示、用事件来表示、用随机变量来表示。

随机变量的引入在概率论中有着重要的意义，它会使很多概率问题变得更加严密，能更方便的讨论后面的概率分布，并且可以借助于微积分来研究随机现象的统计规律性。

从随机变量的取值情况可将其分成下列三种情况：离散型随机变量（见例 1、例 2）、连续型随机变量（见例 3）、非离散型非连续型随机变量，本书只讨论前两种情况。

2.2 离散型随机变量及其分布

2.2.1 离散型随机变量

定义 1 若一个随机变量 X 的所有可能的取值为有限个或可数个，则称它为离散型随机变量。

概率分布 设离散型随机变量 X 所有可能的取值为 $x_i(i=1,2,\cdots)$，且事件 $\{X=x_i\}$ 的概率为 $P\{X=x_i\}=p_i, i=1,2,\cdots$ 这称为离散型随机变量 X 的概率分布或分布律。它还可以用表格形式来表示：

X	x_1	x_2	$\cdots$	x_i	$\cdots$
P	p_1	p_2	$\cdots$	p_i	$\cdots$

作为一个离散型随机变量的概率分布，必须满足下列两个条件：

(1) $p_i \geqslant 0, i=1,2,\cdots$

(2) $\sum\limits_{i=1}^{\infty} p_i = 1$

［例 1］ 盒子中有五个球，分别编号为 1,2,3,4,5，从中同时取出三个球，用 X 表示取出的球上的最小号码，求 X 的分布律。

解： X 可能取的值为 1,2,3，由古典概率的定义可求得

$$P\{X=1\}=\frac{C_4^2}{C_5^3}=\frac{3}{5},\ P\{X=2\}=\frac{C_3^2}{C_5^3}=\frac{3}{10}, P\{X=3\}=\frac{1}{C_5^3}=\frac{1}{10}$$

得 X 的分布律为

X	1	2	3
P	0.6	0.3	0.1

［例 2］ 已知随机变量 X 只能取 1,2,3,4 四个数值，其相应的概率依次为 $\frac{1}{2p},\frac{1}{3p},\frac{5}{6p},$

$\frac{3}{8p}$，试求 p 的值。

解：由离散型随机变量分布律的概念知：

$$\frac{1}{2p}+\frac{1}{3p}+\frac{5}{6p}+\frac{3}{8p}=1$$

因此 $p=\frac{49}{24}$

2.2.2　几种常见的离散型随机变量的概率分布

1. 0—1 分布

如果随机变量 X 的分布律

X	0	1
P	$1-p$	p

其中 $0<p<1$，则称 X 的分布为 0—1 分布，它也是一次贝努里试验中事件 A 发生的次数 X 的概率分布。

0—1 分布还可以表示为函数形式：

$P\{X=k\}=p^k(1-p)^{1-k}, k=0,1, 0<p<1$

当随机试验的样本空间只包含两个样本点时，比如产品的质量合格与不合格，树木的成活与死亡等等都可以用 0—1 分布来刻画其概率分布。

2. 二项分布

在 n 重贝努里试验中，如果用随机变量 X 表示 n 次试验中事件 A 发生的次数，则 X 的可能取值为 $0,1,2,\cdots,n$，由二项概率得到 X 取 k 值的概率为

$P\{X=k\}=C_n^k p^k(1-p)^{n-k}, k=0,1,\cdots,n$

此时称随机变量 X 服从以 n 和 p 为参数的二项分布，记作 $X\sim B(n,p)$。

［例 3］　某人进行射击，设每次射击的命中率为 0.02，现在独立射击 500 次，试求命中次数 X 的分布律及命中次数不少于 2 的概率。

解：独立射击 500 次，为 500 次重复独立试验，故 $X\sim B(500,0.02)$，其概率分布为

$P\{X=k\}=C_{500}^k p^k(1-p)^{500-k}, k=0,1,\cdots,500$

所求概率为

$P\{X\geqslant 2\}=1-P\{X=0\}-P\{X=1\}=1-(0.98)^{500}-500\times 0.02\times(0.98)^{499}$

这个式子计算很麻烦，我们从下面的分布可以看出来：当 n 很大，p 很小时，这时候有一个近似计算。

［例 4］　设随机变量 $X\sim B(2,p)$，$Y\sim B(3,p)$，若 $P\{X\geqslant 1\}=\frac{5}{9}$，试求 $P\{Y\geqslant 1\}$。

解：由二项分布的概念知随机变量 X 的取值为 0,1,2，Y 的取值为 0,1,2,3，从而

$P\{X\geqslant 1\}=1-P\{X=0\}=1-C_2^0 p^0(1-p)^2=\frac{5}{9}$

因此$(1-p)^2=-\frac{4}{9}$，$p=\frac{1}{3}$。故

$$P\{Y\geqslant 1\}=1-P\{Y=0\}=1-C_3^0p^0(1-p)^3=1-\left(\frac{2}{3}\right)^3=\frac{19}{27}$$

3. 泊松分布

若随机变量X的概率分布为

$$P\{X=k\}=\frac{\lambda^k e^{-\lambda}}{k!},k=0,1,\cdots$$

其中$\lambda>0$的常数，此时称随机变量X服从参数为λ的泊松分布，记作$X\sim\pi(\lambda)$。

泊松定理　设随机变量X_n服从二项分布$X_n\sim B(n,p)(n=0,1,\cdots)$其概率分布为

$$P\{X_n=k\}=C_n^kp^k(1-p)^{n-k},k=0,1,\cdots,n$$

又设$np_n=\lambda>0$，则有

$$\lim_{n\to\infty}P\{X_n=k\}=\frac{\lambda^k e^{-\lambda}}{k!}(\lambda\text{ 为常数})$$

二维码 2.1　泊松

证：记$\lambda_n=np_n$，则

$$P\{X_n=k\}=\frac{n(n-1)\cdots(n-k+1)}{k!}\left(\frac{\lambda_n}{n}\right)^k\left(1-\frac{\lambda_n}{n}\right)^{n-k}$$

$$=\frac{\lambda_n^k}{k!}\left[1\cdot\left(1-\frac{1}{n}\right)\left(1-\frac{2}{n}\right)\cdots\left(1-\frac{k-1}{n}\right)\right]\cdot\left(1-\frac{\lambda_n}{n}\right)^{n-k}$$

对于固定的k，有

$$\lim_{n\to\infty}\lambda_n^k=\lim_{n\to\infty}(np_n)^k=\lambda^k$$

$$\lim_{n\to\infty}\left(1-\frac{\lambda_n}{n}\right)^{n-k}=\lim_{n\to\infty}\left\{\left[\left(1-\frac{\lambda_n}{n}\right)^{-\frac{n}{\lambda_n}}\right]^{-\lambda_n}\cdot\left(1-\frac{\lambda_n}{n}\right)^{-k}\right\}=e^{-\lambda}$$

$$\lim_{n\to\infty}\left(1-\frac{1}{n}\right)\left(1-\frac{2}{n}\right)\cdots\left(1-\frac{k-1}{n}\right)=1$$

因此$\lim\limits_{n\to\infty}P\{X_n=k\}=\frac{\lambda^k e^{-\lambda}}{k!}$

[例 5]　用泊松分布求解例 2 中的问题。

解：$P\{X=k\}\approx\frac{\lambda^k e^{-\lambda}}{k!}$，$\lambda=np=10$，$k=0,1\cdots$

于是$P\{X=0\}\approx e^{-10}$，$P\{X=1\}\approx 10e^{-10}$

因此$P\{X\geqslant 2\}=1-P\{X<2\}\approx 1-e^{-10}-10e^{-10}=1-11e^{-10}=1-0.000\,5=0.999\,5$

在离散型随机变量中还有一些常用的分布，比如几何分布和超几何分布等，这里不再列举。

2.2.3 随机变量的分布函数

定义 2 设 X 是一个随机变量，x 为任意实数，则称函数 $F(x)=P\{X\leqslant x\}$ $(-\infty<x<+\infty)$ 为随机变量 X 的分布函数。

随机变量的分布函数是一个重要的概念，在后面的学习中我们会看到，它可以用来全面描述相应随机现象的统计规律性。

分布函数 $F(x)=P\{X\leqslant x\}$ 在 x 点处的函数值就是区间 $(-\infty,x]$ 的概率值，而区间就是事件，可以由它来求得随机变量 X 取值于任何区间的概率。比如由定义可得到下面结论：对任意的两个实数 a,b $(b>a)$ 有 $P\{a<X\leqslant b\}=F(b)-F(a)$。

随机变量的分布函数具有下列性质：

(1) $F(x)$ 是单调非减函数；

(2) $F(-\infty)=\lim F(x)=0$，$F(+\infty)=\lim F(x)=1$

(3) $0\leqslant F(x)\leqslant 1$

(4) $F(x)$ 是右连续函数。

证：(1)因为对于任意两个实数 $a,b(b>a)$，均有 $F(b)-F(a)=P\{a<X\leqslant b\}\geqslant 0$，即 $F(b)\geqslant F(a)$，所以 $F(x)(\infty<x<+\infty)$ 是非减函数。

(2) $F(-\infty)=\lim\limits_{x\to-\infty}F(x)=0$，$F(\infty)=\lim\limits_{x\to\infty}F(x)=1$

(3)因为 $F(x)$ 是单调非减函数，所以 $0=F(-\infty)\leqslant F(x)\leqslant F(+\infty)=1$

(4)证明略。

［例 6］ 已知随机变量 X 的概率分布为

X	-1	2	3
P	$\frac{1}{6}$	$\frac{1}{2}$	$\frac{1}{3}$

求其分布函数 $F(x)$ 及概率 $P\left\{X\leqslant\frac{5}{2}\right\}$，$P\left\{2<X\leqslant\frac{5}{2}\right\}$，$P\left\{2\leqslant X\leqslant\frac{5}{2}\right\}$

解：当 $x<-1$ 时，$\{X\leqslant x\}$ 是不可能事件，所以 $F(x)=0$

当 $-1\leqslant x<2$ 时，$F(x)=P\{X\leqslant x\}=P\{X=-1\}=\frac{1}{6}$

当 $2\leqslant x<3$ 时，$F(x)=P\{X\leqslant x\}=P\{X=-1\}+P\{X=2\}=\frac{1}{6}+\frac{1}{2}=\frac{2}{3}$

当 $3\leqslant x$ 时，$F(x)=P\{X\leqslant x\}=P\{X=-1\}+P\{X=2\}+P\{X=3\}=\frac{1}{6}+\frac{1}{2}+\frac{1}{3}=1$

所以，X 的分布函数为

$$F(x)=\begin{cases}0, & x<-1\\ \frac{1}{6}, & -1\leqslant x<2\\ \frac{2}{3}, & 2\leqslant x<3\\ 1, & 3\leqslant x\end{cases}$$

$P\left\{X\leqslant\frac{5}{2}\right\}$是求事件$\left\{X\leqslant\frac{5}{2}\right\}$的概率，事件$\left\{X\leqslant\frac{5}{2}\right\}$就是区间$\left(-\infty,\frac{5}{2}\right]$，而这个区间里虽然含有无数个点，可是除了两个点$-1,2$之外，其余的点对应的概率值都是0，这样求区间$\left(-\infty,\frac{5}{2}\right]$的概率，实际上就是求两个点$-1,2$的概率和。所以

$$P\{X\leqslant\frac{5}{2}\}=P\{X=-1\}+P\{X=2\}=\frac{1}{6}+\frac{1}{2}=\frac{2}{3}$$

后两个做类似的讨论，可以得

$$P\left\{2<X\leqslant\frac{5}{2}\right\}=0$$

$$P\left\{2\leqslant X\leqslant\frac{5}{2}\right\}=P\{X=2\}+P\left\{2<X\leqslant\frac{5}{2}\right\}=\frac{1}{2}$$

由此可以看出，如果离散型随机变量的概率分布为$P\{X=x_i\}=p_i,i=1,2,\cdots$，则它的分布函数为

$$F(x)=P\{X\leqslant x\}=\sum_{x_i\leqslant x}P\{X=x\}=\sum_{x_i\leqslant x}p_i$$

2.3 连续型随机变量及其分布

在实际问题中，某些随机变量的取值往往可以充满一个区间(或多个区间的并)，这样的随机变量的取值有无限多个并且不能一一列出来，我们称其为连续型随机变量(如灯泡的使用寿命X)，本节讨论连续型随机变量及其概率分布。

定义 设$F(X)=P\{X\leqslant x\}$ $(-\infty<x<+\infty)$是随机变量X的分布函数，若存在$f(x)\geqslant0$ $(-\infty<x<+\infty)$ 使得对任意的x，均有

$$F(X)=P\{X\leqslant x\}=\int_{-\infty}^{x}f(t)\mathrm{d}t$$

则称X为连续型随机变量，其中$f(x)$称为X的概率密度函数。

在连续型随机变量中，经常使用的是概率密度函数，如同离散型随机变量经常使用分布律一样。其实分布律是离散化的，将它连续化就是概率密度函数。

概率密度函数具有下列性质：

(1)$f(x)\geqslant0$

(2)$\int_{-\infty}^{+\infty}f(x)\mathrm{d}x=1$

(3)$P\{a<X\leqslant b\}=F(b)-F(a)=\int_{a}^{b}f(x)\mathrm{d}x$

证：$\int_{-\infty}^{+\infty}f(x)\mathrm{d}x=P\{X\leqslant+\infty\}=F(+\infty)=1$

$$P\{a<X\leqslant b\}=F(b)-F(a)=\int_{-\infty}^{b}f(x)\mathrm{d}x-\int_{-\infty}^{a}f(x)\mathrm{d}x=\int_{a}^{b}f(x)\mathrm{d}x$$

由分布函数和密度函数的定义和性质还可以得到下列结论：

如果 X 是一个连续型随机变量，$F(x)$ 和 $f(x)$ 分别是它的分布函数与概率密度函数，则

(1)在 $f(x)$ 的连续点处，有 $F'(x)=f(x)$

(2)分布函数 $F(x)$ 是连续函数；

(3)$P\{x<X<x+\Delta x\}\approx f(x)\mathrm{d}x$

(4)$P\{X=a\}=0$

(5)$P\{a\leqslant X\leqslant b\}=P\{a<X\leqslant b\}=P\{a\leqslant X<b\}=P\{a<X<b\}=\int_a^b f(x)\mathrm{d}x$

证：(1)$F'(x)=\lim\limits_{\Delta x\to 0}\dfrac{F(x+\Delta x)-F(x)}{\Delta x}=\lim\limits_{\Delta x\to 0}\left[\dfrac{1}{\Delta x}\int_x^{x+\Delta x}f(x)\mathrm{d}t\right]$

$$=\lim_{\Delta x\to 0}\left[\frac{1}{\Delta x}\cdot\Delta x f(x+\theta\Delta x)\right]=\lim_{\Delta x\to 0}f(x+\theta\Delta x)=f(x)$$

(2)由连续型随机变量定义可知。

(3)由于 $f(x)=\lim\limits_{\Delta x\to 0}\dfrac{F(x+\Delta x)-F(x)}{\Delta x}=\lim\limits_{\Delta x\to 0}\dfrac{P\{x<X\leqslant x+\Delta x\}}{\Delta x}$

可以看出，密度函数和物理中的线密度的定义类似，这就是密度函数的名字缘由。所以

$P\{x<X\leqslant x+\Delta x\}\approx f(x)\mathrm{d}x$

(4)因为 $0\leqslant P\{X=a\}\leqslant P\{a-\Delta x<X\leqslant a\}=F(a)-F(a-\Delta x)$，又 $F(x)$ 是连续函数，令 $\Delta x\to 0$，即可得到 $P\{X=a\}=0$

(5)根据结论(4)，可以得到

$P\{a\leqslant X\leqslant b\}=P\{a<X\leqslant b\}=P\{a\leqslant X<b\}=P\{a<X<b\}$

[例 1]　设随机变量 X 的概率密度函数为 $f(x)=A\mathrm{e}^{-|x|}(\infty<x<+\infty)$

(1)求 A；(2)$P\{0<X<2\}$；(3)分布函数 $F(x)$。

解：(1)因为 $\int_{-\infty}^{+\infty}f(x)=1$，所以 $\int_{-\infty}^{+\infty}A\mathrm{e}^{-|x|}\mathrm{d}x=2A\int_0^{+\infty}\mathrm{e}^{-x}\mathrm{d}x=2A=1$，得到 $A=\dfrac{1}{2}$

(2)$P\{0<X<2\}=\dfrac{1}{2}\int_0^2\mathrm{e}^{-x}\mathrm{d}x=\dfrac{1-\mathrm{e}^{-2}}{2}\approx 0.432\,3$

(3)$F(x)=\int_{-\infty}^x\dfrac{1}{2}\mathrm{e}^{-|x|}\mathrm{d}x$

当 $x<0$ 时，$F(x)=\dfrac{1}{2}\int_{-\infty}^x\mathrm{e}^{-x}\mathrm{d}x=\dfrac{1}{2}\mathrm{e}^x$

当 $x\geqslant 0$ 时，$F(x)=\dfrac{1}{2}\int_{-\infty}^x\mathrm{e}^{-x}\mathrm{d}x=\dfrac{1}{2}\int_{-\infty}^0\mathrm{e}^x\mathrm{d}x+\dfrac{1}{2}\int_0^x\mathrm{e}^{-x}\mathrm{d}x=1-\dfrac{1}{2}\mathrm{e}^{-x}$

故得 X 的分布函数为

$$F(x)=\begin{cases}\dfrac{1}{2}\mathrm{e}^x, & x<0\\[2ex] 1-\dfrac{1}{2}\mathrm{e}^{-x}, & x\geqslant 0\end{cases}$$

[例 2] 设随机变量 X 的概率密度为

$$f(x)=\begin{cases}2x, & 0<x<1\\ 0, & \text{其他}\end{cases}$$

现对 X 进行 n 次独立重复观测，以 Y 表示观测值不大于 0.1 的次数，试求 Y 的分布律。

解: 事件"观测值不大于 0.1"即事件$\{X\leqslant 0.1\}$，其概率为

$$p=P\{X\leqslant 0.1\}=\int_{-\infty}^{0.1}f(x)\mathrm{d}x=\int_{0}^{0.1}2x\mathrm{d}x=[x^2]_0^{0.1}=0.01$$

又由题意知随机变量 $Y\sim B(n,p)$，且 $p=0.01$，从而

$$P\{Y=k\}=\mathrm{C}_n^k(0.01)^k(0.99)^{n-k}\quad(k=0,1,2,\cdots,n)$$

下面介绍几种常见的连续型随机变量的概率分布。

2.3.1 均匀分布

若连续型随机变量 X 的概率密度函数为

$$f(x)=\begin{cases}\dfrac{1}{b-a}, & a\leqslant x\leqslant b\\ 0, & \text{其他}\end{cases}$$

则称 X 在$[a,b]$上服从均匀分布，记作 $X\sim U(a,b)$。

此时其分布函数为

$$F(x)=\begin{cases}0, & x<a\\ \dfrac{x-a}{b-a}, & a\leqslant x<b\\ 1, & b\leqslant x\end{cases}$$

[例 3] 某公共汽车站每隔五分钟有一辆汽车通过，可将站上候车的乘客全部运走。设乘客在两趟车之间的任何时刻到站都是等可能的，求乘客候车时间 X 的分布函数及概率密度函数。

解: 设乘客候车时间 X 的分布函数为 $F(x)$，概率密度函数为 $f(x)$。则

(1)当 $x<0$ 时，$\{X\leqslant x\}$为不可能事件，此时有 $F(x)=P\{X\leqslant x\}=0$

(2)当 $0\leqslant x<5$ 时，由几何概率定义知，此时 $F(x)=P\{X\leqslant x\}=\dfrac{x}{5}$

(3)当 $x\geqslant 5$ 时，$\{X\leqslant x\}$为必然事件，此时有 $F(x)=P\{X\leqslant x\}=1$

综上所述，候车时间 X 的分布函数为

$$F(x)=\begin{cases}0, & x<0\\ \dfrac{x}{5}, & 0\leqslant x<5\\ 1, & 5\leqslant x\end{cases}$$

再由 $F(x)'=f(x)$，得候车时间 X 的概率密度函数为

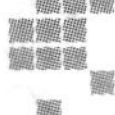

$$f(x)=\begin{cases}\frac{1}{5}, & 0\leqslant x\leqslant 5\\ 0, & \text{其他}\end{cases}$$

可见，候车时间 $X\sim U(0,5)$。

[例 4] 设 k 在(0,5)上服从均匀分布，求方程 $4x^2+4kx+k+2=0$ 有实根的概率。

解： 由题意知随机变量 k 的概率密度函数为 $f(t)=\begin{cases}1/5, & 0\leqslant t\leqslant 5\\ 0, & \text{其他}\end{cases}$，又方程 $4x^2+4kx+k+2=0$ 有实根的条件为

$$16k^2-4\cdot 4\cdot(k+2)\geqslant 0$$

即 $k\leqslant -1$ 或 $k\geqslant -2$，因此所求概率为

$$P\{k\leqslant -1 \text{ 或 } k\geqslant 2\}=P\{k\geqslant 2\}=\int_2^5 \frac{1}{5}\mathrm{d}t=\frac{3}{5}$$

2.3.2 指数分布

若连续型随机变量 X 的概率密度函数为

$$f(x)=\begin{cases}\lambda \mathrm{e}^{-\lambda x}, & x\geqslant 0\\ 0, & x<0\end{cases}，\text{其中常数 } \lambda>0$$

则称 X 服从参数为 λ 的指数分布，可记为 $X\sim\exp(\lambda)$，此时其分布函数为

$$F(x)=\begin{cases}1-\mathrm{e}^{-\lambda x}, & x\geqslant 0\\ 0, & x>0\end{cases}，\text{其中常数 } \lambda>0$$

可以验证 $f(x)$ 满足

(1) $f(x)\geqslant 0$

(2) $\int_{-\infty}^{+\infty} f(x)\mathrm{d}x=1$

[例 5] 设随机变量 X 表示某种灯泡的使用寿命，其概率密度函数

$$f(x)=\begin{cases}k\mathrm{e}^{-\frac{x}{1\,000}}, & x\geqslant 0\\ 0, & x<0\end{cases}$$

试确定常数 k，并求灯泡使用寿命超过 1 000 h 的概率。

解： $\int_{-\infty}^{+\infty} f(x)\mathrm{d}x=\int_0^{+\infty} k\mathrm{e}^{-\frac{x}{1\,000}}\mathrm{d}x=1\,000k\int_0^{+\infty}\frac{1}{1\,000}\mathrm{e}^{-\frac{x}{1\,000}}\mathrm{d}x=1$

由指数分布有 $\int_0^{+\infty}\frac{1}{1\,000}\mathrm{e}^{-\frac{x}{1\,000}}\mathrm{d}x=1$

所以 $k=\frac{1}{1\,000}$

$$P\{X>1\,000\}=1-P\{X\leqslant 1\,000\}=1-\int_0^{+\infty}\frac{1}{1\,000}\mathrm{e}^{-\frac{x}{1\,000}}\mathrm{d}x=\mathrm{e}^{-1}\approx 0.368$$

2.3.3 正态分布

若连续型随机变量 X 的概率密度函数为

$$f(x)=\frac{1}{\sqrt{2\pi}\sigma}e^{-\frac{(x-\mu)^2}{2\sigma^2}},-\infty<x<+\infty$$

其中 μ,σ 为常数，$\mu\in(-\infty,+\infty)$，$\sigma>0$，则称随机变量 X 服从参数为 μ 与 σ 的正态分布，记作 $X\sim N(\mu,\sigma^2)$。

由图 2.3.1 和图 2.3.2 可看出正态分布具有下列特征：

(1)曲线关于 $x=\mu$ 对称；

(2)$x=\mu$ 处 $f(x)$ 取到最大值；

(3)当 σ 不变，改变 μ 的值，图像沿 x 轴平移；

(4)当 μ 不变，改变 σ 的值，σ 越小，图形越尖；

(5)x 轴为渐近线。

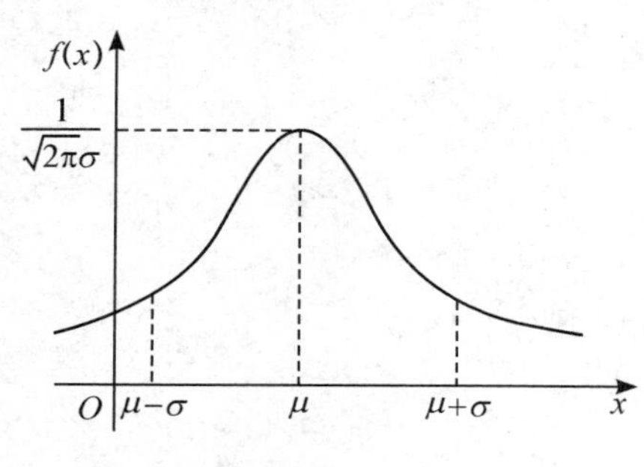

图 2.3.1

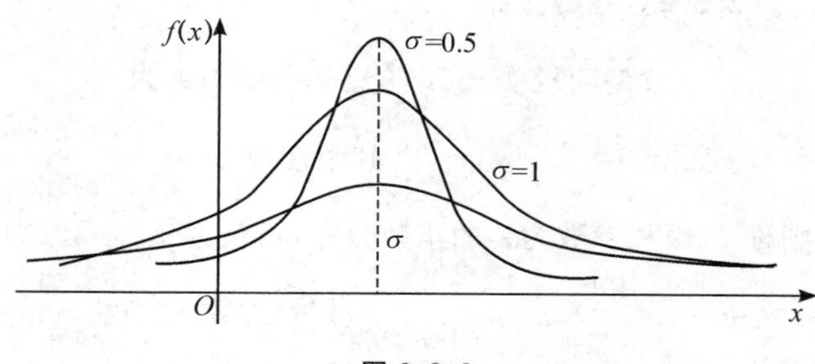

图 2.3.2

正态分布 $N(\mu,\sigma^2)$ 的分布函数为

$$F(x)=\frac{1}{\sqrt{2\pi}\sigma}\int_{-\infty}^{x}e^{-\frac{(t-\mu)^2}{2\sigma^2}}dt$$

特别地，当 $\mu=0,\sigma=1$ 时的正态分布称为标准正态分布，记作 $N(0,1)$。其概率密度函数为

$$\varphi(x)=\frac{1}{\sqrt{2\pi}}e^{-\frac{x^2}{2}},-\infty<x<+\infty$$

此时其分布函数为

$$\Phi(x)=\frac{1}{\sqrt{2\pi}}\int_{-\infty}^{x}e^{-\frac{t^2}{2}}dt$$

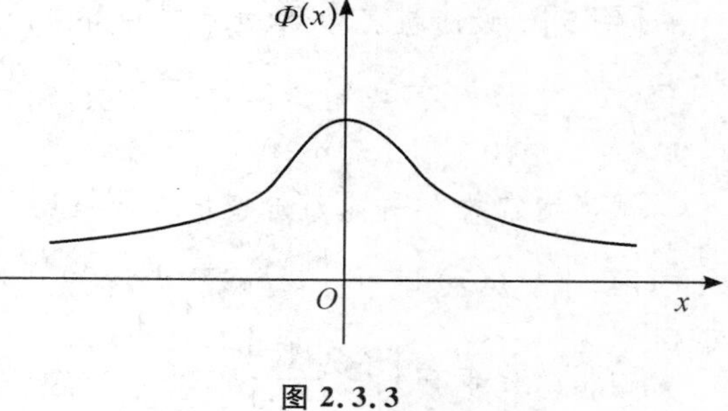

图 2.3.3

利用附表 2 可查 $\Phi(x)$ 的值，由密度曲线图形(图 2.3.3)的特点有下列结论成立：

$$\Phi(-x)=1-\Phi(x)$$

[例 6] 已知 $X\sim N(0,1)$，求 $P\{X\leqslant 2.35\}$，$P\{|X|<1.54\}$，$P\{1.06<X<2.15\}$。

解：查附表 2 可得

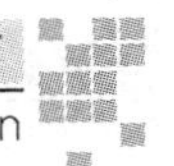

$P\{X\leqslant 2.35\}=\Phi(2.35)=0.9906$

$P\{|X|<1.54\}=P\{-1.54<X<1.54\}=\Phi(1.54)-\Phi(-1.54)=2\Phi(1.54)-1$
$=2\times 0.9382-1=0.8764$

$P\{1.06<X<2.15\}=\Phi(2.15)-\Phi(1.06)=0.9842-0.8554=0.1288$

正态分布 $N(\mu,\sigma^2)$ 的分布函数 $F(x)$ 和标准正态分布 $N(0,1)$ 的分布函数 $\Phi(x)$ 之间的关系：

$$F(x)=\int_{-\infty}^{x}f(t)\mathrm{d}t=\frac{1}{\sqrt{2\pi}\sigma}\int_{-\infty}^{x}\mathrm{e}^{-\frac{(t-\mu)^2}{2\sigma^2}}\mathrm{d}t=\frac{1}{\sqrt{2\pi}}\int_{-\infty}^{\frac{x-\mu}{\sigma}}\mathrm{e}^{-\frac{u^2}{2}}\mathrm{d}u=\Phi\left(\frac{x-\mu}{\sigma}\right)$$

于是 $P\{a<X\leqslant b\}=F(b)-F(a)=\Phi\left(\frac{b-\mu}{\sigma}\right)-\Phi\left(\frac{a-\mu}{\sigma}\right)$

[例 7]　设 $X\sim N(\mu,\sigma^2)$，求 $P\{|X-\mu|<\sigma\}$。

解：$P\{|X-\mu|<\sigma\}=P\{\mu-\sigma<X<\mu+\sigma\}=\Phi\left(\frac{\mu+\sigma-\mu}{\sigma}\right)-\Phi\left(\frac{\mu-\sigma-\mu}{\sigma}\right)$
$=\Phi(1)-\Phi(-1)=2\Phi(1)-1=2\times 0.8413=0.6826$

[例 8]　设 $X\sim N(25,3^2)$，试确定满足 $P\{|X-25|\leqslant C\}=0.9544$ 中的常数 C。

解：已知 $\mu=25,\sigma=3$，且 $P\{|X-25|\leqslant C\}=0.9544$，即

$P\{|X-25|\leqslant C\}=P\{25-C\leqslant X\leqslant 25+C\}=\Phi\left(\frac{C}{3}\right)-\Phi\left(-\frac{C}{3}\right)=2\Phi\left(\frac{C}{3}\right)-1$
$=0.9544$

$\Phi\left(\frac{C}{3}\right)=0.9772$

反查附表 2 得 $\frac{C}{3}=2$，故 $C=6$

[例 9]　听得见的正态分布。

我们把一袋爆米花放在微波炉里，关上门，拧动旋钮，静静地倾听正态分布，开始的时候，偶尔有几声响，随后响声渐渐增加，逐渐"大珠小珠落玉盘"达到顶峰，渐渐地声音减弱，趋于平静。我们把 x 轴定义为时间，y 轴定义为响声的次数，描出来的是一个个离散的点，把这些点连成线，就是正态分布的图像。

在实际的应用中，对于标准正态分布有时用到"上 α 分位点"。

设 $X\sim N(0,1)$，若 u_α 满足条件 $P\{X>u_\alpha\}=\alpha$ $(0<\alpha<1)$，则称点 u_α 为标准正态分布的上 α 分位点（图 2.3.4），由附表 2 可得

$u_{0.05}=1.645, u_{0.005}=2.57, u_{0.001}=3.10$

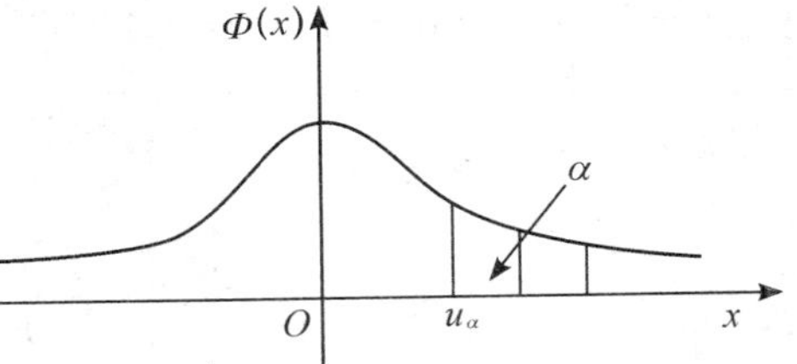

图 2.3.4

2.4　一维随机变量函数的分布

在实际问题中，我们有时会对随机变量的函数的分布更感兴趣。

设 X 为随机变量，$y=g(x)$ 为一元函数，则 $Y=g(X)$ 便是 X 的函数，当 X 是随机变量时，Y 也是随机变量。我们的目的是由 X 的分布确定一维随机变量函数 $Y=g(X)$ 的分布。

2.4.1 X 是离散型随机变量

已知离散型随机变量 X 的分布为

X	x_1	x_2	$\cdots$	x_i	$\cdots$
P	p_1	p_2	$\cdots$	p_i	$\cdots$

由 $Y=g(X)$，知 Y 的取值为 $y=g(x)$，且 $P\{X=x_i\}=P\{Y=g(x_i)\}=P\{Y=y_i\}=p_i$ 则一维随机变量函数 $Y=g(X)$ 的分布为

Y	y_1	y_2	$\cdots$	y_i	$\cdots$
P	p_1	p_2	$\cdots$	p_i	$\cdots$

其中 $y_i \neq y_j$，$i,j=1,2,3\cdots$；如果 y_i 中出现相同取值，要把与之对应的 x_i 的取值概率相加。

[例 1] 已知随机变量 X 的概率分布为

X	-1	0	1	3
P	0.1	0.2	0.3	0.4

求一维随机变量函数 $Y=X^2-1$ 的概率分布。

解: 依 X 的取值求 Y 的取值如下

X	-1	0	1	3
P	0.1	0.2	0.3	0.4
$Y=X^2-1$	0	-1	0	8

因为 $P\{Y=-1\}=P\{X^2-1=-1\}=P\{X=0\}=0.2$

$P\{Y=0\}=P\{X=-1\}+P\{X=1\}=0.1+0.3=0.4$

$P\{Y=8\}=P\{X^2-1=8\}=P\{X=3\}=0.4$

所以 Y 的概率分布为

Y	-1	0	8
P	0.2	0.4	0.4

[例 2] 设随机变量 X 具有以下分布律，试求随机变量 $Y=(X-1)^2$ 的分布律。

X	-1	0	1	2
P	0.2	0.4	0.3	0.1

解: $Y=(X-1)^2$ 所有可能的取值为 0,1,4，且

$P\{Y=0\}=P\{X=1\}=0.3$

$P\{Y=1\}=P\{X=0\}+P\{X=2\}=0.4+0.1=0.5$

$P\{Y=4\}=P\{X=-1\}=0.2$

即得的分布律为

Y	0	1	4
P	0.3	0.5	0.2

2.4.2　X是连续型随机变量

分两种情况讨论。

当$y=g(x)$为严格单调函数时,有如下定理:

定理　设连续型随机变量X的概率密度函数为$f(x)$,又设$y=g(x)$处处可导,且对任意的x都有$g'(x)>0$(或$g'(x)<0$),则$Y=g(X)$是一个连续型随机变量,它的概率密度为

$$f_Y(y)=\begin{cases} f[h(y)]\,|h'(y)|, & \alpha<y<\beta \\ 0, & \text{其他} \end{cases}$$

其中$h(y)$是$g(x)$的反函数,$\alpha=\min\{g(-\infty),g(+\infty)\}$,$\beta=\max\{g(-\infty),g(+\infty)\}$。

若$f(x)$在有限区间$[a,b]$以外等于0,则只需设在$[a,b]$上有$g'(x)>0$(或$g'(x)<0$)即可,而此时$\alpha=\min\{g(a),g(b)\}$,$\beta=\max\{g(a),g(b)\}$。

证明:当$g(x)$单调增加时,Y的分布函数为

$$F_Y(y)=P\{Y\leqslant y\}=P\{g(X)\leqslant y\}=P\{X\leqslant h(y)\}=\int_{-\infty}^{h(y)}f(x)\mathrm{d}x$$

所以$f_Y(y)=F'_Y(y)=f[h(y)]h'(y)$,$h'(y)>0$,$g(-\infty)<y<g(+\infty)$

当$g(x)$单调递减时,Y的分布函数为

$$F_Y(y)=P\{Y\leqslant y\}=P\{g(X)\leqslant y\}=P\{X\geqslant h(y)\}=1-\int_{-\infty}^{h(y)}f(x)\mathrm{d}x$$

所以$f_Y(y)=F'_Y(y)=-f[h(y)]h'(y)$,$h'(y)<0$,$g(+\infty)<y<g(-\infty)$

以上两种情况合并即得证。

[例3]　设$X\sim U(0,2)$,求$Y=X^2$在$(0,4)$内的概率分布密度$f_Y(y)$。

解:因为x在$(0,2)$中变化时,$y=x^2$为单调函数,从而可直接用公式法得

$$f_Y(y)=\frac{1}{2}(\sqrt{y}')=\frac{1}{\sqrt{y}}\quad(0<y<4)$$

[例4]　已知$X\sim N(\mu,\sigma^2)$,求X的线性函数$Y=aX+b(a\neq 0)$的概率分布及概率密度函数。

解:$y=g(x)=ax+b$,$x=h(y)=\dfrac{y-b}{a}$;$h'(y)=\dfrac{1}{a}$,$f[h(y)]=f\left(\dfrac{y-b}{a}\right)$

故Y的概率密度为

$$f_Y(y)=f[h(y)]\,|h'(y)|=\frac{1}{|a|}\frac{1}{\sqrt{2\pi}\sigma}\mathrm{e}^{-\frac{\left(\frac{y-b}{a}-\mu\right)^2}{2\sigma^2}}$$

$$=\frac{1}{|a|}\frac{1}{\sqrt{2\pi}\sigma}e^{-\frac{[y-(a\mu+b)]^2}{2a^2\sigma^2}}\quad(-\infty<y<+\infty)$$

即 Y 服从正态分布 $N(a\mu+b,a^2\sigma^2)$，从而有下列结论：正态分布的线性函数也服从正态分布。

（该种情况也可用分布函数的定义求解）

当 $y=g(x)$ 为其他情形时，用分布函数的定义求解。

［**例 5**］ 已知随机变量 $X\sim N(0,1)$，求 $Y=X^2$ 的概率密度函数。

解：当 $y>0$ 时

$$F_Y(y)=P\{Y\leqslant y\}=P\{X^2\leqslant y\}=P\{-\sqrt{y}\leqslant X\leqslant\sqrt{y}\}=F_X(\sqrt{y})-F_X(-\sqrt{y})$$

将该式两边对 y 求导数得 Y 的概率密度函数为

$$f_Y(y)=\frac{1}{2\sqrt{y}}[f_X(\sqrt{y})-f_X(-\sqrt{y})]=\frac{1}{\sqrt{2\pi y}}e^{-\frac{y}{2}}$$

当 $y\leqslant 0$ 时，$f_Y(y)=0$，故 Y 的概率密度为

$$f_Y(y)=\begin{cases}\dfrac{1}{\sqrt{2\pi\sigma}}e^{-\frac{y}{2}}, & y>0\\ 0, & y\leqslant 0\end{cases}$$

二维码 2.2 知识点介绍

二维码 2.3 教学基本要求与重点

二维码 2.4 典型例题

□ 第 2 章习题

1. 设随机变量 X 的分布律为

$X=i$	0	1	2	3
$P(X=i)$	$6C$	$9C$	$15C$	$12C$

求：(1)常数 C；(2)$P\{X\geqslant 2\}$；(3)$F(x)$。

2. 一袋中装有五个白球和三个红球，不放回的抽取两次，每次一球。X 表示抽到的白球的个数。试求 X 的概率分布律及分布函数。

3. 一袋中装有五张编号为 1～5 的卡片，从袋中同时抽取三张，以 X 表示所取的三张卡片中的最小号码数。求 X 的概率分布律。

4. 某批六个零件中有四个正品，从中任取三个，用 X 表示所取出的三个零件中正品的个数。求随机变量 X 的概率分布律。

5. 设 X 服从泊松分布，且已知 $P\{X=1\}=P\{X=2\}$，求 $P\{X=4\}$。

6. 随机变量 X 的概率密度函数为 $f(x)=\begin{cases}x-a, & 1<x<2\\ 0, & 其他\end{cases}$

求:(1)常数 a;(2)$P\{0<X<1\}$;(3)$P\{-1<X<1.5\}$;(4)$F(x)$。

7. 设随机变量 X 在整个 x 轴上取值。其分布函数为 $F(x)=A+B\arctan\frac{x}{2}$。

求:(1)常数 A,B;(2)$f(x)$;(3)$P\{1<X<2\}$;(4)确定 x 使其满足条件 $P\{X>x\}=\frac{1}{6}$。

8. 设随机变量 X 的概率密度为:$f(x)=\begin{cases}4x^3, & 0<x<1\\ 0, & \text{其他}\end{cases}$

求:(1)X 的分布函数 $F(x)$;(2)常数 a,使 $P\{X>a\}=P\{X<a\}$。

9. 设 $X\sim N(-1,4^2)$,借助标准正态分布函数值计算(1)$P\{X<2.44\}$;(2)$P\{X>-1.5\}$;(3)$P\{|X|<4\}$;(4)$P\{-5<X<2\}$;(5)$P\{|X-1|>1\}$。

10. 设 $X\sim N(\mu,\sigma^2)$,已知 $P\{X\leqslant-1.5\}=0.036$,$P\{X\leqslant5.1\}=0.758$,求 μ,σ^2,$P\{X>0\}$。

11. 设 X 的概率分布律为

$X=i$	-1	0	1	2
$P(X=i)$	0.1	0.3	0.2	0.4

求:(1)$Y=2X-1$;(2)$Y=X^2$;(3)$Y=X^3$ 的概率分布律。

12. 设 X 的概率密度为 $f(x)=\begin{cases}2x, & 0<x<1\\ 0, & \text{其他}\end{cases}$,求 $Y=3X$ 的概率密度。

13. 某射手有五发子弹，射击一次的命中率为 0.9，如果他命中目标就停止射击，不命中就一直到用完五发子弹，求所用子弹数 X 的分布密度。

14. 设一批产品中有十件正品,三件次品，现一件一件地随机取出，分别求出在下列各情形中直到取得正品为止所需次数 X 的分布密度。

(1)无放回抽取;(2)有放回抽取;(3)有放回抽取,抽到次品则用正品替代。

15. 随机变量 X 的密度为 $\varphi(x)=\begin{cases}\dfrac{c}{\sqrt{1-x^2}}, & |x|<1\\ 0, & \text{其他}\end{cases}$

求:(1)常数 c; (2)X 落在 $\left(-\frac{1}{2},\frac{1}{2}\right)$ 内的概率。

16. 随机变量 X 分布密度为

(1)$\varphi(x)=\begin{cases}\dfrac{2}{\pi}\sqrt{1-x^2}, & |x|<1\\ 0, & \text{其他}\end{cases}$;(2)$\varphi(x)=\begin{cases}x, & 0\leqslant x<1\\ 2-x, & 1\leqslant x\leqslant2\\ 0, & \text{其他}\end{cases}$

求分布函数 $F(x)$。

17. 设测量从某地到某一目标的距离时带有的随机误差 X 具有分布密度函数

$$\varphi(x)=\frac{1}{40\sqrt{2\pi}}\exp\left(-\frac{(x-20)^2}{3\,200}\right),-\infty<x<+\infty$$

试求:(1)测量误差的绝对值不超过 30 的概率;(2)接连独立测量三次，至少有一次误差的绝对值不超过 30 的概率。

18. 设电子元件的寿命 X 具有概率密度为

$$\varphi(x)=\begin{cases}\dfrac{100}{x^2}, & 100<x\\ 0, & x\leqslant 100\end{cases}$$

求在 150 h 内:(1)三只元件中没有一只损坏的概率;(2)三只电子元件全损坏的概率;(3)只有一个电子元件损坏的概率。

19. 对圆片直径进行测量，其值在[5，6]上服从均匀分布，求圆片面积的概率分布。

二维码 2.5　习题答案

二维码 2.6　补充习题及参考答案

Chapter 3 第 3 章

多维随机变量及其分布

Multi-dimensional Random Variable and Its Distribution

3.1 二维随机变量及其分布

3.1.1 二维随机变量

在实际问题中，有一些随机试验的结果需要同时用两个或两个以上的随机变量来描述。通过第 2 章的学习知道掷一颗骰子的随机试验，可以用一个随机变量 X 来描述试验结果，掷出几点，随机变量 X 就取几。如果所做的试验是同时掷两颗骰子，则试验结果需要用两个随机变量才能描述清楚，X 表示第一颗骰子的点数，Y 表示第二颗骰子的点数；又如炮弹弹着点的位置是随机的，要用两个随机变量 X 和 Y 分别标识弹着点的横坐标与纵坐标。在这两个例子中，随机变量 X 和 Y 联合起来才能完整地描述随机试验的结果，这就是二维随机变量。

设 $\Omega=\{\omega\}$ 为随机试验 E 的样本空间，$X=X(\omega)$，$Y=Y(\omega)$ 是定义在 Ω 上的随机变量，则称 (X,Y) 为**二维随机变量**或称为二维随机向量。当需要用多个随机变量描述随机试验结果时，就得到多维随机变量。

设 (X,Y) 是二维随机变量，对于任意实数 x,y，称二元函数 $F(x,y)=P\{X\leqslant x,Y\leqslant y\}$ 为二维随机变量 (X,Y) 的**分布函数**，或称为 (X,Y) 的**联合分布函数**。

如果把二维随机变量 (X,Y) 看作平面上具有随机坐标 (X,Y) 的点，那么分布函数 $F(x,y)$ 在 (x,y) 处的函数值就是随机点 (X,Y) 落在以点 (x,y) 为顶点而位于该点左下方的无穷矩形域内的概率（图 3.1.1）。

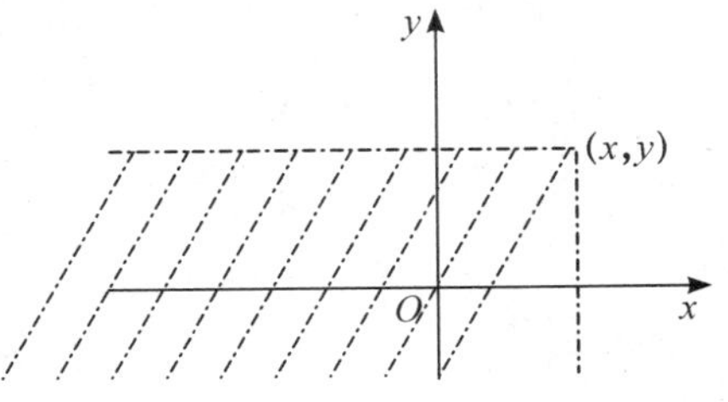

图 3.1.1

二维随机变量分布函数的性质：

(1) $0\leqslant F(x,y)\leqslant 1$

(2) $F(x,y)$ 分别是变量 x,y 的不减函数，即对于任意固定的 y，当 $x_1<x_2$ 时有 $F(x_1,y)\leqslant F(x_2,y)$；对于任意固定的 x，当 $y_1<y_2$ 时有

$F(x,y_1)\leqslant F(x,y_2)$

(3)对于任意固定的 y，$F(-\infty,y)=\lim\limits_{x\to-\infty}F(x,y)=0$；对于任意固定的 x，$F(x,-\infty)=\lim\limits_{y\to-\infty}F(x,y)=0$，并且 $F(-\infty,-\infty)=\lim\limits_{\substack{x\to-\infty\\y\to-\infty}}F(x,y)=0$，$F(+\infty,+\infty)=\lim\limits_{\substack{x\to+\infty\\y\to+\infty}}F(x,y)=1$

(4)$F(x_2,y_2)-F(x_2,y_1)-F(x_1,y_2)+F(x_1,y_1)\geqslant 0(x_2<x_1,y_2<y_1)$

说明：$F(x,y)$在(x,y)处的函数值就是随机点(X,Y)落在以点(x,y)为顶点而位于该点左下方的无穷矩形域内的概率。$F(x_2,y_2)-F(x_2,y_1)-F(x_1,y_2)+F(x_1,y_1)$是随机点$(X,Y)$落在矩形区域 $x_2\leqslant x_1,y_2\leqslant y_1$ 内的概率(图3.1.2)，所以是非负的。

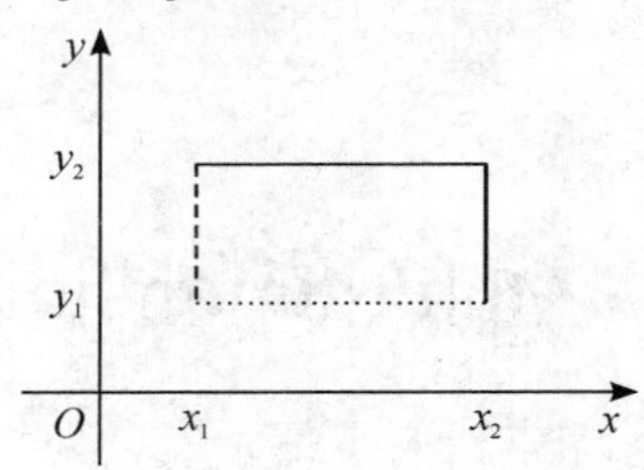

图 3.1.2

二维随机变量分布函数 $F(x,y)$ 及相关性质可推广到 n 维随机变量分布函数 $F(x_1,x_2,\cdots,x_n)$。

3.1.2　二维离散型随机变量及其分布

如果二维随机变量(X,Y)只取有限个或可列个数对(x_i,y_i)，则称(X,Y)为**二维离散型随机变量**。

如果(X,Y)是二维离散型随机变量，则 X,Y 均为一维离散型随机变量；反之亦成立。

设二维随机变量(X,Y)所有可能取的值为(x_i,y_j) $(i=1,2,\cdots;j=1,2,\cdots)$，则称$P\{X=x_i,Y=y_j\}=p_{ij}(i,j=1,2,\cdots)$为$(X,Y)$的联合分布律。

二维离散型随机变量(X,Y)的联合分布有时也用如下的联合分布律表表示。

X \ Y	y_1	y_2	$\cdots$	y_j	$\cdots$
x_1	p_{11}	p_{12}	$\cdots$	p_{1j}	$\cdots$
x_2	p_{21}	p_{22}	$\cdots$	p_{2j}	$\cdots$
$\vdots$	$\vdots$	$\vdots$	$\vdots$	$\vdots$	$\vdots$
x_i	p_{i1}	p_{i2}	$\cdots$	p_{ij}	$\cdots$
$\vdots$	$\vdots$	$\vdots$	$\vdots$	$\vdots$	$\vdots$

联合分布律的性质：

(1)非负性：$p_{ij}\geqslant 0(i,j=1,2,\cdots)$

(2) $\sum\limits_i\sum\limits_j p_{ij}=1$

二维离散型随机变量分布函数：

(X,Y)的分布函数可按下式求得：$F(x,y)=\sum\limits_{x_i\leqslant x}\sum\limits_{y_j\leqslant y}p_{ij}$，这里和式是对一切满足不等式 $x_i\leqslant x,y_j\leqslant y$ 的 i,j 来求和的。

[**例 1**]　一个袋中装五只球，其中四只红球，一只白球，每次从中随机抽取一只，抽后不放回，抽取两次：

$$X=\begin{cases}1,\text{若第一次抽到红球}\\0,\text{若第一次抽到白球}\end{cases},Y=\begin{cases}1,\text{若第二次抽到红球}\\0,\text{若第二次抽到白球}\end{cases}$$

求：(1)(X,Y)的联合分布律；(2)$P\{X\geqslant Y\}$。

解：(1)方法一 这个随机试验属于古典概型，共有20个试验结果，其中没有两次都是白球的结果；两次都是红球的结果有12次；第一次是白球，第二次是红球的结果有4次；第一次是红球，第二次是白球的结果有4次。

$P\{X=0,Y=0\}=\frac{0}{20}=0$；$P\{X=1,Y=1\}=\frac{12}{20}=\frac{3}{5}$

$P\{X=0,Y=1\}=\frac{4}{20}=\frac{1}{5}$；$P\{X=1,Y=0\}=\frac{4}{20}=\frac{1}{5}$

把(X,Y)的联合分布律写成表格的形式：

X \ Y	0	1
0	0	$\frac{1}{5}$
1	$\frac{1}{5}$	$\frac{3}{5}$

方法二 利用概率的乘法公式及条件概率定义。

$P\{X=0,Y=0\}=P\{X=0\}P\{Y=0\mid X=0\}=\frac{1}{5}\times\frac{0}{4}=0$

$P\{X=0,Y=1\}=P\{X=0\}P\{Y=1\mid X=0\}=\frac{1}{5}\times\frac{4}{4}=\frac{1}{5}$

$P\{X=1,Y=0\}=P\{X=1\}P\{Y=0\mid X=1\}=\frac{4}{5}\times\frac{1}{4}=\frac{1}{5}$

$P\{X=1,Y=1\}=P\{X=1\}P\{Y=1\mid X=1\}=\frac{4}{5}\times\frac{3}{4}=\frac{3}{5}$

(2)$P(X\geqslant Y)=P\{X=0,Y=0\}+P\{X=1,Y=0\}+P\{X=1,Y=1\}=0+\frac{1}{5}+\frac{3}{5}=\frac{4}{5}$

3.1.3 二维连续型随机变量的概率密度函数

定义 设(X,Y)是二维随机变量，如果存在一个非负函数$f(x,y)$，使得对于任意实数x,y，都有

$$F(x,y)=P\{X\leqslant x,Y\leqslant y\}=\int_{-\infty}^{x}\int_{-\infty}^{y}f(u,v)\mathrm{d}u\mathrm{d}v$$

则称(X,Y)是**二维连续型随机变量**，函数$f(x,y)$称为二维连续型随机变量(X,Y)的概率密度函数，或称为(X,Y)的联合概率密度函数。

联合概率密度函数的性质：

(1)$f(x,y)\geqslant 0$

(2)$\int_{-\infty}^{+\infty}\int_{-\infty}^{+\infty}f(x,y)\mathrm{d}x\mathrm{d}y=1$

这是联合概率密度函数的基本性质。我们不加证明地指出：任何一个二元实函数

$f(x,y)$，若它满足性质(1)和性质(2)，则它可以成为某二维随机变量的联合概率密度函数。

(3) $P\{(X,Y)\in D\}=\iint\limits_{D} f(x,y)\mathrm{d}x\mathrm{d}y$，其中 D 为 xOy 平面上的任意一个区域；(X,Y)落在区域 D 内的概率等于以 D 为底、曲面 $z=f(x,y)$为顶的柱体体积。

(4)在联合概率密度函数 $f(x,y)$的连续点，有 $f(x,y)=\dfrac{\partial^2 F(x,y)}{\partial x\partial y}$。

[例 2] $f(x,y)=\begin{cases}A\mathrm{e}^{-(2x+y)}, & x>0,y>0\\ 0, & \text{其他}\end{cases}$

试求：(1)A；(2)$P\{-1<X<1,-1<Y<1\}$；(3)$P\{X+Y\leqslant 1\}$。

解：(1)由性质(2)得

$$1=\int_0^{+\infty}\int_0^{+\infty} A\mathrm{e}^{-(2x+y)}\mathrm{d}x\mathrm{d}y=\frac{A}{2},A=2$$

(2)由性质(3)得

$$P\{-1<X<1,-1<Y<1\}=\int_0^1\int_0^1 2\mathrm{e}^{-(2x+y)}\mathrm{d}x\mathrm{d}y=(1-\mathrm{e}^{-2})(1-\mathrm{e}^{-1})$$

(3) $P\{X+Y\leqslant 1\}=\int_0^1\mathrm{d}x\int_0^{1-x}2\mathrm{e}^{-(2x+y)}\mathrm{d}y=1+\mathrm{e}^{-2}-2\mathrm{e}^{-1}$

两种重要二维连续型随机变量的分布：

设(X,Y)为二维连续型随机变量，G 是平面上的一个有界区域，其面积为 $A(A>0)$，又设

$$f(x,y)=\begin{cases}\dfrac{1}{A}, & \text{当}(x,y)\in G\\ 0, & \text{当}(x,y)\notin G\end{cases}$$

若(X,Y)的联合概率密度函数为上式定义的函数 $f(x,y)$，则称二维随机变量(X,Y)在 G 上服从二维均匀分布。

可验证 $f(x,y)$满足联合概率密度函数的基本性质。

[例 3] $D=\{(x,y)\mid x\geqslant 0,y\geqslant 0,x+y\leqslant 1\}$(图 3.1.3)，$(X,Y)$为二维连续型随机变量，联合概率密度函数为

$$f(x,y)=\begin{cases}2, & \text{当}(x,y)\in D\\ 0, & \text{当}(x,y)\notin D\end{cases}$$

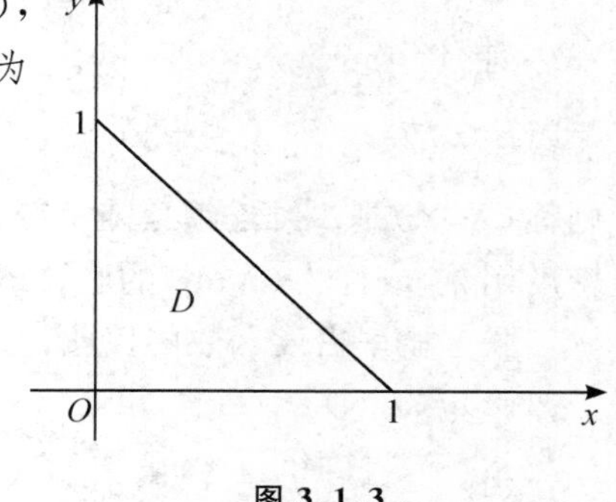

图 3.1.3

若二维随机变量(X,Y)的概率密度为

$$f(x,y)=\frac{1}{2\pi\sigma_1\sigma_2\sqrt{1-\rho^2}}\exp\left\{\frac{-1}{2(1-\rho^2)}\left[\frac{(x-\mu_1)^2}{\sigma_1^2}-2\rho\frac{(x-\mu_1)(y-\mu_2)}{\sigma_1\sigma_2}+\frac{(y-\mu_2)^2}{\sigma_2^2}\right]\right\}$$

$$(-\infty<x<+\infty,-\infty<y<+\infty)$$

其中 $\mu_1,\mu_2,\sigma_1,\sigma_2,\rho$ 都是常数，且 $\sigma_1>0,\sigma_2>0,|\rho|<1$，则称 (X,Y) 服从二维正态分布，记为 $(X,Y)\sim N(\mu_1,\mu_2,\sigma_1^2,\sigma_2^2,\rho)$（图 3.1.4）。

可以证明 $f(x,y)$ 满足概率密度函数的两条基本性质。

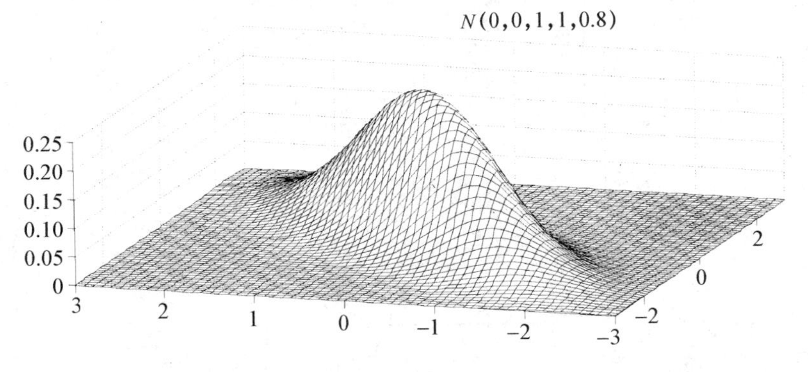

图 3.1.4

3.1.4　边缘分布

设 (X,Y) 是二维随机变量，$F(x,y)=P\{X\leqslant x,Y\leqslant y\}$ 为二维随机变量 (X,Y) 的联合分布函数。称分量 X 的分布函数为 (X,Y) 关于 X 的边缘分布函数，记做 $F_X(x)$；分量 Y 的分布函数为 (X,Y) 关于 Y 的边缘分布函数，记做 $F_Y(y)$。

若已知 $P\{X=x_i,Y=y_j\}=p_{ij}\,(i,j=1,2,\cdots)$，则随机变量 X 的分布律可以按照以下方式求得

$$P\{X=x_i\}=P\{X=x_i,\Omega\}=P\left\{X=x_i,\sum_{j=1}^{+\infty}(Y=y_j)\right\}=P\left\{\sum_{j=1}^{+\infty}(X=x_i,Y=y_j)\right\}$$
$$=\sum_{j=1}^{+\infty}P\{X=x_i,Y=y_j\}=\sum_{j=1}^{+\infty}p_{ij}$$

称为 (X,Y) 关于 X 的边缘分布律。

同样得到 (X,Y) 关于 Y 的边缘分布律：$P\{Y=y_j\}=\sum_{i=1}^{+\infty}p_{ij}\ (i,j=1,2,\cdots)$

记 $p_{i\cdot}=\sum_{j=1}^{\infty}p_{ij},p_{\cdot j}=\sum_{i=1}^{\infty}p_{ij}$，所以关于 X 的边缘分布律为

X	x_1	x_2	$\cdots$	x_i	$\cdots$
$p_{i\cdot}$	$p_{1\cdot}$	$p_{2\cdot}$	$\cdots$	$p_{i\cdot}$	$\cdots$

关于 Y 的边缘分布律为

Y	y_1	y_2	$\cdots$	y_j	$\cdots$
$p_{\cdot j}$	$p_{\cdot 1}$	$p_{\cdot 2}$	$\cdots$	$p_{\cdot j}$	$\cdots$

与二维离散型随机变量(X,Y)的联合分布律为

$X \backslash Y$	y_1	y_2	$\cdots$	y_j	$\cdots$	$P\{X=x_i\}$
x_1	p_{11}	p_{12}	$\cdots$	p_{1j}	$\cdots$	$p_{1\cdot}$
x_2	p_{21}	p_{22}	$\cdots$	p_{2j}	$\cdots$	$p_{2\cdot}$
$\vdots$	$\vdots$	$\vdots$	$\vdots$	$\vdots$	$\vdots$	$\vdots$
x_i	p_{i1}	p_{i2}	$\cdots$	p_{ij}	$\cdots$	$p_{i\cdot}$
$\vdots$	$\vdots$	$\vdots$	$\vdots$	$\vdots$	$\vdots$	$\vdots$
$P\{Y=y_j\}$	$p_{\cdot 1}$	$p_{\cdot 2}$	$\cdots$	$p_{\cdot j}$	$\cdots$	

例如二维离散型随机变量(X,Y)，关于X和Y的边缘分布律为

$X \backslash Y$	0	1	$P\{X=x_i\}$
0	0	$\frac{1}{5}$	$\frac{1}{5}$
1	$\frac{1}{5}$	$\frac{3}{5}$	$\frac{4}{5}$
$P\{Y=y_j\}$	$\frac{1}{5}$	$\frac{4}{5}$	

设$f(x,y)$是(X,Y)的联合概率密度函数，则随机变量X和Y的概率密度函数可以按照以下方式求得：

$$f_X(x)=\int_{-\infty}^{+\infty}f(x,y)\mathrm{d}y\ ,f_Y(y)=\int_{-\infty}^{+\infty}f(x,y)\mathrm{d}x$$

称为(X,Y)关于X和Y的边缘概率密度函数。

[**例 4**]　将一枚均匀硬币连掷三次，以X表示三次试验中出现正面的次数，Y表示出现正面的次数与出现反面的次数的差的绝对值，求(X,Y)的联合分布律及X,Y的边缘分布律。

解：因为(X,Y)的所有可能取值为$(0,3)$，$(1,1)$，$(2,1)$，$(3,3)$且

$$P\{X=0,Y=3\}=\left(\frac{1}{2}\right)^3=\frac{1}{8}$$

$$P\{X=1,Y=1\}=C_3^1\left(\frac{1}{2}\right)\left(\frac{1}{2}\right)^2=\frac{3}{8}$$

$$P\{X=2,Y=1\}=C_3^2\left(\frac{1}{2}\right)^2\left(\frac{1}{2}\right)=\frac{3}{8}$$

$$P\{X=3,Y=3\}=\left(\frac{1}{2}\right)^3=\frac{1}{8}$$

即(X,Y)的联合分布律为

$X \backslash Y$	1	3
0	0	1/8
1	3/8	0
2	3/8	0
3	0	1/8

X,Y的边缘分布律分别为：

X	0	1	2	3
P	1/8	3/8	3/8	1/8

Y	1	3
P	3/4	1/4

[例 5]　设$(X,Y)\sim N(\mu_1,\mu_2,\sigma_1^2,\sigma_2^2,\rho)$，求$(X,Y)$边缘概率密度函数。

解：因为$(X,Y)\sim N(\mu_1,\mu_2,\sigma_1^2,\sigma_2^2,\rho)$，所以

$$f(x,y)=\frac{1}{2\pi\sigma_1\sigma_2\sqrt{1-\rho^2}}\exp\left\{\frac{-1}{2(1-\rho^2)}\left[\frac{(x-\mu_1)^2}{\sigma_1^2}-2\rho\frac{(x-\mu_1)(y-\mu_2)}{\sigma_1\sigma_2}+\frac{(y-\mu_2)^2}{\sigma_2^2}\right]\right\}$$

$$\begin{aligned}f_X(x)&=\int_{-\infty}^{+\infty}f(x,y)\mathrm{d}y\\&=\int_{-\infty}^{+\infty}\frac{1}{2\pi\sigma_1\sigma_2\sqrt{1-\rho^2}}\exp\left\{\frac{-1}{2(1-\rho^2)}\left[\frac{(x-\mu_1)^2}{\sigma_1^2}-2\rho\frac{(x-\mu_1)(y-\mu_2)}{\sigma_1\sigma_2}+\frac{(y-\mu_2)^2}{\sigma_2^2}\right]\right\}\mathrm{d}y\\&=\int_{-\infty}^{+\infty}\frac{1}{2\pi\sigma_1\sigma_2\sqrt{1-\rho^2}}\exp\left\{-\frac{1}{2}\left[\rho\frac{x-\mu_1}{\sigma_1\sqrt{1-\rho^2}}-\frac{y-\mu_2}{\sigma_2\sqrt{1-\rho^2}}\right]^2-\frac{(x-\mu_1)^2}{2\sigma_1^2}\right\}\mathrm{d}y\\&=\int_{-\infty}^{+\infty}\frac{1}{2\pi\sigma_1\sigma_2\sqrt{1-\rho^2}}\exp\left\{-\frac{t^2}{2}-\frac{(x-\mu_1)^2}{2\sigma_1^2}\right\}\sigma_2\sqrt{1-\rho^2}\mathrm{d}t\\&=\frac{1}{\sqrt{2\pi}\sigma_1}\exp\left\{-\frac{(x-\mu_1)^2}{2\sigma_1^2}\right\}\int_{-\infty}^{+\infty}\frac{1}{\sqrt{2\pi}}\exp\left\{-\frac{t^2}{2}\right\}\mathrm{d}t\\&=\frac{1}{\sqrt{2\pi}\sigma_1}\exp\left\{-\frac{(x-\mu_1)^2}{2\sigma_1^2}\right\}\end{aligned}$$

即$X\sim N(\mu_1,\sigma_1^2)$。同理$Y\sim N(\mu_2,\sigma_2^2)$。

[例 6]　设(X,Y)为区域$D=\{(x,y)\mid x\geqslant0,y\geqslant0,x+y\leqslant1\}$上的均匀分布，求$(X,Y)$边缘概率密度函数。

解：(X,Y)的联合概率密度函数为$f(x,y)=\begin{cases}2, & 当(x,y)\in D\\0, & 当(x,y)\notin D\end{cases}$

$$f_X(x)=\int_{-\infty}^{+\infty}f(x,y)\mathrm{d}y=\begin{cases}\int_0^{1-x}2\mathrm{d}y=2(1-x), 0<x<1\\0, 其他\end{cases}$$

$$f_Y(y)=\int_{-\infty}^{+\infty}f(x,y)\mathrm{d}x=\begin{cases}\int_0^{1-y}2\mathrm{d}x=2(1-y),0<y<1\\0,\text{其他}\end{cases}$$

可见联合概率密度函数可唯一确定边缘概率密度函数，反之未必成立。

[例 7] 设(X,Y)的概率密度函数是

$$f(x,y)=\begin{cases}cy(2-x), & 0\leqslant x\leqslant 1,0\leqslant y\leqslant x\\0, & \text{其他}\end{cases}$$

求(1)c 的值；(2)两个边缘概率密度函数。

解:(1)由 $\int_{-\infty}^{+\infty}\int_{-\infty}^{+\infty}f(x,y)\mathrm{d}x\mathrm{d}y=1$ 得

$$\int_0^1\int_0^x cy(2-x)\mathrm{d}x\mathrm{d}y=c\int_0^1\frac{x^2(2-x)}{2}\mathrm{d}x=\frac{5c}{24}=1$$

则 $c=\frac{24}{5}$

$$(2)f_X(x)=\begin{cases}\int_0^x\frac{24}{5}y(2-x)\mathrm{d}y=\frac{12}{5}x^2(2-x), & 0\leqslant x\leqslant 1\\0, & \text{其他}\end{cases}$$

$$f_Y(y)=\begin{cases}\int_y^1\frac{24}{5}y(2-x)\mathrm{d}x=\frac{24}{5}y\left(\frac{3}{2}-2y+\frac{y^2}{2}\right), & 0\leqslant x\leqslant 1\\0, & \text{其他}\end{cases}$$

3.2 条件分布

3.2.1 二维离散型随机变量的条件概率分布律

二维离散型随机变量(X,Y)的联合分布律和边缘分布律表如下：

X \ Y	y_1	y_2	…	y_j	…	$P\{X=x_i\}$
x_1	p_{11}	p_{12}	…	p_{1j}	…	$p_{1\cdot}$
x_2	p_{21}	p_{22}	…	p_{2j}	…	$p_{2\cdot}$
⋮	⋮	⋮	⋮	⋮	⋮	⋮
x_i	p_{i1}	p_{i2}	…	p_{ij}	…	$p_{i\cdot}$
⋮	⋮	⋮	⋮	⋮	⋮	⋮
$P\{Y=y_j\}$	$p_{\cdot 1}$	$p_{\cdot 2}$	…	$p_{\cdot j}$	…	

对于固定的 i，如果 $p_{i\cdot}\neq 0$，则

$Y=y_j$	y_1	y_2	…	y_j	…
$P\{Y=y_j \mid X=x_i\}$	$\frac{p_{i1}}{p_{i\cdot}}$	$\frac{p_{i2}}{p_{i\cdot}}$	…	$\frac{p_{ij}}{p_{i\cdot}}$	…

此为 $X=x_i$ 的条件下随机变量 Y 的条件分布律。同理可以定义 $Y=y_j$ 的条件下随机变量 X 的条件分布律。

[例 1] 二维离散型随机变量(X,Y)的联合分布律和 X 和 Y 的边缘分布律为

X \ Y	0	1	$P\{X=x_i\}$
0	0	$\frac{1}{5}$	$\frac{1}{5}$
1	$\frac{1}{5}$	$\frac{3}{5}$	$\frac{4}{5}$
$P\{Y=y_j\}$	$\frac{1}{5}$	$\frac{4}{5}$	

求 $X=1$ 的条件下随机变量 Y 的条件分布律。

解:$P\{X=1\}\neq 0$,根据条件分布律的定义,$X=1$ 的条件下随机变量 Y 的条件分布律为

Y	0	1
$P\{Y=y_j \mid X=1\}$	$\frac{1}{4}$	$\frac{3}{4}$

[例 2] 设(X,Y)的联合分布律为

X \ Y	−1	0	2
0	0.1	0.2	0
1	0.3	0.05	0.1
2	0.15	0	0.1

求 $Y=0$ 时,X 的条件概率分布。

解:$P\{Y=0\}=0.2+0.05+0=0.25$,则

$$P\{X=0 \mid Y=0\}=\frac{P(X=0,Y=0)}{P(Y=0)}=\frac{0.2}{0.25}=0.8$$

$$P\{X=1 \mid Y=0\}=\frac{P(X=1,Y=0)}{P(Y=0)}=\frac{0.05}{0.25}=0.2$$

$$P\{X=2|Y=0\}=\frac{P(X=2,Y=0)}{P(Y=0)}=\frac{0}{0.25}=0$$

3.2.2 二维连续型随机变量的条件概率密度

设 $f(x,y)$ 是 (X,Y) 的联合概率密度函数，$f_X(x)$ 为随机变量 X 的边缘概率密度函数，对于固定的 x，如果 $f_X(x)\neq 0$，则 $\frac{f(x,y)}{f_X(x)}$ 为 $X=x$ 的条件下 Y 的条件概率密度，记为 $f_{Y|X}(y|x)$。

[例 3] $f(x,y)=\begin{cases}2\mathrm{e}^{-(2x+y)}, & x>0,y>0\\ 0, & \text{其他}\end{cases}$，求条件概率密度 $f_{Y|X}(y|x)$。

解：首先求 X 的边缘概率密度。

$$f_X(x)=\begin{cases}\int_0^{+\infty}2\mathrm{e}^{-(2x+y)}\mathrm{d}y=2\mathrm{e}^{-2x}, & x>0\\ 0, & \text{其他}\end{cases}$$

$x>0$ 时 $f_X(x)\neq 0$，所以 $f_{Y|X}(y|x)=\begin{cases}\dfrac{2\mathrm{e}^{-2x-y}}{2\mathrm{e}^{-2x}}=\mathrm{e}^{-y}, & y>0\\ 0, & \text{其他}\end{cases}$

[例 4] (X,Y) 为区域 $D=\{(x,y)|x\geqslant 0,y\geqslant 0,x+y\leqslant 1\}$ 上的均匀分布，求条件概率密度 $f_{Y|X}(y|x)$。

解：首先求 (X,Y) 的联合概率密度。

$$f(x,y)=\begin{cases}2, & \text{当}(x,y)\in D\\ 0, & \text{当}(x,y)\notin D\end{cases}$$

X 的边缘概率密度分别为

$$f_X(x)=\begin{cases}\int_0^{1-x}2\mathrm{d}y=2(1-x), & 0<x<1\\ 0, & \text{其他}\end{cases}$$

$0<x<1$ 时 $f_X(x)\neq 0$，所以 $f_{Y|X}(y|x)=\begin{cases}\dfrac{1}{1-x}, & 0<y<1\\ 0, & \text{其他}\end{cases}$

[例 5] 设随机变量 (X,Y) 的密度为

$$f(x,y)=\begin{cases}x^2+\frac{1}{3}xy, & 0\leqslant x\leqslant 1,0\leqslant y\leqslant 2\\ 0, & \text{其他}\end{cases}$$

求 $f_{X|Y}(x|y)$。

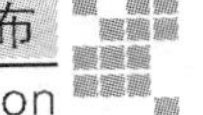

解:先求随机变量 Y 的边缘概率密度。

$$f_Y(y)=\int_{-\infty}^{+\infty}f(x,y)\mathrm{d}x=\begin{cases}\int_0^1 x^2+\frac{xy}{3}\mathrm{d}x=\frac{1}{3}+\frac{1}{6}y, & 0\leqslant y\leqslant 2\\ 0, & \text{其他}\end{cases}$$

由条件概率密度概念知

$$f_{X|Y}(x|y)=\frac{f(x,y)}{f_Y(y)}=\frac{x^2+\frac{1}{3}xy}{\frac{1}{3}+\frac{1}{6}y}=\frac{6x^2+2xy}{2+y}(0\leqslant y\leqslant 2)$$

3.3 随机变量的相互独立性

3.3.1 相互独立定义

设(X,Y)是二维随机变量,如果对于任意 x,y 有 $P\{X\leqslant x,Y\leqslant y\}=P\{X\leqslant x\}P\{Y\leqslant y\}$,则称随机变量 X 和 Y 是**相互独立**的。

如果记 $A=\{X\leqslant x\}$,$B=\{Y\leqslant y\}$,那么上式为 $P(AB)=P(A)P(B)$;可见,X 和 Y 的相互独立的定义与两个事件相互独立的定义是一致的。

3.3.2 离散型随机变量的相互独立性

当(X,Y)是二维离散型随机变量时,X 和 Y 相互独立的充要条件简化为:对所有的 i,j,都有 $p_{ij}=p_{i\cdot}\,p_{\cdot j}$,其中 p_{ij},$p_{i\cdot}$,$p_{\cdot j}$ 依次是(X,Y),X 和 Y 的概率分布律。即对于(X,Y)的所有可能取值$(x_i,y_j)(i,j=1,2,\cdots)$,都有

$$P\{X=x_i,Y=y_j\}=P\{X=x_i\}P\{Y=y_j\}$$

[**例 1**] 二维离散型随机变量(X,Y)的联合概率分布律为

X \ Y	0	1
0	0	$\frac{1}{5}$
1	$\frac{1}{5}$	$\frac{3}{5}$

判断 X 和 Y 是否相互独立。

解:首先求出 X 和 Y 的边缘分布律。

$X \backslash Y$	0	1	$P\{X=x_i\}$
0	0	$\frac{1}{5}$	$\frac{1}{5}$
1	$\frac{1}{5}$	$\frac{3}{5}$	$\frac{4}{5}$
$P\{Y=y_j\}$	$\frac{1}{5}$	$\frac{4}{5}$	

$p_{11}=0$, $p_{1\cdot}=\frac{1}{5}$, $p_{\cdot 1}=\frac{1}{5}$, $p_{11}\neq p_{\cdot 1}p_{1\cdot}$,所以 X 和 Y 不相互独立。

[例 2] 一个袋中装五只球,其中四只红球,一只白球,有放回地抽取两个球:

$$X=\begin{cases}1,\text{若第 1 次抽到红球}\\0,\text{若第 1 次抽到白球}\end{cases}\quad Y=\begin{cases}1,\text{若第 2 次抽到红球}\\0,\text{若第 2 次抽到白球}\end{cases}$$

求(1)(X,Y)的联合分布律、X 和 Y 的边缘分布律;(2)判断 X 和 Y 是否相互独立。

解:(1)(X,Y)的联合分布律、X 和 Y 的边缘分布律为

$X \backslash Y$	0	1	$P\{X=x_i\}$
0	$\frac{1}{25}$	$\frac{4}{25}$	$\frac{1}{5}$
1	$\frac{4}{25}$	$\frac{16}{25}$	$\frac{4}{5}$
$P\{Y=y_j\}$	$\frac{1}{5}$	$\frac{4}{5}$	

(2)由上表可以看出:$p_{11}=p_{1\cdot}\,p_{\cdot 1}$,$p_{21}=p_{2\cdot}\,p_{\cdot 1}$,$p_{12}=p_{1\cdot}\,p_{\cdot 2}$,$p_{22}=p_{2\cdot}\,p_{\cdot 2}$,所以 X 和 Y 相互独立。

[例 3] 已知随机变量 X,Y 的概率分布为

X	-1	0	1
P	1/4	1/2	1/4

Y	0	1
P	1/2	1/2

而且 $P\{XY=0\}=1$。试求:(1)(X,Y)的联合分布律;(2)判断 X,Y 是否独立。

解:由于 $P\{XY=0\}=1$,有 $P\{XY\neq 0\}=0$,因此有(X,Y)的联合分布律为

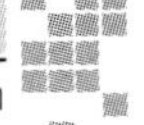

$X \backslash Y$	0	1	$P_{\cdot j}$
−1	1/4	0	1/4
0	0	1/2	1/2
1	1/4	0	1/4
$P_{i\cdot}$	1/2	1/2	

因为 $P\{X=0,Y=0\}=0\neq P\{X=0\}P\{Y=0\}=1/4$，故 X,Y 不独立。

3.3.3 连续型随机变量的独立性

当(X,Y)是二维连续型随机变量时，X 和 Y 相互独立的充要条件简化为：对任意的实数 x,y，都有 $f(x,y)=f_X(x)f_Y(y)$，其中 $f(x,y)$，$f_X(x)$，$f_Y(y)$依次是(X,Y)、X 和 Y 的联合概率密度函数和边缘概率密度函数。

[例 4] 若二维随机变量$(X,Y)\sim N(\mu_1,\mu_2,\sigma_1^2,\sigma_2^2,\rho)$，判断 X 和 Y 是否相互独立。

解：(X,Y)的联合概率密度为

$$f(x,y)=\frac{1}{2\pi\sigma_1\sigma_2\sqrt{1-\rho^2}}\exp\left\{\frac{-1}{2(1-\rho^2)}\left[\frac{(x-\mu_1)^2}{\sigma_1^2}-2\rho\frac{(x-\mu_1)(y-\mu_2)}{\sigma_1\sigma_2}+\frac{(y-\mu_2)^2}{\sigma_2^2}\right]\right\}$$

X 和 Y 概率密度分别为

$$f_X(x)=\frac{1}{\sqrt{2\pi}\sigma_1}\exp\left\{-\frac{(x-\mu_1)^2}{2\sigma_1^2}\right\} \text{ 和 } f_Y(y)=\frac{1}{\sqrt{2\pi}\sigma_2}\exp\left\{-\frac{(y-\mu_2)^2}{2\sigma_2^2}\right\}$$

当且仅当 $\rho=0$ 时，$f(x,y)=f_X(x)f_Y(y)$，所以 X 和 Y 相互独立的充要条件是 $\rho=0$。

[例 5] (X,Y)为区域 $D=\{(x,y)\mid x\geqslant0,y\geqslant0,x+y\leqslant1\}$上的均匀分布，判断 X 和 Y 是否相互独立。

解：(X,Y)的联合概率密度为

$$f(x,y)=\begin{cases}2, & \text{当}(x,y)\in D\\0, & \text{当}(x,y)\notin D\end{cases}$$

X 和 Y 概率密度分别为

$$f_X(x)=\begin{cases}\int_0^{1-x}2\mathrm{d}y=2(1-x), & 0<x<1\\0, & \text{其他}\end{cases} \text{ 和 } f_Y(y)=\begin{cases}\int_0^{1-y}2\mathrm{d}x=2(1-y), & 0<y<1\\0, & \text{其他}\end{cases}$$

$f(x,y)\neq f_X(x)f_Y(y)$，所以 X 和 Y 不独立。

[例 6] (X,Y)的联合概率密度函数为 $f(x,y)=\begin{cases}2\mathrm{e}^{-(2x+y)}, & x>0,y>0\\0, & \text{其他}\end{cases}$，判断 X 和 Y 是否相互独立。

解：X 和 Y 概率密度分别为

$$f_X(x)=\begin{cases}\int_0^{+\infty} 2e^{-(2x+y)}\mathrm{d}y = 2e^{-2x}, & x>0\\ 0, & \text{其他}\end{cases} \text{和 } f_Y(x)=\begin{cases}\int_0^{+\infty} 2e^{-(2x+y)}\mathrm{d}x = e^{-y}, & y>0\\ 0, & \text{其他}\end{cases}$$

$f(x,y)=f_X(x)f_Y(y)$,所以 X 和 Y 相互独立。

[**例 7**] 设随机变量(X,Y)的概率密度为

$$f(x,y)=\begin{cases}e^{-y}, & 0>0,y>x\\ 0, & \text{其他}\end{cases}$$

试求 X,Y 的边缘密度函数,并判断其独立性。

解:当 $x>0$ 时,

$$f_X(x)=\int_{-\infty}^{+\infty} f(x,y)\mathrm{d}y=\int_x^{+\infty} e^{-y}\mathrm{d}y=e^{-x}$$

所以

$$f_X(x)=\begin{cases}e^{-x}, & x>0\\ 0, & \text{其他}\end{cases}$$

同理

$$f_Y(y)=\begin{cases}\int_0^{y} e^{-y}\mathrm{d}x = ye^{-y}, & y>0\\ 0, & \text{其他}\end{cases}$$

因为 $f(x,y)\neq f_X(x)f_Y(y)$,所以 X,Y 不独立。

二维随机变量的独立性容易推广到 n 维。$(X_1,X_2,\cdots,X_n)$是 n 维随机变量,如果对于任意 $x_1,x_2,\cdots,x_n$ 有 $P\{X_1\leqslant x_1,X_2\leqslant x_2,\cdots,X_n\leqslant x_n\}=P\{X_1\leqslant x_1\}P\{X_2\leqslant x_2\}\cdots P\{X_n\leqslant x_n\}$,则称随机变量 $X_1,X_2,\cdots,X_n$ 是相互独立的。

3.4 两个随机变量函数的分布

与第 2 章一维随机变量函数的分布问题平行,这里介绍二维随机变量函数的分布问题。

3.4.1 离散型随机变量函数的分布

当(X,Y)是离散型随机变量时,$Z=f(X,Y)$也是随机变量,当$\{X=x_i,Y=y_j\}$时,随机变量 Z 取值 $Z_{ij}=f(x_i,y_j)$,并且取 Z_{ij} 的概率是 p_{ij}:将 Z_{ij} 相同的值仅取一次,根据概率加法公式应把相应的概率值 p_{ji} 加起来,并将 Z_{ij} 按照从小到大的顺序排序,最终得到 Z 的分布。

[**例 1**] 二维离散型随机变量(X,Y)的联合概率分布律为

X \ Y	0	1
0	0	$\frac{1}{5}$
1	$\frac{1}{5}$	$\frac{3}{5}$

求 $X+Y$ 和 $X\cdot Y$ 的概率分布率。

解：

(1)

$X+Y$	$0+0$	$0+1$	$1+0$	$1+1$
p_k	0	$\frac{1}{5}$	$\frac{1}{5}$	$\frac{3}{5}$

合并整理得

$X+Y$	0	1	2
p_k	0	$\frac{2}{5}$	$\frac{3}{5}$

(2)

XY	0×0	0×1	1×0	1×1
p_k	0	$\frac{1}{5}$	$\frac{1}{5}$	$\frac{3}{5}$

合并整理得

XY	0	1
p_k	$\frac{2}{5}$	$\frac{3}{5}$

3.4.2 连续型随机变量函数的分布

这里仅介绍连续型随机变量和 $X+Y$ 的分布。

设二维连续型随机变量(X,Y)的联合密度函数为 $f(x,y)$，求 $Z=X+Y$ 的概率密度函数的步骤如下：

首先求 Z 的分布函数 $F_Z(z)$：

对任意 z 有：$F_Z(z)=P\{Z\leqslant z\}=P\{X+Y\leqslant z\}$，令 $D=\{(x,y):x+y\leqslant z\}$，于是

$$F_Z(z)=P\{(X,Y)\in D\}=\iint_D f(x,y)\mathrm{d}x\mathrm{d}y=\iint_{x+y\leqslant z} f(x,y)\mathrm{d}x\mathrm{d}y$$

$$=\int_{-\infty}^{+\infty}\left[\int_{-\infty}^{z-y} f(x,y)\mathrm{d}x\right]\mathrm{d}y$$

在积分 $\int_{-\infty}^{z-y} f(x,y)\mathrm{d}y$ 中，z 和 x 是固定的，令 $t=y+x$，则得

$$F_Z(z)=\int_{-\infty}^{+\infty}\left[\int_{-\infty}^{z} f(t-y,y)\mathrm{d}t\right]\mathrm{d}y=\int_{-\infty}^{z}\left[\int_{-\infty}^{+\infty} f(t-y,y)\mathrm{d}y\right]\mathrm{d}t$$

然后对分布函数求导得概率密度函数：

$$f_Z(z)=\int_{-\infty}^{+\infty} f(z-y,y)\mathrm{d}y$$

由于(X,Y)的对称性，也有

$$f_Z(z)=\int_{-\infty}^{+\infty} f(x,z-x)\mathrm{d}x$$

上两式为 $Z=X+Y$ 的密度函数的一般公式。

[例 2] (X,Y) 为区域 $D=\{(x,y)\mid x\geqslant 0,y\geqslant 0,x+y\leqslant 1\}$ 上的均匀分布，求 $Z=X+Y$ 的概率密度函数。

解：(X,Y) 的联合概率密度为：$f(x,y)=\begin{cases}2, & 当(x,y)\in D\\ 0, & 当(x,y)\notin D\end{cases}$

方法一

$$F_Z(z)=\iint\limits_{x+y\leqslant z} f(x,y)\mathrm{d}x\mathrm{d}y=\begin{cases}0, & z<0\\ \int_0^z \mathrm{d}x\int_0^{z-x}2\mathrm{d}y=z^2, & 0<z<1\\ 0, & z>1\end{cases}$$

$$f_Z(z)=\begin{cases}2z, & 0<z<1\\ 0, & 其他\end{cases}$$

方法二

$$f_Z(z)=\int_{-\infty}^{+\infty} f(x,z-x)\mathrm{d}x=\begin{cases}\int_0^z 2\mathrm{d}x=2z, & 0<z<1\\ 0, & 其他\end{cases}$$

或 $f_Z(z)=\int_{-\infty}^{+\infty} f(z-y,y)\mathrm{d}y=\begin{cases}\int_0^z 2\mathrm{d}y=2z, & 0<z<1\\ 0, & 其他\end{cases}$

特别当 X 与 Y 相互独立时，由于对一切 x,y 都有 $f(x,y)=f_X(x)f_Y(y)$，此时 $Z=X+Y$ 的密度函数公式为

$$f_Z(z)=\int_{-\infty}^{+\infty} f_X(z-y)f_Y(y)\mathrm{d}y \text{ 或 } f_Z(z)=\int_{-\infty}^{+\infty} f_X(x)f_Y(z-x)\mathrm{d}x$$

上式称为**卷积公式**。

[例 3] 设 $(X,Y)\sim N(\mu,\mu,\sigma^2,\sigma^2,0)$，求 $Z=X+Y$ 的概率密度函数。

解：因为 $(X,Y)\sim N(\mu,\mu,\sigma^2,\sigma^2,0)$，所以 X 与 Y 相互独立，由卷积公式

$$f_Z(z)=\int_{-\infty}^{+\infty} f_X(z-y)f_Y(y)\mathrm{d}y\ \frac{1}{2\pi\sigma^2}\int_{-\infty}^{+\infty} \mathrm{e}^{-\frac{[(z-y)-\mu]^2}{2\sigma^2}}\mathrm{e}^{-\frac{(y-\mu)^2}{2\sigma^2}}\mathrm{d}y$$

令 $t=x-\mu$

$$f_Z(z)=\frac{1}{2\pi\sigma^2}\int_{-\infty}^{+\infty} \mathrm{e}^{-\frac{1}{2\sigma^2}[t^2+(z-2\mu-t)^2]}\mathrm{d}t=\frac{1}{2\pi\sigma^2}\int_{-\infty}^{+\infty} \mathrm{e}^{-\frac{1}{2\sigma^2}[2t^2-2(z-2\mu)t+(z-2\mu)^2]}\mathrm{d}t$$

$$=\frac{1}{\sqrt{2\pi}(\sqrt{2}\sigma)}\mathrm{e}^{-\frac{(z-2\mu)^2}{2(\sqrt{2}\sigma)^2}}\int_{-\infty}^{+\infty}\frac{1}{\sqrt{2\pi}\left(\frac{\sigma}{\sqrt{2}}\right)}\mathrm{e}^{-\frac{1}{2\left(\frac{\sigma}{\sqrt{2}}\right)^2}\left(t-\frac{z-2\mu}{2}\right)^2}\mathrm{d}t$$

$$=\frac{1}{\sqrt{2\pi}(\sqrt{2}\sigma)}\mathrm{e}^{-\frac{(z-2\mu)^2}{2(\sqrt{2}\sigma)^2}}\quad(-\infty<z<\infty)$$

可见 $f_Z(z)$ 是正态随机变量的密度函数，从它的结构可以看出 $Z=X+Y\sim N(2\mu,2\sigma^2)$。这个结论还可以推广到 n 个随机变量和的情况。

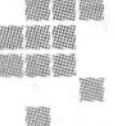
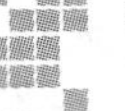

[例 4] 设 X 和 Y 是两个相互独立的随机变量，其概率密度分别为

$$\varphi_X(x)=\begin{cases}1, & 0\leqslant x\leqslant 1\\ 0, & \text{其他}\end{cases},\quad \varphi_Y(y)=\begin{cases}\mathrm{e}^{-y}, & y>0\\ 0, & y\leqslant 0\end{cases}$$

试求随机变量 $Z=X+Y$ 的概率密度。

解：因为 X 和 Y 相互独立，所以联合密度为

$$\varphi(x,y)=\varphi_X(x)\varphi_Y(x)=\begin{cases}\mathrm{e}^{-y}, & 0\leqslant x\leqslant 1, y>0\\ 0, & \text{其他}\end{cases}$$

(1) 显然，当 $z<0$ 时，$F_Z(z)=\iint\limits_{x+y\leqslant z}\varphi(x,y)\mathrm{d}x\mathrm{d}y=0$

(2) 当 $0\leqslant z<1$ 时，$F_Z(z)=\iint\limits_{x+y\leqslant z}\varphi(x,y)\mathrm{d}x\mathrm{d}y=\int_0^z\mathrm{d}x\int_0^{z-x}\mathrm{e}^{-y}\mathrm{d}y=z-1+\mathrm{e}^{-z}$

(3) 当 $z\geqslant 1$ 时，$F_Z(z)=\iint\limits_{x+y\leqslant z}\varphi(x,y)\mathrm{d}x\mathrm{d}y=\int_0^1\mathrm{d}x\int_0^{z-x}\mathrm{e}^{-y}\mathrm{d}y=1+(1-\mathrm{e})\mathrm{e}^{-z}$

故 $Z=X+Y$ 的概率密度为 $\varphi(z)=F'_Z(z)$，即

$$\varphi_Z(z)=\begin{cases}0, & z<0\\ 1-\mathrm{e}^{-z} & 0<z<1\\ (\mathrm{e}-1)\mathrm{e}^{-z}, & z\geqslant 1\end{cases}$$

[例 5] 设随机变量 (X,Y) 的概率密度为

$$\varphi(x,y)=\begin{cases}3x, & 0<x<1, 0<y<x\\ 0, & \text{其他}\end{cases}$$

试求 $Z=X-Y$ 的概率密度。

解：当 $z<0$ 时，$F_Z(z)=0$

当 $0\leqslant z<1$ 时，

$$F_Z(z)=\iint\limits_{D_1}3x\mathrm{d}x\mathrm{d}y+\iint\limits_{D_2}3x\mathrm{d}x\mathrm{d}y=\int_0^z\mathrm{d}x\int_0^x 3x\mathrm{d}y+\int_z^1\mathrm{d}x\int_{x-z}^x 3x\mathrm{d}y=\frac{3}{2}z-\frac{1}{2}z^3$$

当 $z\geqslant 1$ 时，$F_Z(z)=\int_0^1\mathrm{d}x\int_0^x 3x\mathrm{d}y=1$

故 $\varphi_Z(z)=F'_Z(z)=\begin{cases}\dfrac{3}{2}(1-z)^3, & 0\leqslant z<1\\ 0, & \text{其他}\end{cases}$

[例 6] 对于二维随机变量 (X,Y)，当 X 与 Y 相互独立时，求最大值和最小值 $M=\max\{X,Y\}$，$m=\min\{X,Y\}$ 的分布。

解：分量 X 和 Y 的分布函数分别记做 $F_X(x)$ 和 $F_Y(y)$。M 和 m 的分布函数记做 $F_M(z)$ 和 $F_m(z)$。

$$F_M(z)=P\{M\leqslant z\}=P\{X\leqslant z,Y\leqslant z\}=P\{X\leqslant z\}P\{Y\leqslant z\}=F_X(z)F_Y(z)$$

$$\begin{aligned}F_m(z)&=P\{m\leqslant z\}=1-P\{m>z\}=1-P\{X>z,Y>z\}\\&=1-P\{X>z\}P\{Y>z\}=1-(1-F_X(z))(1-F_Y(z))\end{aligned}$$

二维码 3.1 知识点介绍

二维码 3.2 教学基本要求与重点

二维码 3.3 典型例题

第 3 章习题

1. 从 1,2,3,4 中随机取出一个数记为 X,再从 1 到 X 中随机取出一个数记为 Y。

(1)写出(X,Y)的联合分布律;(2)写出 X 及 Y 各自的边缘分布律;(3)判断 X 和 Y 是否独立;(4)写出 $X+Y$ 和 $X-Y$ 的分布律。

2. 设二维离散随机变量(X,Y)的可能值为$(0,0)$,$(1,-1)$,$(2,-1)$,$(0,1)$,且取这些值的概率依次为$\frac{1}{6}$,$\frac{1}{3}$,$\frac{1}{3}$,$\frac{1}{6}$。

(1)求 $P\{X>Y\}$;(2)写出 X 及 Y 各自的边缘分布律;(3)判断 X 和 Y 是否独立;(4)写出 XY 的分布律。

3. 随机变量(X,Y)为区域 $D=\{(x,y)\mid x^2+y^2\leqslant 1\}$上的均匀分布。

(1)求 $P\{X>Y\}$;(2)写出 X 及 Y 各自的边缘密度函数;(3)判断 X 和 Y 是否独立。

4. 随机变量(X,Y)的联合密度函数为:$f(x,y)=\begin{cases} k(6-x-y), & 0<x<2,2<y<4 \\ 0, & \text{其他} \end{cases}$

(1)确定常数 k;(2)写出 X 及 Y 各自的边缘密度函数;(3)判断 X 和 Y 是否独立;(4)求 $P\{X<1.5\}$。

二维码 3.4 习题答案

二维码 3.5 补充习题及参考答案

Chapter 4 第4章

随机变量的数字特征

The Number of Characteristics of the Random Variables

随机变量的分布函数能够完整地描述随机变量的变化特点，然而在实际问题中，我们往往并不直接对分布函数感兴趣，而只对分布的一些特征指标有兴趣，比如分布的平均值，其离散程度等。一般地，我们称之为随机变量的数字特征，这些数字特征在理论和实际应用中有着十分重要的意义和作用，在这一章中，我们介绍常用的数字特征：数学期望、方差、协方差、相关系数和矩。

4.1 随机变量的数学期望

4.1.1 离散型随机变量的数学期望

引例：射击问题，设有甲、乙两个射手，他们的射击技术见表4.1.1。

表4.1.1

射手	击中环数	概率	射手	击中环数	概率
甲	8	0.2	乙	8	0.1
	9	0.5		9	0.7
	10	0.3		10	0.2

试问这两个选手哪一个的成绩“好”？

这个问题的答案不是一眼就可以看得出的，这说明了分布律虽然能完整的描述了随机变量，但却不够集中地反映出它的变化情况。因此我们有必要找出一些量来更集中的描述随机变量，这些量多是某种平均值，比较直观的想法是看看两者的平均成绩谁更好。

在上面的问题中，若使两人各射击 N 枪，则他们打中的环数大约是

甲：$8\times0.2N+9\times0.5N+10\times0.3N=9.1N$

乙：$8\times0.1N+9\times0.7N+10\times0.2N=9.1N$

因此，从平均水平来看，两者水平相当。

受上面的启发,对于离散型随机变量,我们引进如下定义。

定义 1 设 X 为离散型随机变量,其分布律为 $P\{X=x_k\}=p_k, k=1,2,\cdots$,如果级数

$$\sum_{k=1}^{\infty} x_k p_k \tag{4.1.1}$$

绝对收敛,称级数 $\sum\limits_{k=1}^{\infty} x_k p_k$ 的和为 X 的数学期望,记为 $E(X)$。

数学期望简称为期望或均值。当 $\sum\limits_{k=1}^{\infty} x_k p_k$ 发散时,则称 X 的数学期望不存在。

定义中对级数要求绝对收敛是为了数学处理的方便,从直观上来讲,它也是合理的,因为 x_k 的顺序对随机变量并不是本质的,因而在数学期望的定义中就应该任意改变 x_k 的次序而不影响其收敛性及其和值,这在数学上就是要求级数 4.1.1 是绝对收敛的。

数学期望的本质:它是刻画随机变量取值的"平均数",也即是刻画随机变量的中心位置。

显然数学期望是由概率分布唯一确定,因此我们也称为某概率分布的数学期望。下面我们介绍一些重要的离散型分布的数学期望。

[例 1] (二项分布)设随机变量 X 服从二项分布,其分布律为

$P\{X=k\}=C_n^k p^k(1-p)^{n-k}, k=1,2,\cdots,n$

$$E(X)=\sum_{k=0}^{n} kC_n^k p^k(1-p)^{n-k}=np\sum_{k=1}^{n} C_{n-1}^{k-1} p^{k-1}(1-p)^{n-k}=np(p+1-p)^{n-1}=np \tag{4.1.2}$$

[例 2] (泊松分布)设随机变量 X 服从泊松分布,其分布律为

$P\{X=k\}=\dfrac{\lambda^k e^{-\lambda}}{k!}, k=1,2\cdots$

$$E(X)=\sum_{k=0}^{\infty} k\frac{\lambda^k}{k!}e^{-\lambda}=\sum_{k=1}^{\infty} k\frac{\lambda^k}{k!}e^{-\lambda}=\lambda e^{-\lambda}\sum_{k=0}^{\infty} k\frac{\lambda^{k-1}}{(k-1)!}=\lambda e^{-\lambda}e^{\lambda}=\lambda \tag{4.1.3}$$

[例 3] (几何分布)设随机变量 X 服从几何分布,其分布律为

$P\{X=k\}=q^{k-1}p, k=1,2,\cdots,n$

其中 $p+q=1$

$$E(X)=\sum_{k=1}^{\infty} kpq^{k-1}=p(1+2q+3q^2+\cdots)=p(q+q^2+\cdots)'$$

$$=p\left(\frac{q}{1-q}\right)'=p\frac{1}{(1-q)^2}=\frac{1}{p} \tag{4.1.4}$$

[例 4] 设随机变量 X 的分布律为 $P\left\{X=(-1)^k\dfrac{2^k}{k}\right\}=\dfrac{1}{2^k}, k=1,2,\cdots$

显然 $\sum\limits_{k=1}^{\infty} p_k=\sum\limits_{k=1}^{\infty}\dfrac{1}{2^k}=1$,因此它是概率分布。

$\sum\limits_{k=1}^{\infty}|x_k|p_k=\sum\limits_{k=1}^{\infty}\dfrac{1}{k}=\infty$,因此 X 的数学期望不存在。

从上面的例子可以看出，几种重要的离散型分布，其参数可由数学期望算得，因此数学期望是一个非常重要的数学概念。

4.1.2 连续型随机变量的数学期望

定义 2 设连续型随机变量 X 的密度函数为 $f(x)$，若积分 $\int_{-\infty}^{+\infty} xf(x)\mathrm{d}x$ 绝对收敛，则称积分 $\int_{-\infty}^{+\infty} xf(x)\mathrm{d}x$ 为 X 的数学期望，记为 $E(X)$，即

$$E(X)=\int_{-\infty}^{+\infty} xf(x)\mathrm{d}x \tag{4.1.5}$$

显然这里定义的数学期望也只与分布有关。下面我们介绍一些重要的连续型随机变量的数学期望。

[例 5] （均匀分布）设随机变量 X 服从$[a,b]$区间上的均匀分布，密度函数为

$$f(x)=\begin{cases}\dfrac{1}{b-a}, & a\leqslant x\leqslant b\\ 0, & \text{其他}\end{cases}$$

$$E(X)=\int_{-\infty}^{+\infty} xf(x)\mathrm{d}x=\int_a^b x\frac{1}{b-a}\mathrm{d}x=\frac{a+b}{2} \tag{4.1.6}$$

[例 6] （正态分布）设随机变量 X 服从参数为 a,σ 正态分布，密度函数为

$$f(x)=\frac{1}{\sqrt{2\pi}\sigma}\mathrm{e}^{-\frac{(x-a)^2}{2\sigma^2}}$$

$$E(X)=\int_{-\infty}^{+\infty} xf(x)\mathrm{d}x=\int_{-\infty}^{+\infty} x\frac{1}{\sqrt{2\pi}\sigma}\mathrm{e}^{-\frac{(x-a)^2}{2\sigma^2}}\mathrm{d}x=\frac{1}{\sqrt{2\pi}}\int_{-\infty}^{+\infty}(\sigma z+a)\mathrm{e}^{-\frac{z^2}{2}}\mathrm{d}z$$

$$=\frac{a}{\sqrt{2\pi}}\int_{-\infty}^{+\infty}\mathrm{e}^{-\frac{z^2}{2}}\mathrm{d}z=a \tag{4.1.7}$$

[例 7] （指数分布）设随机变量 X 服从参数为 λ 的指数分布，密度函数为

$$f(x)=\lambda\mathrm{e}^{-\lambda x},x\geqslant 0$$

$$E(X)=\int_{-\infty}^{+\infty} xf(x)\mathrm{d}x=\int_0^{+\infty} x\lambda\mathrm{e}^{-\lambda x}\mathrm{d}x=\frac{1}{\lambda} \tag{4.1.8}$$

[例 8] （柯西分布）设随机变量 X 的密度函数为

$$f(x)=\frac{1}{\pi}\cdot\frac{1}{1+x^2}$$

$$E(X)=\int_{-\infty}^{+\infty} xf(x)\mathrm{d}x=\int_{-\infty}^{+\infty}|x|\frac{1}{\pi}\frac{1}{1+x^2}\mathrm{d}x=\infty$$

二维码 4.1 柯西

4.1.3 多维随机变量的数学期望

定义 3 随机向量$(X_1,X_2\cdots X_n)$的数学期望定义为$(E(X_1),E(X_2)\cdots E(X_n))$，其中

$E(X_i)$为 X_i 的数学期望。

设二维离散型随机变量(X,Y)的联合分布律为

$P\{X=x_i,Y=y_j\}=p_{ij},i,j=1,2,\cdots$,则 $E(X,Y)=(E(X),E(Y))$

其中 $E(X)=\sum_{i=1}^{\infty}x_ip_{i\cdot}=\sum_{i=1}^{\infty}\sum_{j=1}^{\infty}x_ip_{ij},E(Y)=\sum_{i=1}^{\infty}y_jp_{\cdot j}=\sum_{j=1}^{\infty}\sum_{i=1}^{\infty}y_jp_{ij}$ (4.1.9)

设二维连续型随机变量(X,Y)的联合密度函数为 $f(x,y)$,则

$E(X,Y)=(E(X),E(Y))$

其中

$$E(X)=\int_{-\infty}^{+\infty}xf_X(x)\mathrm{d}x=\int_{-\infty}^{+\infty}\int_{-\infty}^{+\infty}xf(x,y)\mathrm{d}y\mathrm{d}x$$

$$E(Y)=\int_{-\infty}^{+\infty}yf_Y(y)\mathrm{d}y=\int_{-\infty}^{+\infty}\int_{-\infty}^{+\infty}yf(x,y)\mathrm{d}x\mathrm{d}y \tag{4.1.10}$$

[例 9] 设(X,Y)的联合密度函数为

$$f(x,y)=\begin{cases}2y^2, & 0\leqslant y\leqslant x\leqslant 1\\ 0, & 其他\end{cases}$$

求 $E(X,Y)$。

解:$E(X)=\int_{-\infty}^{+\infty}xf_X(x)\mathrm{d}x=\int_{-\infty}^{+\infty}\int_{-\infty}^{+\infty}xf(x,y)\mathrm{d}y\mathrm{d}x=\int_0^1x\mathrm{d}x\int_0^x2y^2\mathrm{d}y=\frac{2}{15}$

$E(Y)=\int_{-\infty}^{+\infty}yf_Y(y)\mathrm{d}y=\int_{-\infty}^{+\infty}\int_{-\infty}^{+\infty}yf(x,y)\mathrm{d}x\mathrm{d}y=\int_0^1\mathrm{d}x\int_0^x2y^3\mathrm{d}y=\frac{1}{10}$

所以 $E(X,Y)=\left(\frac{2}{15},\frac{1}{10}\right)$

[例 10] 设二维随机变量(X,Y)的概率密度为

$$f(x,y)=\begin{cases}A\sin(x+y), & 0\leqslant x\leqslant\frac{\pi}{2},0\leqslant y\leqslant\frac{\pi}{2}\\ 0, & 其他\end{cases}$$

(1) 求系数 A;(2)求 $E(X)$。

解:(1)由 $\int_{-\infty}^{+\infty}\int_{-\infty}^{+\infty}f(x,y)\mathrm{d}x\mathrm{d}y=1$,即$\int_0^{\frac{\pi}{2}}\int_0^{\frac{\pi}{2}}A\sin(x+y)\mathrm{d}x\mathrm{d}y=1$,可得 $A=\frac{1}{2}$

(2) $E(X)=\int_{-\infty}^{+\infty}\int_{-\infty}^{+\infty}f(x,y)\mathrm{d}x\mathrm{d}y=\int_0^{\frac{\pi}{2}}\int_0^{\frac{\pi}{2}}x\cdot\frac{1}{2}\sin(x+y)\mathrm{d}x\mathrm{d}y=\frac{\pi}{4}$

4.1.4 随机变量函数的数学期望

为了计算随机变量函数的数学期望,我们可以先算出随机变量函数的分布律或密度函数,然后用数学期望的定义去计算,我们也可以用下面的几个定理直接计算随机变量函数的数学期望。

定理 1 设 X 为一离散型随机变量,其分布规律为 $P\{X=x_k\}=p_k,k=1,2,\cdots,g(x)$为

实值连续函数，且$\sum_{k=1}^{\infty} g(x_k)p_k$绝对收敛，则$Y=g(X)$的数学期望为

$$E(Y)=\sum_{k=1}^{\infty} g(x_k)p_k \tag{4.1.11}$$

定理2 设连续型随机变量X的密度函数为$f(x)$，$g(x)$为实值连续函数，且积分$\int_{-\infty}^{+\infty} g(x)f(x)\mathrm{d}x$绝对收敛，则$Y=g(X)$的数学期望为

$$E(Y)=\int_{-\infty}^{+\infty} g(x)f(x)\mathrm{d}x \tag{4.1.12}$$

[例11] 设随机变量的分布律为

X	-2	-1	0	1	2	3
p	0.1	0.2	0.25	0.2	0.15	0.1

求随机变量$Y=X^2$的数学期望。

解：我们用两种方法计算。

方法一 直接由公式4.1.11得

$E(Y)=(-2)^2\times 0.1+(-1)^2\times 0.2+0^2\times 0.25+1^2\times 0.2+2^2\times 0.15+3^2\times 0.1=2.30$

方法二 先算出$Y=X^2$的分布律：

$Y=X^2$	0	1	4	9
p	0.25	0.4	0.25	0.1

$E(Y)=0\times 0.25+1\times 0.4+4\times 0.25+9\times 0.1=2.30$

[例12] 已知离散型随机变量X服从参数为2的泊松分布，即

$$P(X=k)=\frac{2^k}{k!}\mathrm{e}^{-1}, k=0,1,2,\cdots$$

求随机变量$Z=3X-2$的数学期望$E(Z)$。

解：因为$E(Z)=E(3X-2)=3E(X)-2$，而$E(X)=2$，所以$E(Z)=3\times 2-2=4$

[例13] 设随机变量Y在$(0,\pi)$内服从均匀分布，求随机变量$Y=\sin X$的数学期望。

解：$E(Y)=\int_0^{\pi}\frac{1}{\pi}\sin x\mathrm{d}x=\frac{2}{\pi}$

注意：我们也可以先算出$Y=\sin X$的密度函数，再利用定义来求。

对于多维随机变量函数的期望，我们以二维随机变量作为代表，有类似的结论。

定理3 设二维离散型随机变量(X,Y)的联合分布律为$P\{X=x_i,Y=y_j\}=p_{ij}$，$i,j=1,2,\cdots$，$g(x,y)$为实值连续函数，且级数$\sum_{i=1}^{\infty}\sum_{j=1}^{\infty} g(x_i,y_j)p_{ij}$绝对收敛，则随机变量函数$g(X,Y)$的数学期望为

$$E(g(X,Y))=\sum_{i=1}^{\infty}\sum_{j=1}^{\infty} g(x_i,y_j)p_{ij} \tag{4.1.13}$$

定理 4 设二维连续型随机变量(X,Y)的联合密度函数为$f(x,y)$，$g(x,y)$为实值连续函数，且积分$\int_{-\infty}^{\infty}\int_{-\infty}^{\infty}g(x,y)f(x,y)\mathrm{d}x\mathrm{d}y$绝对收敛，则随机变量函数$g(X,Y)$的数学期望为

$$E(g(X,Y))=\int_{-\infty}^{\infty}\int_{-\infty}^{\infty}g(x,y)f(x,y)\mathrm{d}x\mathrm{d}y \tag{4.1.14}$$

[例 14] 设随机变量X,Y相互独立，概率密度分别为

$f_X(x)=\mathrm{e}^{-x}(x>0)$，当$x\leqslant 0$时$f_X(x)=0$

$f_Y(y)=\mathrm{e}^{-y}(y>0)$，当$y\leqslant 0$时$f_y(y)=0$

求$Z=X+Y$的数学期望。

解: 因为X,Y相互独立，所以(X,Y)的联和密度函数为

$$f(x,y)=\begin{cases}\mathrm{e}^{-x-y}, & x>0,y>0\\ 0, & \text{其他}\end{cases}$$

$$E(Z)=\int_{-\infty}^{\infty}\int_{-\infty}^{\infty}(x+y)f(x,y)\mathrm{d}x\mathrm{d}y=\int_{0}^{\infty}\int_{0}^{\infty}(x+y)\mathrm{e}^{-x-y}\mathrm{d}x\mathrm{d}y=2$$

注:用下面介绍的数学期望的性质来计算$E(X,Y)$将更简单。

4.1.5 数学期望的性质

数学期望的重要性质:

(1)设C是常数，则有$E(C)=C$

(2)设X为一随机变量，C是常数，则有$E(CX)=CE(X)$

(3)设X,Y是两个随机变量，则有$E(X+Y)=E(X)+E(Y)$

这一性质可以推广到任意有限个随机变量的情形。

(4)设随机变量X,Y相互独立，则有$E(XY)=E(X)E(Y)$

这一性质可以推广到任意有限个相互独立随机变量的情形。

(5)对任意的常数$C_i,i=1,2,\cdots,n$，及b，有$E(\sum_{I=1}^{n}C_iX_i+b)=\sum_{I=1}^{n}C_iE(X_i)+b$

证:(1)(2)(5)省略，下面就连续型随机变量证明(3)(4)。

(3)设随机变量X,Y的联合密度函数为$f(x,y)$

$$\begin{aligned}E(X+Y)&=\int_{-\infty}^{\infty}\int_{-\infty}^{\infty}(x+y)f(x,y)\mathrm{d}x\mathrm{d}y=\int_{-\infty}^{\infty}\int_{-\infty}^{\infty}xf(x,y)\mathrm{d}x\mathrm{d}y+\int_{-\infty}^{\infty}\int_{-\infty}^{\infty}yf(x,y)\mathrm{d}x\mathrm{d}y\\&=\int_{-\infty}^{\infty}x\mathrm{d}x\int_{-\infty}^{\infty}f(x,y)\mathrm{d}y+\int_{-\infty}^{\infty}y\mathrm{d}y\int_{-\infty}^{\infty}f(x,y)\mathrm{d}x=E(X)+E(Y)\end{aligned}$$

(4)设随机变量X,Y相互独立，其边际分布分别为$f_X(x)$，$f_Y(y)$，则联合密度函数为$f(x,y)=f_X(x)f_Y(y)$，所以有

$$E(XY)=\int_{-\infty}^{\infty}\int_{-\infty}^{\infty}xyf(x,y)\mathrm{d}x\mathrm{d}y=\int_{-\infty}^{\infty}\int_{-\infty}^{\infty}xyf_X(x)f_Y(y)\mathrm{d}x\mathrm{d}y$$

$$= \int_{-\infty}^{\infty} x f_X(x) \mathrm{d}x \int_{-\infty}^{\infty} y f_Y(y) \mathrm{d}y = E(X)E(Y)$$

[例 15] $f(x,y)=\begin{cases} 2xy, & (x,y)\in D \\ 0, & \text{其他} \end{cases}$，$D=\{(x,y)\mid x^2+y^2\leqslant 1\}$，$Z=2YX$，求 $E(Z)$。

解：$E(Z)=\iint\limits_D 2xyf(x,y)\mathrm{d}x\mathrm{d}y=\int_{-1}^{1}\mathrm{d}x\int_{-\sqrt{1-x^2}}^{\sqrt{1-x^2}}4x^2y^2\mathrm{d}y=\frac{\pi}{6}$

4.2　随机变量的方差

4.2.1　方差的定义

引例　射击问题。

有甲、乙两个射手，他们的射击技术见表 4.2.1。

表 4.2.1

射手	击中环数	概率	射手	击中环数	概率
甲	8	0.2	乙	8	0.1
	9	0.5		9	0.7
	10	0.3		10	0.2

试问这两个选手哪一个的成绩“好”？

在第一节里边，我们已经用随机变量的“平均值”——数学期望来描述。容易验证（各射击一次），$E(X_{甲})=E(X_{乙})=9.1$，仅用数学期望无法分出高下，我们从击中环数的集中与离散角度来衡量，既考虑稳定性。考查 $X_{甲}-E(X_{甲})$，$X_{乙}-E(X_{乙})$ 即随机变量与均值的偏差的大小，因为 $E(X_{甲}-E(X_{甲}))=0$，不能用来描述 $X_{甲}$，$X_{乙}$ 的分散程度，当然我们可以用 $E(X_{甲}-E(X_{甲}))$ 来描述，但绝对值函数在数学运算中有许多不方便之处，进而我们用 $E([X_{甲}-E(X_{甲})]^2)$ 来刻画。

$E([X_{甲}-E(X_{甲})]^2)=(8-9.1)^2\times 0.2+(9-9.1)^2\times 0.5+(10-9.1)^2\times 0.3=0.41$

$E([X_{乙}-E(X_{乙})]^2)=(8-9.1)^2\times 0.1+(9-9.1)^2\times 0.7+(10-9.1)^2\times 0.2=0.313$

可见乙射手更稳定。

定义 1　对任一随机变量 X，若 $E([X-E(X)]^2)$ 存在，称 $E([X-E(X)]^2)$ 为 X 的方差，记为 $D(X)$，即

$$D(X)=E([X-E(X)]^2) \tag{4.2.1}$$

称 $\sqrt{D(X)}$ 为标准差或均方差。方差描述了随机变量对于数学期望的离散程度，在概率论和数理统计中十分重要。

对于离散型随机变量 X，$P\{X=x_i\}=p_i\quad(i=1,2,\cdots)$

$$D(X)=\sum_{i=1}^{\infty}[x_i-E(X)]^2p_i \tag{4.2.2}$$

对于连续型随机变量 X,若其密度函数为 $f(x)$

$$D(X)=\int_{-\infty}^{+\infty}[x-E(X)]^2 f(x)\mathrm{d}x \tag{4.2.3}$$

事实上 $D(X)=E([X-E(X)]^2)=E(X^2-2XE(X)+[E(X)]^2)$

$$=E(X^2)-2E(X)E(X)+[E(X)]^2$$

$$=E(X^2)-[E(X)]^2 \tag{4.2.4}$$

所以,随机变量的方差可以由式 4.2.4 来计算。

4.2.2 常用离散型和连续性随机变量的方差

[例 1] (0—1 分布)设随机变量 $X\sim(0—1)$分布,$P\{X=0\}=1-p,P\{X=1\}=p$

$$D(X)=E(X^2)-[E(X)]^2=p(1-p) \tag{4.2.5}$$

[例 2] (二项分布)设随机变量 X 服从二项分布,其分布律为

$P\{X=k\}=C_n^k p^k(1-p)^{n-k},k=1,2,\cdots,n$

$$D(X)=E(X^2)-[E(X)]^2=np(1-p) \tag{4.2.6}$$

[例 3] (泊松分布)设随机变量 X 服从泊松分布,其分布率为

$P\{X=k\}=\dfrac{\lambda^k \mathrm{e}^{-\lambda}}{k!},k=1,2\cdots$

$$D(X)=E(X^2)-[E(X)]^2=\lambda \tag{4.2.7}$$

[例 4] (均匀分布)设随机变量 X 服从$[a,b]$区间上的均匀分布,密度函数为

$f(x)=\dfrac{1}{b-a},a\leqslant x\leqslant b,f(x)=0,a\geqslant x$ 或 $x\geqslant b$

$$D(X)=E(X^2)-[E(X)]^2=\frac{(b-a)^2}{12} \tag{4.2.8}$$

[例 5] (指数分布)设随机变量 X 服从参数为 λ 的指数分布,密度函数为

$f(x)=\lambda \mathrm{e}^{-\lambda x},x\geqslant 0$

$$D(X)=E(X^2)-[E(X)]^2=\frac{1}{\lambda^2} \tag{4.2.9}$$

[例 6] (正态分布)设随机变量 X 服从参数为 a,σ 正态分布,密度函数为

$f(x)=\dfrac{1}{\sqrt{2\pi}\sigma}\mathrm{e}^{-\frac{(x-a)^2}{2\sigma^2}}$

$$D(X)=E(X^2)-[E(X)]^2=\sigma^2 \tag{4.2.10}$$

[例 7] 已知随机变量 X 的分布函数为 $F(x)=\begin{cases}0, & x\leqslant 0\\ \dfrac{x}{4}, & 0<x\leqslant 4\\ 1, & x>4\end{cases}$

求 $E(X),D(X)$.

解:随机变量 X 的分布密度为

$$f(x)=F'(x)=\begin{cases}\dfrac{1}{4}, & 0<x\leqslant 4\\ 0, & 其他\end{cases}$$

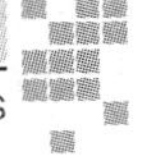

$$E(X)=\int_{-\infty}^{+\infty}xf(x)\mathrm{d}x=\int_0^4\frac{x}{4}\mathrm{d}x=2$$

$$E(X^2)=\int_{-\infty}^{+\infty}x^2f(x)\mathrm{d}x=\int_0^4\frac{x^2}{4}\mathrm{d}x=\frac{16}{3}$$

$$D(X)=E(X^2)-[E(X)^2]=\frac{16}{2}-2^2=\frac{4}{3}$$

[例 8] 设随机变量 X 的概率密度为

$$\varphi(x)=\begin{cases}ax^2+bx+c, & 0<x<1\\0, & \text{其他}\end{cases}$$

已知 $E(X)=0.5,D(X)=0.15$，求系数 a,b,c。

解：因为 $\int_{-\infty}^{+\infty}\varphi(x)\mathrm{d}x=1$，所以 $\int_0^1(ax^2+bx+c)\mathrm{d}x$。于是

$$\frac{1}{3}a+\frac{1}{2}b+c=1$$

又 $E(X)=\int_{-\infty}^{+\infty}xf(x)\mathrm{d}x=\int_0^1x(ax^2+bx+c)\mathrm{d}x$

故 $\frac{1}{4}a+\frac{1}{3}b+\frac{1}{2}c=0.5$

由 $D(X)=E(X^2)-[E(X)]^2$ 可知 $0.15=E(X^2)-0.5^2$，从而

$$E(X^2)=0.4=\int_{-\infty}^{+\infty}x^2(ax^2+bx+c)\mathrm{d}x=\int_0^1x(ax^2+bx+c)\mathrm{d}x$$

于是 $\frac{1}{5}a+\frac{1}{4}b+\frac{1}{3}c=0.4$

解上述三个方程组得 $a=12,b=-12,c=3$。

4.2.3 方差的性质

(1)设 C 是一个常数，则

$$D(C)=0 \tag{4.2.11}$$

(2)设 X 是一随机变量，C 是一常数，则

$$D(CX)=C^2D(X) \tag{4.2.12}$$

(3)设 X,Y 是两个随机变量，则有

$$D(X\pm Y)=D(X)+D(Y)\pm 2E([X-E(X)][Y-E(Y)]) \tag{4.2.13}$$

特别地，若 X,Y 相互独立，则有

$$D(X\pm Y)=D(X)+D(Y) \tag{4.2.14}$$

这一性质可以推广到一般情形：设 $X_1,X_2,\cdots,X_n$ 相互独立，且方差存在，$C_1,C_2,\cdots,C_n$ 为常数，则

$$D(\sum_{i=1}^{n}C_iX_i)=\sum_{i=1}^{n}C_i^2D(X_i) \tag{4.2.15}$$

(4)$D(X)=0$ 的充要条件是 X 以概率 1 取常数,即

$$P\{X=C\}=1 \tag{4.2.16}$$

4.2.4 协方差

在方差性质(3)中,如果两个随机变量 X,Y 相互独立,则有 $E([X-E(X)][Y-E(Y)])=0$,当 $E([X-E(X)][Y-E(Y)])\neq 0$ 时,X,Y 不是相互独立的,而是存在一定的关系。

1. 协方差

定义 2 X,Y 是两个随机变量,称 $E([X-E(X)][Y-E(Y)])$ 为 X,Y 的协方差,记为 $\mathrm{cov}(X,Y)$,即

$$\mathrm{cov}(X,Y)=E([X-E(X)][Y-E(Y)])=E(XY)-E(X)E(Y) \tag{4.2.17}$$

有上述定义对任意两个随机变量 X,Y,则有

$$D(X\pm Y)=D(X)+D(Y)\pm 2\mathrm{cov}(X,Y) \tag{4.2.18}$$

协方差的性质

(1)$\mathrm{cov}(X,X)=D(X)$

(2)$\mathrm{cov}(X,Y)=\mathrm{cov}(Y,X)$

(3)$\mathrm{cov}(aX,bY)=ab\mathrm{cov}(X,Y)$,$a,b$ 为任意常数

(4)$\mathrm{cov}(C,Y)=0$

(5)$\mathrm{cov}(X_1+X_2,Y)=\mathrm{cov}(X_1,Y)+\mathrm{cov}(X_2,Y)$

(6)如果两个随机变量 X,Y 相互独立,则有 $\mathrm{cov}(X,Y)=0$

(证明由读者完成)

2. 矩

定义 3 设 X,Y 是随机变量,若 $m_k=E(X^k)$,$k=1,2,\cdots$ 存在,称它为 X 的 k 阶原点矩。若 $c_k=E([X-E(X)]^k)$,$k=2,3,\cdots$ 存在,称它为 X 的 k 阶中心矩。

若 $E(X^kY^l)$,$k,l=1,2,\cdots$ 存在,称它为 X,Y 的 $k+l$ 阶混合原点矩。

若 $E([X-E(X)]^k[Y-E(Y)]^l)$,$k,l=2,3,\cdots$ 存在,称它为 X,Y 的 $k+l$ 阶混合中心矩。

显然,X 的一阶原点矩就是数学期望 $E(X)$,一阶中心矩恒等于 0,二阶中心矩就是方差 $D(X)$,二阶混合中心矩是 X,Y 的协方差 $\mathrm{cov}(X,Y)$。

下面介绍随机向量的协方差矩阵。

对于随机向量 $X=(X_1,X_2,\cdots,X_n)$,定义其方差为

$$D(X)=(D(X_1),D(X_2),\cdots,D(X_n))$$

其协方差为

$$b_{ij}=E([X_i-E(X_i)][X_j-E(X_j)])=\mathrm{cov}(X_i,X_j)$$

显然 $b_{ii}=D(X_i)$

$$\text{矩阵 }\boldsymbol{B}=\begin{pmatrix} b_{11} & b_{12} & \cdots & b_{1n} \\ b_{21} & b_{22} & \cdots & b_{2n} \\ \vdots & \vdots & \vdots & \vdots \\ b_{n1} & b_{n2} & \cdots & b_{nn} \end{pmatrix}$$

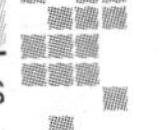

叫做 $X=(X_1,X_2,\cdots,X_n)$ 的协方差矩阵，简记为 $D(X)$。显然这是一个对称阵。

3. 相关系数

协方差在一定程度上描述了两个随机变量 X,Y 的相关性，更常用的是如下“标准化”的协方差：

定义 4 设随机变量 X,Y 的数学期望，方差都存在，称

$$\rho_{XY}=\frac{\mathrm{cov}(X,Y)}{\sqrt{D(X)}\sqrt{D(Y)}}$$

为随机变量 X,Y 的相关系数。

相关系数有如下性质：

(1) $|\rho_{XY}|\leqslant 1$

(2) $|\rho_{XY}|=1$ 的充要条件是：存在常数 a,b，使得 $P\{Y=aX+b\}=1$

当 $|\rho_{XY}|=0$ 时，称 X,Y 不相关；$|\rho_{XY}|=1$ 时，称 X,Y 完全相关。

显然，两个随机变量 X,Y 若相互独立，则必不相关，反之不一定成立。

但对二维正态分布，不相关和独立性是一致的。

[例 9] 设 X,Y 的联合密度函数为 $f(x,y)=\begin{cases}\dfrac{1}{\pi}, & x^2+y^2\leqslant 1\\ 0, & \text{其他}\end{cases}$，证明 $\mathrm{cov}(X,Y)=0$，但 X 与 Y 不相互独立。

证：$f_X(x)=\int_{-\sqrt{1-x^2}}^{\sqrt{1-x^2}}\frac{1}{\pi}\mathrm{d}y=\frac{2}{\pi}\sqrt{1-x^2},x\in[-1,1]$

$$f_Y(y)=\int_{-\sqrt{1-y^2}}^{\sqrt{1-y^2}}\frac{1}{\pi}\mathrm{d}x=\frac{2}{\pi}\sqrt{1-y^2},y\in[-1,1]$$

$$E(X)=\int_{-1}^{1}xf_X(x)\mathrm{d}x=\int_{-1}^{1}x\frac{2}{\pi}\sqrt{1-x^2}\mathrm{d}x=0$$

$$E(Y)=\int_{-1}^{1}yf_Y(y)\mathrm{d}y=\int_{-1}^{1}y\frac{2}{\pi}\sqrt{1-y^2}\mathrm{d}y=0$$

$$E(XY)=\iint_{x^2+y^2\leqslant 1}xyf(x,y)\mathrm{d}x\mathrm{d}y=\iint_{x^2+y^2\leqslant 1}xy\frac{1}{\pi}\mathrm{d}x\mathrm{d}y=0$$

所以 $\mathrm{cov}(X,Y)=E(XY)-E(X)E(Y)=0$

但 $f(x,y)\neq f_X(x)f_Y(y)$，即 X 与 Y 不相互独立。

[例 10] $f(x,y)=\begin{cases}\dfrac{1}{4}(\tau-x^3y+xy^3), & |x|<1,|y|<1\\ 0, & \text{其他}\end{cases}$，求证 X 与 Y 不相关，也不相互独立。

证：$f_X(x)=\int_{-1}^{1}\frac{1}{4}(\tau-x^3y+xy^3)\mathrm{d}y=\frac{1}{2}\tau,x\in(-1,1)$

$$f_Y(x)=\int_{-1}^{1}\frac{1}{4}(\tau-x^3y+xy^3)\mathrm{d}x=\frac{1}{2}\tau,y\in(-1,1)$$

因 $f(x,y) \neq f_X(x) f_Y(y)$，即 X 与 Y 不相互独立。

$$E(X)=\int_{-1}^{1} x f_X(x)\mathrm{d}x=\int_{-1}^{1} x\,\frac{1}{2}\,\tau\mathrm{d}x=0$$

$$E(Y)=\int_{-1}^{1} y f_Y(y)\mathrm{d}y=\int_{-1}^{1} y\,\frac{1}{2}\,\tau\mathrm{d}y=0$$

$$E(XY)=\iint\limits_{|x|<1,\ |y|<1} xyf(x,y)\mathrm{d}x\mathrm{d}y=\iint\limits_{|x|<1,\ |y|<1} xy\,\frac{1}{4}(\tau-x^3y+xy^3)\mathrm{d}x\mathrm{d}y=0$$

所以 $\mathrm{cov}(X,Y)=E(XY)-E(X)E(Y)=0$，$\rho=0$，即不相关。

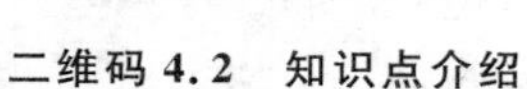

二维码 4.2　知识点介绍

二维码 4.3　教学基本要求与重点

二维码 4.4　典型例题

□ 第 4 章习题

1. 填空题：

(1)设随机变量 X 服从参数为 λ 的泊松分布，且 $P\{X=1\}=P\{X=2\}$，则 $E(X)=$________，$D(X)=$________。

(2)设随机变量 X 服从某一区间上的均匀分布，$E(X)=3$，$D(X)=\frac{1}{3}$，则 X 的概率密度为________；$P\{X=2\}=$________；$P\{1<X<3\}=$________。

(3)设随机变量 X 服从 $B(n,p)$，已知 $E(X)=1.6$，$D(X)=1.28$，则参数 $n=$________；$p=$________。

(4)设随机变量 $X\sim N(\mu,\sigma^2)$，且 $E(X)=2$，$P\{2<X<4\}=0.3$，则 $P\{X<2\}=$________；$P(X<0)=$________。

(5)设随机变量 X 服从参数为 λ 的指数分布，且 $E(X)=D(X)$，则 X 的概率密度为________；若有 $P\{X>a\}=P\{X<a\}$，则 $a=$________。

(6)设随机变量 X 服从参数为 λ 的泊松分布，且已知 $E((X-1)(X-2))=1$，则 $\lambda=$________。

(7)将一枚硬币重复掷 n 次，以 X 与 Y 分别表示正面向上和反面向上的次数。则 X 与 Y 的相关系数 $\rho=$________。

2. 设随机变量 X 具有密度函数 $f(x)=\begin{cases} x, & 0<x\leqslant 1 \\ 2-x, & 1<x\leqslant 2 \\ 0, & \text{其他} \end{cases}$，求 $E(X)$ 与 $D(X)$。

3. 设连续性随机变量 X 的分布函数 $F(x)=\begin{cases}0, & x<0\\ kx+b, & 0\leqslant x\leqslant \pi\\ 1, & x>\pi\end{cases}$

(1)试确定常数 k,b 的值;(2)求 $E(X)$ 与 $D(X)$;(3)设 $Y=\sin X$,求 $E(Y)$。

4. 一台设备由三大部件构成,在设备运行中各部件需要调整的概率分别为 0.1,0.2,0.3,设部件的状态相互独立,以 X 表示在运行时需要调整的部件数,求 $E(X)$ 与 $D(X)$。

5. 已知 $X\sim N(\mu,\sigma^2)$,Y 服从参数为 λ 的指数分布,且 X 与 Y 的相关系数为 ρ,求 $E(aX-bY)$ 及 $D(aX-bY)$,其中 a,b 为常数。

6. 设(X,Y)的联合分布为

X \ Y	-1	0	1
-1	$\frac{1}{8}$	$\frac{1}{8}$	$\frac{1}{8}$
0	$\frac{1}{8}$	0	$\frac{1}{8}$
1	$\frac{1}{8}$	$\frac{1}{8}$	$\frac{1}{8}$

求:(1)X 与 Y 的相关系数;(2)X 与 Y 是否独立?

7. 设 X 的分布律为 $P\{X=k\}=\dfrac{a^k}{(1+a)^{k+1}}$, $k=0,1,2,\cdots,a>0$,试求 $E(X)$, $D(X)$。

8. 设随机变量 X 具有概率密度为 $\Phi(x)=\begin{cases}\dfrac{2}{\pi}\cos^2 x, & |x|\leqslant\dfrac{\pi}{2}\\ 0, & \text{其他}\end{cases}$,求 $E(X)$, $D(X)$。

9. 设随机变量 X 和 Y 的联合概率分布为

(X,Y)	$(0,0)$	$(0,1)$	$(1,0)$	$(1,1)$	$(2,0)$	$(2,1)$
$P(X=x,Y=y)$	0.10	0.15	0.25	0.20	0.15	0.15

求 $E\left(\sin\dfrac{\pi(X+Y)}{2}\right)$。

10. 一汽车沿一街道行驶需要通过三个设有红绿信号灯路口，每个信号灯为红或绿与其他信号灯为红或绿相互独立，且红绿两种信号显示的时间相等，以 X 表示该汽车首次遇到红灯前已通过的路口的个数。

求:(1)X 的概率分布;(2)$E\left(\dfrac{1}{1+X}\right)$。

11. 设(X,Y)的分布密度

$\varphi(x,y)=\begin{cases}4xye^{-(x^2+y^2)}, & x>0,y>0\\ 0, & \text{其他}\end{cases}$,求 $E(\sqrt{X^2+Y^2})$。

12. 在长为 l 的线段上任选两点，求两点间距离的数学期望与方差。

13. 设随机变量 X 的分布密度为 $\Phi(x)=\dfrac{1}{2}e^{-|x-\mu|}(-\infty<x<+\infty)$，求 $E(X)$，$D(X)$。

14. 设(X, Y)的联合密度为$\Phi(x,y)=\begin{cases}\frac{1}{\pi}, & x^2+y^2\leqslant 1\\ 0, & 其他\end{cases}$，求$E(X)$，$E(Y)$，$D(X)$，$D(Y)$，$\rho_{XY}$。

15. 假设一部机器在一天内发生故障的概率为0.2，机器发生故障时全天停止工作。若一周五个工作日里无故障，可获利润10万元；发生一次故障仍可获利润5万元；发生二次故障所获利润0元；发生三次或三次以上故障就要亏损2万元。求一周内期望利润是多少？

16. 两台相互独立的自动记录仪，每台无故障工作的时间服从参数为5的指数分布；若先开动其中的一台，当其发生故障时停用而另一台自行开动。试求两台记录仪无故障工作的总时间T的概率密度$f(t)$、数学期望和方差。

二维码4.5　习题答案

二维码4.6　补充习题及参考答案

Chapter 5 第 5 章

大数定律与中心极限定理

Law of Large Numbers and Central Limit Theorem

概率论与数理统计是研究随机现象统计规律性的科学。但随机现象的统计规律性只有在相同条件下进行大量重复试验或观察才呈现出来。要研究大量随机现象，就必须采用极限的方法，大数定律和中心极限定理就是使用极限方法研究大量随机现象统计规律性的。大体来讲，阐明大量重复试验的平均结果具有稳定性的一系列定律都称为大数定律；论证随机变量(试验结果)之和渐进服从某一分布的定理称为中心极限定理。概率论中极限定理的内容是很广泛的，其中最主要的是大数定律和中心极限定理。

5.1 切比雪夫不等式与大数定律

在第一章我们提到过事件发生的频率具有稳定性，即随着试验次数的增加，事件发生的频率逐渐稳定于某个常数，这一事实显示了可以用一个数来表征事件发生的可能性大小，这使人们认识到概率是客观存在的，进而由频率的三条性质的启发和抽象给出了概率的定义，而频率的稳定性是概率定义的客观基础。在实践中人们还认识到大量测量值的算术平均值也具有稳定性，而这种稳定性就是本节所要讨论的大数定律的客观背景，而这些理论正是概率论的理论基础。

5.1.1 切比雪夫不等式

二维码 5.1 切比雪夫

我们知道方差 $D(X)$ 是用来描述随机变量 X 的取值在其数学期望 $E(X)$ 附近的离散程度的，因此，对任意的正数 ε，事件 $|X-E(X)|\geqslant\varepsilon$ 发生的概率应该与 $D(X)$ 有关，而这种关系用数学形式表示出来，就是下面我们要学习的切比雪夫不等式。

定理 1 设随机变量 X 的数学期望 $E(X)$ 与方差 $D(X)$ 存在，则对于任意正数 ε，不等式

$$P\{|X-E(X)|\geqslant\varepsilon\}\leqslant\frac{D(X)}{\varepsilon^2} \tag{5.1.1}$$

或 $$P\{|X-E(X)|<\varepsilon\}\geqslant 1-\frac{D(X)}{\varepsilon^2} \tag{5.1.2}$$

都成立。不等式 5.1.1 和 5.1.2 称为切比雪夫不等式。

下面只对连续随机变量情形证明不等式 5.1.1 和 5.1.2。

证:设随机变量 X 的密度函数为 $f(x)$,则有

$$P\{|X-E(X)|\geqslant\varepsilon\}=\int\limits_{|x-E(X)|\geqslant\varepsilon}f(x)\mathrm{d}x\leqslant\int\limits_{|x-E(X)|\geqslant\varepsilon}\frac{[x-E(X)]^2}{\varepsilon^2}f(x)\mathrm{d}x$$

$$\leqslant\frac{1}{\varepsilon^2}\int_{-\infty}^{+\infty}[x-E(X)]^2f(x)\mathrm{d}x=\frac{D(X)}{\varepsilon^2}$$

由于 $|X-E(X)|\geqslant\varepsilon$ 与 $|X-E(X)|<\varepsilon$ 是对立事件,故有

$$P\{|X-E(X)|<\varepsilon\}=1-P\{|X-E(X)|\geqslant\varepsilon\}\geqslant1-\frac{D(X)}{\varepsilon^2}$$

切比雪夫不等式给出了在随机变量 X 的分布未知的情况下,只利用 X 的数学期望和方差即可对 X 的概率分布进行估值的方法,这就是切比雪夫不等式的重要性所在。

[例 1] 已知正常男性成人血液中,每毫升含白细胞数的平均值是 7 300,均方差是 700,利用切比雪夫不等式估计每毫升血液含白细胞数在 5 200～9 400 的概率。

解:设 X 表示每毫升血液中含白细胞个数,则

$E(X)=7\ 300,\sigma(X)=\sqrt{D(X)}=700$

而 $P\{5\ 200\leqslant X\leqslant9\ 400\}=P\{|X-7\ 300|\leqslant2\ 100\}=1-P\{|X-7\ 300|\geqslant2\ 100\}$

又 $P\{|X-7\ 300|\geqslant2\ 100\}\leqslant\dfrac{700^2}{2\ 100^2}=\dfrac{1}{9}$

所以 $P\{5\ 200\leqslant X\leqslant9\ 400\}\geqslant\dfrac{8}{9}$

[例 2] 设 $X_1,X_2,\cdots,X_n$ 是 n 个相互独立同分布的随机变量,$E(X_i)=\mu,D(X_i)=8$ $(i=1,2,\cdots,n)$。对于 $\overline{X}=\dfrac{\sum\limits_{i=1}^{n}X_i}{n}$,试估计 $P\{|\overline{X}-\mu|<4\}$。

解:$E(\overline{X})=E\left[\dfrac{\sum\limits_{i=1}^{n}X_i}{n}\right]=\dfrac{1}{n}\sum\limits_{i=1}^{n}E(X_i)=\dfrac{1}{n}\cdot n\cdot\mu=\mu$

$D(\overline{X})=D\left[\dfrac{\sum\limits_{i=1}^{n}X_i}{n}\right]=\dfrac{1}{n^2}\sum\limits_{i=1}^{n}D(X_i)=\dfrac{1}{n^2}\cdot n\cdot8=\dfrac{8}{n}$

由切比雪夫不等式有

$P\{|\overline{X}-\mu|<4\}\geqslant1-\dfrac{D(\overline{X})}{4^2}=1-\dfrac{1}{2n}$

[例 3] 设随机变量 X 和 Y 的数学期望分别为 -2 和 2,方差分别为 1 和 4,而相关系数为 -0.5,试利用切比雪夫不等式求 $P\{|X+Y|\geqslant6\}$。

解:令 $Z=X+Y$,则

$E(Z)=E(X+Y)=E(X)+E(Y)=-2+2=0$

$$D(Z)=D(X+Y)=D(X)+D(Y)+2\operatorname{cov}(X,Y)$$
$$=D(X)+D(Y)+2\rho_{XY}\sqrt{D(X)}\sqrt{D(Y)}$$
$$=1+4+2\cdot(-0.5)\cdot\sqrt{1}\cdot\sqrt{4}=3$$

由切比雪夫不等式有：

$$P\{|X+Y|\geqslant 6\}=P\{|Z-EZ|\geqslant 6\}\leqslant\frac{D(Z)}{6^2}=\frac{3}{6^2}=\frac{1}{12}$$

切比雪夫不等式虽可用来估计概率，但精度不够高，它的重要意义是在理论上的应用，在大数定律的证明中，切比雪夫不等式可使证明非常简洁。

人们在对事件的研究中发现，大量观察结果的平均值具有稳定性。1866 年俄国数学家切比雪夫证明了一个相当普遍的结论，这就是切比雪夫大数定律。

5.1.2 大数定律

定理 2 （切比雪夫大数定理）设相互独立随机变量序列 $X_1,X_2,\cdots,X_n,\cdots$ 的数学期望 $E(X_1),E(X_2),\cdots,E(X_n),\cdots$ 和方差 $D(X_1),D(X_2),\cdots,D(X_n),\cdots$ 都存在，并且方差是有界的，即存在常数 C，使得 $D(X_i)\leqslant C,i=1,2,\cdots,n,\cdots$，则对于任意的正数 ε，有

$$\lim_{n\to\infty}P\left\{\left|\frac{1}{n}\sum_{i=1}^{n}X_i-\frac{1}{n}\sum_{i=1}^{n}E(X_i)\right|<\varepsilon\right\}=1 \tag{5.1.3}$$

证：我们用切比雪夫不等式证明该定理。

因为 $E\left(\frac{1}{n}\sum_{i=1}^{n}X_i\right)=\frac{1}{n}\sum_{i=1}^{n}E(X_i)$

而 $X_1,X_2,\cdots,X_n$ 相互独立性，所以

$$D\left(\frac{1}{n}\sum_{i=1}^{n}X_i\right)=\frac{1}{n^2}\sum_{i=1}^{n}D(X_i)$$

应用切比雪夫不等式得

$$P\left\{\left|\frac{1}{n}\sum_{i=1}^{n}X_i-\frac{1}{n}\sum_{i=1}^{n}E(X_i)\right|<\varepsilon\right\}\geqslant 1-\frac{1}{n^2\varepsilon^2}\sum_{i=1}^{n}D(X_i)$$

因为 $D(X_i)\leqslant C\ (i=1,2,\cdots,n)$，所以 $\sum_{i=1}^{n}D(X_i)\leqslant nC$，由此得

$$P\left\{\left|\frac{1}{n}\sum_{i=1}^{n}X_i-\frac{1}{n}\sum_{i=1}^{n}E(X_i)\right|<\varepsilon\right\}\geqslant 1-\frac{C}{n\varepsilon^2}$$

当 $n\to\infty$ 时，得

$$\lim_{n\to\infty}P\left\{\left|\frac{1}{n}\sum_{i=1}^{n}X_i-\frac{1}{n}\sum_{i=1}^{n}E(X_i)\right|<\varepsilon\right\}\geqslant 1$$

但是概率不能大于 1，所以有

$$\lim_{n\to\infty}P\left\{\left|\frac{1}{n}\sum_{i=1}^{n}X_i-\frac{1}{n}\sum_{i=1}^{n}E(X_i)\right|<\varepsilon\right\}=1$$

切比雪夫大数定理说明：相互独立随机变量序列 $X_1,X_2,\cdots,X_n,\cdots$ 的数学期望与方差

都存在，且方差有界，则经过算术平均后得到的随机变量 $\overline{X}=\frac{1}{n}\sum_{i=1}^{n}X_i$，当 n 充分大时，它的值将比较紧密地聚集在它的数学期望 $E(\overline{X})$ 的附近，这就是大数定律的统计意义。

由切比雪夫大数定律可得下面的推论：

设随机变量序列 $X_1,X_2,\cdots,X_n,\cdots$ 独立同分布，并且有数学期望 μ 及方差 σ^2，则 $X_1,X_2,\cdots,X_n,\cdots$ 的算术平均值 $\overline{X}=\frac{1}{n}\sum_{i=1}^{n}X_i$ 当 $n\to\infty$ 时，对任意正数 ε，有

$$\lim_{n\to\infty}P\left\{\left|\frac{1}{n}\sum_{i=1}^{n}X_i-\mu\right|<\varepsilon\right\}=1 \tag{5.1.4}$$

该推论使我们关于算术平均值的法则有了理论上的依据。例如，要测量某一物理量 a，在相同条件下重复进行 n 次，得 n 个测量值 $X_1,X_2,\cdots,X_n$，显然它们可以看成是 n 个独立同分布的随机变量，并且有数学期望 a。由大数定律可知，当 n 充分大时，n 次测量的平均值可作为 a 的近似值，即

$$a\approx\frac{X_1+X_2+\cdots+X_n}{n} \tag{5.1.5}$$

且当 n 充分大时，近似计算的误差很小。

切比雪夫大数定理的一个重要推论就是著名的伯努利大数定理。

定理 3 （伯努利(Bernoulli)大数定理）在重复独立试验中，设事件 A 的概率 $P(A)=p$，则对于任意的正数 ε，当试验的次数 $n\to\infty$ 时，有

$$\lim_{n\to\infty}P\{|f_n(A)-p|<\varepsilon\}=1$$

其中 $f_n(A)$ 是事件 A 在 n 次试验中发生的频率。

证： 设随机变量 X_i 表示事件 A 在第 i 次试验中发生的次数($i=1,2,\cdots,n,\cdots$)，则这些随机变量相互独立，服从相同的"0—1"分布，并有数学期望与方差：

$$E(X_i)=p,D(X_i)=p(1-p),i=1,2,\cdots,n,\cdots$$

于是，由切比雪夫大数定理得

$$\lim_{n\to\infty}P\left\{\left|\frac{1}{n}\sum_{i=1}^{n}X_i-\frac{1}{n}\sum_{i=1}^{n}p\right|<\varepsilon\right\}=1$$

易知 $\sum_{i=1}^{n}X_i$ 就是事件 A 在 n 次试验中发生的次数 n_A，由此可知

$$\frac{1}{n}\sum_{i=1}^{n}X_i=\frac{n_A}{n}=f_n(A)$$

所以有

$$\lim_{n\to\infty}P\{|f_n(A)-p|<\varepsilon\}=1$$

伯努利大数定理说明：当试验在相同的条件下重复进行很多次时，随机事件 A 的频率 $f_n(A)$ 将稳定在事件 A 的概率 $P(A)$ 附近，这个正确的论断曾经在一系列的科学试验以及大量的统计工作中得到证实，而伯努利大数定理从理论上对此给出了严格的证明。

伯努利大数定律是伯努利在 1713 年发表的，它是研究这种极限定理的第一个定律，也是一个从理论上证明随机现象的频率具有稳定性的定律。不难看出，伯努利大数定律是切

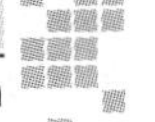

比雪夫大数定律的一个特例，很容易由切比雪夫大数定律来证明伯努利大数定律。

伯努利大数定律证明了在大量重复试验时，随机事件的频率在它的概率附近摆动。若事件 A 是小概率事件，则像伯努利大数定律所指出的，事件 A 的频率也很小，或者说事件 A 很少发生。因此，伯努利大数定律给小概率原理提供了理论支持。至于“小概率”小到什么程度才能看作实际上不可能发生，则要视具体情况的要求和性质而定。例如，工厂生产的产品出现次品的概率为 0.01，若产品的重要性不大而价格又低，则完全可允许有 1%的次品率，即可忽视 100 个零件中出现一个次品的可能性。但如果航天航空用品的次品的概率为 0.01，这 1%的忽视是绝对不允许的，因为它可能引发重大事故。

伯努利大数定律还提供了通过试验来确定事件概率的方法。既然当较大时频率$\frac{n_A}{n}$与概率 p 有较大偏差的可能性很小，那么我们就可以通过做试验确定某事件发生的频率，并把它作为相应概率的估计，这种方法称为参数估计，它是数理统计中主要的研究课题之一，将在第六章详细论述。参数估计的一个重要理论基础就是大数定律。

5.2　中心极限定理

在许多实际问题中，有很多随机现象可以看作是许多因素的独立影响的综合结果，而每一因素对该现象的影响都是微小的。描述这类随机现象的随机变量可以看成许多相互独立的起微小作用的因素的和，理论上可以证明，它们往往近似服从正态分布。这就是中心极限定理的客观背景。概率论中，把研究在什么条件下，大量独立的随机变量的和的分布以正态分布为极限这一类定理称为中心极限定理。下面我们给出两个常用的中心极限定理。

定理 1　(独立同分布中心极限定理)设随机变量序列 $X_1,X_2,\cdots,X_n,\cdots$ 相互独立，服从同一分布，具有有限的数学期望和方差：$E(X_i)=\mu, D(X_i)=\sigma^2\neq 0(i=1,2,\cdots)$，则随机变量

$Y_n=\dfrac{\sum\limits_{i=1}^{n}X_i-n\mu}{\sqrt{n}\sigma}$ 的分布函数 $F_n(x)$ 对任意的实数 x，都有

$$\lim_{n\to\infty}F_n(x)=\lim_{n\to\infty}P\left\{\frac{\sum\limits_{i=1}^{n}X_i-n\mu}{\sqrt{n}\sigma}\leqslant x\right\}=\frac{1}{\sqrt{2\pi}}\int_{-\infty}^{x}\mathrm{e}^{-\frac{t^2}{2}}\mathrm{d}t \tag{5.2.1}$$

这个定理告诉我们：均值为 μ，方差为 $\sigma^2>0$ 的独立同分布随机变量之和 $\sum\limits_{i=1}^{n}X_i$ 的标准化变量，当 n 很大时，近似地有

$$\frac{\sum\limits_{i=1}^{n}X_i-n\mu}{\sqrt{n}\sigma}\sim N(0,1) \tag{5.2.2}$$

将此式左端改写成

$$\frac{\frac{1}{n}\sum\limits_{i=1}^{n}X_i-\mu}{\sigma/\sqrt{n}}=\frac{\overline{X}-\mu}{\sigma/\sqrt{n}}$$

这样，上述结果可写成：当 n 很大时，近似地有

$$\frac{\overline{X}-\mu}{\sigma/\sqrt{n}} \sim N(0,1) \text{ 或 } \overline{X} \sim N(\mu,\frac{\sigma^2}{n}) \tag{5.2.3}$$

由于 $\sum_{i=1}^{n} X_i = n\mu + \sqrt{n}\sigma Y_n$，根据正态变量的性质知，$\sum_{i=1}^{n} X_i$ 近似地服从正态分布 $N(n\mu, n\sigma^2)$。

中心极限定理可作如下解释：假设被研究的随机变量可以表示为大量独立的随机变量之和，其中每一个随机变量对于总和的作用都很小，则可认为这个随机变量实际上是服从正态分布的。在实际工作中，只要 n 足够大，便可把独立同分布的随机变量之和作为正态变量处理。

中心极限定理有着多方面的应用。如在供电问题中，为保证电网的安全，需对总负荷进行研究。设一地区有相当多的用户，每户用电量用 $X_1, X_2, \cdots, X_n$ 表示，它们都是随机变量，这一地区的总负荷为 $\sum_{i=1}^{n} X_i$。由实际情况可假设 $X_1, X_2, \cdots, X_n$ 是相互独立的，且每户用电量的波动对总负荷的影响甚微，再设 $X_1, X_2, \cdots, X_n$ 同分布，且 $E(X_i) = \mu, D(X_i) = \sigma^2 > 0$ $(i = 1, 2, \cdots, n)$，那么，由独立同分布中心极限定理知，$\sum_{i=1}^{n} X_i$ 近似服从正态分布。据此，我们就便于把握用电总负荷的规律了。

定理 2 （德莫佛-拉普拉斯(De Moivre-Laplace) 定理）设随机变量 $Y_n (n = 1, 2, \cdots)$ 服从参数为 $n, p (0 < p < 1)$ 的二项分布，则对于任意实数 x，恒有

$$\lim_{n\to\infty} P\left\{\frac{Y_n - np}{\sqrt{np(1-p)}} \leqslant x\right\} = \frac{1}{\sqrt{2\pi}}\int_{-\infty}^{x} e^{-\frac{t^2}{2}} dt \tag{5.2.4}$$

二维码 5.2　德莫佛

二维码 5.3　拉普拉斯

证：由于服从二项分布的随机变量 Y_n 可视为 n 个相互独立的、服从同一参数的 0—1 分布的随机变量 $X_1, X_2, \cdots, X_n$ 之和，即 $Y_n = \sum_{i=1}^{n} X_i$，其中

$E(X_i) = p, D(X_i) = p(1-p), i = 1, 2, \cdots, n$。由独立同分布中心极限定理可得

$$\lim_{n\to\infty} P\left\{\frac{Y_n - np}{\sqrt{np(1-p)}} \leqslant x\right\} = \lim_{n\to\infty} P\left\{\frac{\sum_{i=1}^{n} X_i - np}{\sqrt{np(1-p)}} \leqslant x\right\} = \frac{1}{\sqrt{2\pi}}\int_{-\infty}^{x} e^{-\frac{t^2}{2}} dt$$

此定理表明，正态分布是二项分布的极限分布。当 n 充分大时，服从二项分布的随机变量 Y_n 的概率计算可以转化为正态随机变量的概率计算：

$$P\{Y_n = k\} \approx \frac{1}{\sqrt{2\pi np(1-p)}} e^{-\frac{(k-np)^2}{2np(1-p)}}$$

$$P\{a < Y_n \leqslant b\} = P\left\{\frac{a-np}{\sqrt{np(1-p)}} < \frac{Y_n - np}{\sqrt{np(1-p)}} \leqslant \frac{b-np}{\sqrt{np(1-p)}}\right\}$$

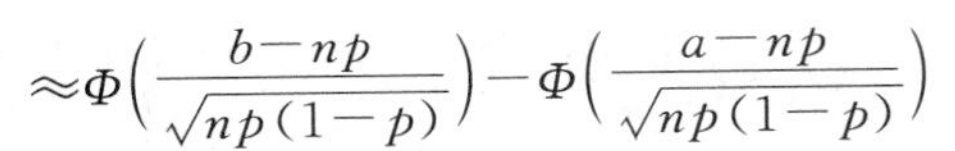

$$\approx\Phi\left(\frac{b-np}{\sqrt{np(1-p)}}\right)-\Phi\left(\frac{a-np}{\sqrt{np(1-p)}}\right)$$

其中，$\Phi(x)$是$N(0,1)$分布的分布函数。

由于当n较大，p又较小时，二项式分布的计算十分麻烦，因此，若用上面的近似公式计算将是非常简洁的。

[例 1]　某单位内部有260部电话分机，每个分机有4%的时间要与外线通话，可以认为每个电话分机用不同的外线是相互独立的。问总机需备多少条外线才能95%满足每个分机在用外线时不用等候？

解：令 $X_k=\begin{cases}1, & \text{第 } k \text{ 个分机要用外线}\\ 0, & \text{第 } k \text{ 个分机不用外线}\end{cases}$　$(k=1,2,\cdots,260)$，$X_1,X_2,\cdots,X_{260}$是260个相互独立的随机变量，且$E(X_i)=0.04$。$X=X_1+X_2+\cdots+X_{260}$表示同时使用外线的分机数，根据题意应确定最小的x使$P\{X<x\}\geqslant 95\%$成立。由上面的定理知

$$P\{X<x\}=P\left\{\frac{X-260p}{\sqrt{260p(1-p)}}\leqslant\frac{x-260p}{\sqrt{260p(1-p)}}\right\}\approx\int_{-\infty}^{b}\frac{1}{\sqrt{2\pi}}e^{-\frac{t^2}{2}}dt$$

查得$\Phi(1.65)=0.950\,5>0.95$，故取$b=1.65$。于是有

$$x=b\sqrt{260p(1-p)}+260p=1.65\times\sqrt{260\times0.04\times0.96}+260\times0.04\approx15.61$$

也就是说，至少需要16条外线才能95%满足每个分机在用外线时不用等候。

[例 2]　用机器包装味精，每袋净重为随机变量，期望值为100 g，标准差为10 g，一箱内装200袋味精。求一箱味精净重大于20 500 g的概率。

解：设一箱味精净重为X g，箱中第k袋味精的净重为X_k g，$k=1,2,\cdots,200$。则X_1，$X_2,\cdots,X_{200}$是相互独立的随机变量，且$E(X_k)=100$，$D(X_k)=100$，$k=1,2,\cdots,200$。故$E(X)=E(X_1+X_2+\cdots+X_{200})=20\,000$，$D(X)=20\,000$，$\sqrt{D(X)}=100\sqrt{2}$

因而有

$$P\{X>20\,500\}=1-P\{X\leqslant 20\,500\}$$

$$=1-P\left\{\frac{X-20\,000}{100\sqrt{2}}\leqslant\frac{500}{100\sqrt{2}}\right\}\approx1-\Phi(3.54)=0.000\,2$$

[例 3]　某电站供应10 000户居民用电，设在高峰时每户用电的概率为0.8，且各户用电量多少是相互独立的。

求：(1)同一时刻有8 100户以上用电的概率；(2)若每户用电功率为100 W，则电站至少需要多少电功率才能保证以0.975的概率供应居民用电？

解：(1)设随机变量Y_n表示在10 000户中同时用电的用户，则$Y_n\sim B(10\,000,0.8)$，于是$np=10\,000\times0.8=8\,000$，$\sqrt{np(1-p)}=\sqrt{10\,000\times0.8\times0.2}=40$

所求概率为

$$P\{8\,100\leqslant Y_n\leqslant 10\,000\}=P\left\{2.5\leqslant\frac{Y_n-np}{\sqrt{np(1-p)}}\leqslant 50\right\}$$

$$\approx\Phi(50)-\Phi(2.5)=1-0.993\,8=0.006\,2$$

(2)若每户用电功率为 100 W,则 Y_n 户用电功率为 $100Y_n$ W。设供电站功率为 Q W,则由题意得

$$P\{100Y_n\leqslant Q\}=P\left\{Y_n\leqslant\frac{Q}{100}\right\}=P\left\{\frac{Y_n-np}{\sqrt{np(1-p)}}\leqslant\frac{Q/100-8\ 000}{40}\right\}$$

$$\approx\Phi\left(\frac{Q/100-8\ 000}{40}\right)=0.975$$

查表可知 $\Phi(1.96)=0.975$,故 $\frac{Q/100-8\ 000}{40}=1.96$,$Q=807\ 840$。所以电站供电功率不应少于 807.84 kW。

[例 4] 现有一批种子,其中一级种占 1/6,今从其中任意选取 6 000 粒,试问在这些种子中,一级种所占的比例与 1/6 之差小于 1%的概率是多少?

解:选一粒种子看成一次随机试验,因此选 6 000 粒种子看成是 6 000 重伯努利试验。若令 X 表示 6 000 粒种子中的一级种数,则 $X\sim B(6\ 000,1/6)$,由定理 2 得

$$P\left\{\left|\frac{X}{6\ 000}-\frac{1}{6}\right|<0.01\right\}=P\left\{\left|\frac{X-6\ 000\times\frac{1}{6}}{\sqrt{6\ 000\times\frac{1}{6}\times\frac{5}{6}}}\right|<\frac{0.01\times\sqrt{6\ 000}}{\sqrt{\frac{1}{6}\times\frac{5}{6}}}\right\}$$

$$\approx\Phi(2.078)-\Phi(-2.078)=2\Phi(2.078)-1=0.962\ 4$$

在用频率估计概率时,如要对误差进行估计,当 n 充分大时,可用下列公式:

$$P\left\{\left|\frac{\mu_n}{n}-p\right|<\varepsilon\right\}=P\left\{|\mu_n-np|<n\varepsilon\right\}=P\left\{\frac{|\mu_n-np|}{\sqrt{npq}}<\frac{\varepsilon\sqrt{n}}{\sqrt{pq}}\right\}$$

$$=\Phi\left(\varepsilon\sqrt{\frac{n}{pq}}\right)-\Phi\left(-\varepsilon\sqrt{\frac{n}{pq}}\right)=2\Phi\left(\varepsilon\sqrt{\frac{n}{pq}}\right)-1,\text{其中 } p+q=1$$

[例 5] 某人要测量 A,B 两地之间的距离,限于测量工具,将其分成 1 200 段进行测量,设每段测量误差(单位:km)相互独立,且均服从$(-0.5,0.5)$上的均匀分布。试求总距离测量误差的绝对值不超过 20 km 的概率。

解:设 X_i 表示第 i 段上的测量误差,则

$$X_i\sim U(-0.5,0.5)\ (i=1,2,\cdots,1\ 200)$$

从而要求概率即为 $P\left\{\left|\sum_{i=1}^{1\ 200}X_i\right|\leqslant 20\right\}$

由于 X_i 独立同分布,且 $E(X_i)=0,D(X_i)=\frac{1}{12}\ (i=1,2,\cdots,1\ 200)$,则

$$E\left(\sum_{i=1}^{1\ 200}X_i\right)=0,D\left(\sum_{i=1}^{1\ 200}X_i\right)=\frac{1}{12}\cdot 1\ 200=100$$

由中心极限定理有 $\sum_{i=1}^{1\ 200}X_i$ 近似服从 $N(0,100)$,因此

$$P\left\{\left|\sum_{i=1}^{1\ 200}X_i\right|\leqslant 20\right\}=P\left\{\left|\sum_{i=1}^{1\ 200}X_i\right|/10\leqslant 2\right\}=P\left\{-2\leqslant\sum_{i=1}^{1\ 200}X_i/10\leqslant 2\right\}$$

$$=\Phi(2)-\Phi(-2)=2\Phi(2)-1=0.9$$

[例 6] 抽样检查产品质量时，如果发现次品多于 10 个，则拒绝接受这批产品。设某批产品的次品率为 10%，问至少应抽取多少个产品检查才能保证拒绝接受该产品的概率达到 0.9？

解：设 n 为至少应抽取的产品数，X 为其中的次品数，则

$$X_k=\begin{cases}1, & 第 k 次检查时为次品\\0, & 第 k 次检查时为正品\end{cases}$$

因此 $X=\sum_{k=1}^{n}X_k$，且 $X_k\sim B(1,0.1)$，$E(X_k)=0.1$，$D(X_k)=0.09\quad(k=1,\cdots,n)$，则

$$E(X)=E\left(\sum_{k=1}^{n}X_k\right)=\sum_{k=1}^{n}E(X_k)=0.1n, D(X)=D\left(\sum_{k=1}^{n}X_k\right)=\sum_{k=1}^{n}D(X)_k=0.09n$$

由德莫佛-拉普拉斯定理有：

$$P\{X>10\}=P\left\{\frac{X-0.1n}{\sqrt{0.09n}}>\frac{10-0.1n}{\sqrt{0.09n}}\right\}\approx 1-\Phi\left(\frac{10-0.1n}{0.3\sqrt{n}}\right)$$

由题意有 $1-\Phi\left(\frac{10-0.1n}{0.3\sqrt{n}}\right)=0.9$，查表得

$\frac{10-0.1n}{0.3\sqrt{n}}=-1.28$，即 $n=147$

二维码 5.4　知识点介绍

二维码 5.5　教学基本要求与重点

二维码 5.6　典型例题

第 5 章习题

1. 据以往经验某种电器元件的寿命服从均值为 100 h 的指数分布，现在随机的抽取 16 只，设它们的寿命是相互独立的，求这 16 只元件寿命总和大于 1 920 h 的概率。

2. 一生产线生产的产品成箱包装，每箱的重量是随机的，假设每箱平均重 50 kg，标准差为 5 kg，若用最大载重量为 5 t 的汽车承运，试用中心极限定理说明每辆车最多可以装多少箱才能保证不超载的概率大于 0.977。

3. 某保险公司开办一年人身保险业务，被保险人每年需交付保险费 160 元，若一年内发生重大人身事故，其受益人可获 2 万元赔偿费。假设该地区人员一年内发生重大人身事故的概率为 0.005，现有 5 000 人参加此项保险，问保险公司一年内能从此项业务中获利在 20 万～40 万元的概率。

4.一复杂的系统，由 100 个互相独立起作用的部件所组成。在整个运行期间每个部件损坏的概率为 0.10。为了整个系统起作用至少必须有 85 个部件工作。求整个系统工作的概率。

5.分别用切比雪夫不等式与德莫佛-拉普拉斯中心极限定理确定：当掷一枚硬币时，需要掷多少次，才能保证出现正面的频率在 0.4～0.6 的概率不小于 90%。

6.计算机在进行加法运算时，对每个加数取整(取最接近它的整数)，设所有的取整误差是相互独立的，且它们都在(−0.5,0.5)上服从均匀分布。

(1)将 1 500 个数相加，问误差总和的绝对值超过 15 的概率是多少？(2)要使误差总和的绝对值小于 10 的概率不小于0.90，问加数最多可有几个？

7.某车间有 150 台同类型的机器，每台机器出现故障的概率都是 0.02，设各台机器的工作是相互独立的，求机器出现故障的台数不少于 2 的概率。

8.某药厂断言，该厂生产的某种新药医治脑血管病的治愈率为 0.8。为检验这一论断，医院进行临床试验，若随机抽查 100 个服用此药的患者，如果其中多于 75 人治愈，就接受这一断言，否则就拒绝它。

(1)若此药品对这种病的治愈率确是 0.8，问接受这一断言的概率是多少？(2)若实际上此药品对这种病的治愈率确是 0.7，问接受这一断言的概率是多少？

二维码 5.7　习题答案

二维码 5.8　补充习题及参考答案

Chapter 6 第 6 章

数理统计的基本概念

The Basic Concepts of Mathematical Statistics

随着研究随机现象规律性的科学——概率论的发展，应用概率论的结果更深入地分析研究统计资料，通过对某些现象的频率的观察来发现该现象的内在规律性，并作出一定精确程度的判断和预测；将这些研究的某些结果加以归纳整理，逐步形成一定的数学概型，这些组成了数理统计的内容。

数理统计在自然科学、工程技术、管理科学及人文社会科学中得到越来越广泛和深刻的应用，其研究的内容也随着科学技术和经济与社会的不断发展而逐步扩大，但概括地说可以分为两大类：

(1)试验的设计和研究　即研究如何更合理更有效地获得观察资料的方法。试验设计，也称为实验设计。试验设计是以概率论和数理统计为理论基础，经济地、科学地安排试验的一项技术。试验设计自 20 世纪 20 年代问世至今，其发展大致经历了三个阶段：即早期的单因素和多因素方差分析，传统的正交试验法和近代的调优设计法。从 20 世纪 30 年代费希尔(R. A. Fisher)在农业生产中使用试验设计方法以来，试验设计方法已经得到广泛的发展，统计学家们发现了很多非常有效的试验设计技术。20 世纪 60 年代，日本统计学家田口玄一将试验设计中应用最广的正交设计表格化，在方法解说方面深入浅出，为试验设计的更广泛使用作出了众所周知的贡献。

二维码 6.1　费希尔

二维码 6.2　田口玄一

(2)统计推断　即研究如何利用一定的资料对所关心的问题作出尽可能精确可靠的结论。统计推断，根据带随机性的观测数据(样本)以及问题的条件和假定(模型)，而对未知事物作出的，以概率形式表述的推断。它是数理统计学的主要任务，其理论和方法构成数理统计学的主要内容。统计推断的一个基本特点：其所依据的条件中包含有带随机性的观测数据。以随机现象为研究对象的概率论，是统计推断的理论基础。在数理统计学中，统计推断问题常表述为如下形式：所研究的问题有一个确定的总体，其总体分布未知或部分未知，通过从该总体中抽取的样本(观测数据)作出与未知分布有关的某种结论。例如,某一群人的身高构成一个总体,通常认为身高是服从正态分布的,但不知道这个总体的均值,随机抽部分人,测得身高的值,用这些数据来估计这群人的平均身高,这就是一种统计推断形式,即参数估计。若感兴趣的问题是"平均身高是否超过 1.7 m",就需要通过样本检验此命题是否成立,这也是一种推断形式,即假设检验。由于统计推断是由部分(样本)推断整体(总体),因此根据样本对总体所作的推断,不可能是完全精确和可靠的,其结论要以概率的形式表达。统计推断的目的,是利用问题的基本假定及包含在观测数据中的信息,作出尽量精确和可靠的结论。当然这两部分内容有着密切的联系,在实际应用中更应前后兼顾。

本课程的目的是让学生了解统计假设检验等方法并能够应用这些方法对研究对象的客观规律性作出种种合理的估计和判断。掌握总体参数的点估计和区间估计。掌握假设检验的基本方法与技巧。理解平方差分析及回归分析的原理,并能运用其方法和技巧进行统计推断。

6.1 数理统计学中的基本概念

6.1.1 总体和样本

日常生活中我们总是自觉或不自觉地和总体与样本打交道。买橘子时,我们要先看看这批橘子甜不甜,这时,称这批橘子是一个总体,单个橘子是个体。在仅关心橘子的甜度时,我们可以称单个橘子的甜度是个体,称所有的橘子的甜度为总体。这样就可以把橘子的甜不甜数量化。

要了解一批橘子的甜度情况,你只要品尝一两个,然后通过这一两个橘子的甜度判断这批橘子的甜度。这就是用个体推断总体。

在统计学中,我们把研究对象的全体称为**总体**,构成总体的每个成员称为**个体**。在数理统计中,主要关心的是对象的某些数量指标的统计规律性。因此可用随机变量 X 的取值全体作为总体,简称 X 为总体。X 的全部统计规律性可用 X 的分布函数 $F(x)$ 来刻画,称 $F(x)$ 为总体分布,记为 $X \sim F(x)$。有时,总体 X 的分布也用 $f(x)$ 表示,当总体 X 为离散型随机变量时,它表示分布律;当总体 X 为连续型随机变量时,它表示概率密度函数。

为了研究总体的性质,似乎最好是把每个个体的指标都加以观测,但这往往是不必要的,有时甚至是不可能的,怎么办呢?一个主要的方法,即从总体中选取少量个体作为代表,即随机抽样法。然后对这抽取的部分个体进行观测与研究,从而推断总体的性质。从总体中抽取的部分个体称为**样本**。从总体 X 中抽取的 n 个个体记为 $X_1, X_2, \cdots, X_n$,这 n 个个体 $X_1, X_2, \cdots, X_n$ 称为总体 X 的一个容量为 n 的样本。本书上的样本通常是按"简单随机抽样"抽取一部分个体。所谓"简单随机抽样"是指总体中的每个个体每次被抽出是等可能的。为了使样本更具代表性,且能从有限的样本中包含与提取更多的信息,要求抽取(观测)是彼此独立的且与总体同分布。由此引进下面的定义:

定义 1 设总体 X 的分布函数 $F(x)$,若 $X_1, X_2, \cdots, X_n$ 相互独立,且每个 X_i 均与 X 同分布,则称 $X_1, X_2, \cdots, X_n$ 是来自总体 X 的一个容量为 n 的简单随机样本,简称样本,n 称为样本容量,而 $X_i(1 \leqslant i \leqslant n)$ 称为其中的第 i 个样本,它们的观察值 $x_1, x_2, \cdots, x_n$ 称为样本值。

显然,若总体 X 的分布为 $f(x)$,则其样本 $X_1, X_2, \cdots, X_n$ 的分布为:$\prod_{k=1}^{n} f(x_k)$。

6.1.2　经验分布函数

设 $X_1, X_2, \cdots, X_n$ 是取自总体分布函数为 $F(x)$ 的样本，若将样本观测值 $x_1, x_2, \cdots, x_n$ 由小到大进行排列为 $x_{(1)}, x_{(2)}, \cdots, x_{(n)}$，则称 $x_{(1)}, x_{(2)}, \cdots, x_{(n)}$ 为有序样本，用有序样本定义如下函数

$$F_n(x)=\begin{cases}0, & x<x_{(1)}\\ k/n, & x_{(k)}\leqslant x<x_{(k+1)}, k=1,2,\cdots,n-1\\ 1, & x_{(n)}\leqslant x\end{cases}$$

则 $F_n(x)$ 是一非减右连续函数，且满足 $F_n(-\infty)=0$ 和 $F_n(+\infty)=1$

由此可见，$F_n(x)$ 是一个分布函数，并称 $F_n(x)$ 为**经验分布函数**。

对每个固定的 x，$F_n(x)$ 样本中事件 $\{X\leqslant x\}$ 发生的频率。当 n 固定时，$F_n(x)$ 是样本的函数，它是一个随机变量，由伯努里大数定律：只要 n 相当大，$F_n(x)$ 依概率收敛于 $F(x)$ 。这表明，当 n 相当大时，经验分布函数是总体分布函数 $F(x)$ 的一个良好的近似。经典的统计学中一切统计推断都以样本为依据，其理由就在于此。

[例 1]　某食品厂生产听装饮料，现从生产线上随机抽取五听饮料，称得其净重(单位:g)为
351,347,355,344,351
这是一个容量为 5 的样本，经排序可得有序样本：
$x_{(1)}=344$，$x_{(2)}=347$，$x_{(3)}=351$，$x_{(4)}=354$，$x_{(5)}=355$
其经验分布函数为

$$F_n(x)=\begin{cases}0, & x<344\\ 0.2, & 344\leqslant x<347\\ 0.4, & 347\leqslant x<351\\ 0.8, & 351\leqslant x<355\\ 1, & x\geqslant 355\end{cases}$$

6.1.3　样本数据的图形显示

设 $x_1, x_2, \cdots, x_n$ 是来自总体 X 的样本观察值。对样本数据的整理是统计研究的基础。整理数据最常用的方法之一是给出其频数分布表或频率分布表，我们用一个例子来介绍。

[例 2]　某食品厂为加强质量管理，对某天生产的罐头抽查了 100 个，数据如下(单位:g)

342,340,348,346,343,342,346,341,344,348,346,346,340,344,342,344,345,340,
344,344,343,344,342,343,345,339,350,337,345,349,336,348,344,345,332,342,
342,340,350,343,347,340,344,353,340,340,356,346,345,346,340,339,342,352,
342,350,348,344,350,335,340,338,345,345,349,336,342,338,343,343,341,347,
341,347,344,339,347,348,343,347,346,344,345,350,341,338,343,339,343,346,
342,339,343,350,341,346,341,345,344,342

对这100个数据(样本)进行整理,具体步骤如下:

(1)对样本进行分组:作为一般性的原则,组数通常在5~20个,具体根据样本容量来确定;

(2)确定每组组距:近似公式为

$$\text{组距 } d=\frac{\text{最大观测值}-\text{最小观测值}}{\text{组数}}$$

(3)确定每组组限:各组区间端点为

$a_0, a_1=a_0+d, a_2=a_0+2d, \cdots, a_k=a_0+kd$

形成如下的分组区间

$(a_0,a_1],(a_1,a_2],\cdots,(a_{k-1},a_k]$

其中 a_0 略小于最小观测值,a_k 略大于最大观测值。

(4)统计样本数据落入每个区间的个数——频数,并列出其频数频率分布表。

最小值为332,最大值为356。取起点 $a_0=331.5$,终点 $b=357.5$,共分13组,组距为2。分组数据见表6.1.1,频率直方图见图6.1.1。

表 6.1.1

序号	分组	频数 f_i	频率 $\left(f_i\Big/\sum f_i\right)$
1	331.5~333.5	1	0.005
2	333.5~335.5	1	0.005
3	335.5~337.5	3	0.015
4	337.5~339.5	8	0.04
5	339.5~341.5	15	0.075
6	341.5~343.5	21	0.105
7	343.5~345.5	21	0.105
8	345.5~347.5	14	0.07
9	347.5~349.5	7	0.035
10	349.5~351.5	6	0.03
11	351.5~353.5	2	0.01
12	353.5~355.5	0	0
13	355.5~357.5	1	0.005

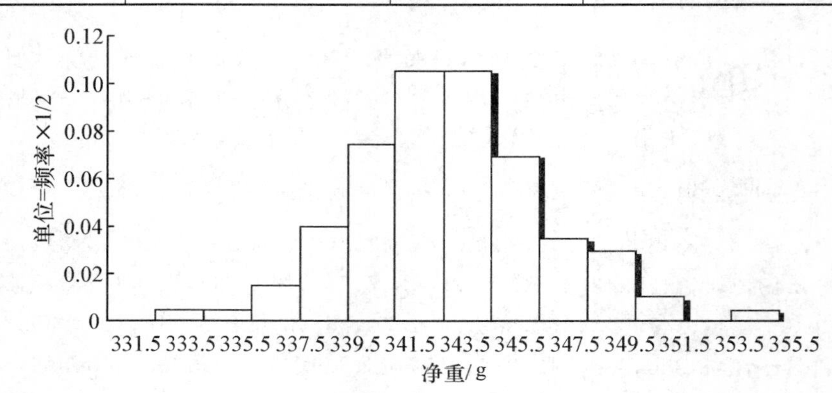

图 6.1.1

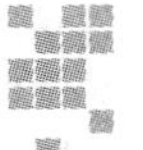

6.1.4　统计量

$X_1,X_2,\cdots,X_n$ 作为来自总体 X 的一组样本，包含了总体分布的信息，我们要利用它对 X 的分布规律进行统计推断，但因为样本是 n 维的，这些信息是分散到样本的每个分量上的。因此，直接从样本出发来推断总体分布是不方便的。为此，需要对样本进行加工，将样本中分散的信息通过适当的变换，浓缩起来，以便更加突出地显示出总体某一侧面的特性。我们要根据不同的需要，对样本进行不同的加工与提炼，从而把样本中蕴含的总体的不同侧面的特性突出反映出来，就可以对总体的某些参数与性质作出尽可能精度高的估计与可靠的推断。

定义 2　设 $X_1,X_2,\cdots,X_n$ 是来自总体 X 的样本，$g(X_1,X_2,\cdots,X_n)$ 是 $X_1,X_2,\cdots,X_n$ 的函数，若 $g(X_1,X_2,\cdots,X_n)$ 不含未知参数，则称 $g(X_1,X_2,\cdots,X_n)$ 是一统计量。

因为 $X_1,X_2,\cdots,X_n$ 都是随机变量，而统计量 $g(X_1,X_2,\cdots,X_n)$ 是随机变量的函数，因此统计量是一个随机变量。设 $x_1,x_2,\cdots,x_n$ 是相应于样本 $X_1,X_2,\cdots,X_n$ 的样本值，则称 $g(x_1,x_2,\cdots,x_n)$ 是 $g(X_1,X_2,\cdots,X_n)$ 的观察值。

例如，设 $X_1,X_2,\cdots,X_n$ 是从正态总体 $N(\mu,\sigma^2)$ 中抽出的样本，则 $\overline{X}=\dfrac{1}{n}\sum\limits_{i=1}^{n}X_i$ 是统计量，因为它完全由样本 $X_1,X_2\cdots,X_n$ 决定。而当参数 μ 未知时，$\overline{X}-\mu$ 就不是统计量。同理，$S^2=\dfrac{1}{n-1}\sum\limits_{i=1}^{n}(X_i-\overline{X})^2$ 也是统计量。通常称 $\overline{X}$ 为样本均值，称 S^2 为样本方差。显然统计量 $\overline{X}$ 与 S^2 是对样本的不同加工，它们各自显露出总体不同侧面(例如 μ 与 σ^2)的性态。常用的统计量是样本均值与样本方差等。

定义 3　设总体 $X\sim F(x)$，$X_1,X_2,\cdots,X_n$ 为其样本，$E(X)=\mu$，$D(X)=\sigma^2$，则分别称

$$\overline{X}=\frac{1}{n}\sum_{i=1}^{n}X_i,\ S^2=\frac{1}{n-1}\sum_{i=1}^{n}(X_i-\overline{X})^2,S=\sqrt{S^2}=\sqrt{\frac{1}{n-1}\sum_{i=1}^{n}(X_i-\overline{X})^2}$$

为样本均值、样本方差与样本标准差，称

$$A_k=\frac{1}{n}\sum_{i=1}^{n}X_i^k,k=1,2,\cdots;\ B_k=\frac{1}{n}\sum_{i=1}^{n}(X_i-\overline{X})^k,k=2,3,\cdots$$

为样本 k 阶原点矩与样本 k 阶中心矩。

它们的观察值分别为

$$\bar{x}=\frac{1}{n}\sum_{i=1}^{n}x_i,\ s^2=\frac{1}{n-1}\sum_{i=1}^{n}(x_i-\bar{x})^2,\ s=\sqrt{s^2}=\sqrt{\frac{1}{n-1}\sum_{i=1}^{n}(x_i-\bar{x})^2}$$

$$a_k=\frac{1}{n}\sum_{i=1}^{n}x_i^2,k=1,2,\cdots;b_k=\frac{1}{n}\sum_{i=1}^{n}(x_i-\bar{x})^k,k=2,3,\cdots$$

这些观察值仍分别称为样本均值、样本方差、样本标准差、样本 k 阶原点矩及样本 k 阶中心矩。

定理 1　若总体 X 的均值与方差都存在，分别为 $E(X)=\mu$，$D(X)=\sigma^2$，$X_1,X_2,\cdots,X_n$ 为来自总体 X 的样本，则

$$E(\overline{X})=\mu,D(\overline{X})=\frac{\sigma^2}{n},E(S^2)=\sigma^2 \tag{6.1.1}$$

证：$E(\overline{X})=\dfrac{1}{n}\sum\limits_{i=1}^{n}E(X_i)=\dfrac{1}{n}\sum\limits_{i=1}^{n}\mu=\mu$

$$D(\overline{X}) = \frac{1}{n^2}\sum_{i=1}^{n}D(X_i) = \frac{1}{n^2}\sum_{i=1}^{n}\sigma^2 = \frac{\sigma^2}{n}$$

注意到 $\sum\limits_{i=1}^{n}(X_i - \overline{X})^2 = \sum\limits_{i=1}^{n}X_i^2 - n\overline{X}^2$

而 $E(X_i^2)=D(X_i)+(E(X_i))^2=\mu^2+\sigma^2$，$E(\overline{X}^2)=D(\overline{X})+(E(\overline{X}))^2=\mu^2+\dfrac{\sigma^2}{n}$

$$E(S^2) = \frac{1}{n-1}\left(\sum_{i=1}^{n}(X_i-\overline{X})^2\right) = \frac{1}{n-1}\left(\sum_{i=1}^{n}E(X_i^2) - nE(\overline{X}^2)\right) = \sigma^2$$

6.1.5　三大抽样分布

统计量的分布称为抽样分布。其中常用的分布有正态分布，χ^2 分布，t 分布，F 分布。下面简要给出后三种分布的定义、密度函数及其一些性质。

1. 自由度为 n 的卡方分布

定义 4　设 $X_1, X_2, \cdots, X_n$ 独立同分布，且 $X_1 \sim N(0,1)$，则称随机变量 $\chi^2(n) = \sum\limits_{i=1}^{n} X_i^2$ 的分布是自由度为 n 的卡方分布，简记为 $\chi^2(n)$。即 $\chi^2(n)$ 分布就是相互独立的标准正态分布的 n 个随机变量平方和的分布。

命题 1　$\chi^2(n)$ 分布的密度函数为

$$f(x,n)=\frac{1}{\Gamma(\frac{n}{2})2^{\frac{n}{2}}}e^{-\frac{x}{2}}x^{\frac{n}{2}-1} \tag{6.1.2}$$

其中 $\Gamma(\alpha)$ 为伽玛函数。

$\chi^2(n)$ 分布的密度函数见图 6.1.2。

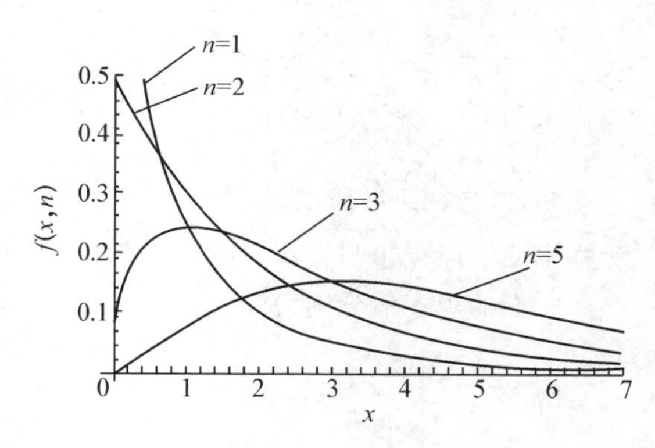

图 6.1.2

卡方分布有如下重要性质：

(1) 设 X_1，X_2 独立，$X_1 \sim \chi^2(m)$，$X_2 \sim \chi^2(n)$，则 $X_1 + X_2 \sim \chi^2(m+n)$。

证：设 $Y_1, Y_2, \cdots, Y_m, Y_{m+1}, Y_{m+2}, \cdots, Y_{m+n}$ 独立同分布且 $Y_i \sim N(0,1)$。令 $X_1 = \sum\limits_{i=1}^{m}Y_i^2$，$X_2 = \sum\limits_{j=1}^{n}Y_{m+j}^2$，则 $X_1 \sim \chi^2(m)$，$X_2 \sim \chi^2(n)$，且 X_1, X_2 独立，$X_1 + X_2 = \sum\limits_{i=1}^{m+n}Y_i^2$ 为 $m+n$ 个标准正态随机变量的平方和。按 χ^2 分布的定义知其分布为 $\chi^2(m+n)$，即得证。

(2)若 $X_1, X_2, \cdots, X_n$ 独立且都服从指数分布 $f(x)=\begin{cases}\lambda e^{-\lambda x}, & x>0\\ 0, & x\leqslant 0\end{cases}$，则

$$X = 2\lambda\sum_{i=1}^{n}X_i \sim \chi^2(2n)$$

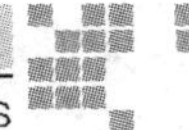

证：首先，由 X_i 的密度函数可推出 $2\lambda X_i$ 的密度函数为 $f(x)=\begin{cases}\frac{1}{2}e^{-\frac{x}{2}}, & x>0\\ 0, & x\leqslant 0\end{cases}$。但由式 6.1.1，当 $n=2$ 时，可知这正好是 $\chi^2(2)$ 的密度函数，即 $2\lambda X_i\sim\chi^2(2)$。再因 $X_1,X_2,\cdots,X_n$ 独立，利用刚才证明的性质，即得所要的结果。

(3) 设 $X\sim\chi^2(n)$，则

$E(X)=n, D(X)=2n$

证：因为 $X\sim\chi^2(n)$，据定义知 $X=\sum_{i=1}^{n}X_i^2$，其中 $X_1,X_2,\cdots,X_n$ 独立同分布，且 $X_i\sim N(0,1)$，$E(X)=\sum_{i=1}^{n}E(X_i^2)$，$D(X)=\sum_{i=1}^{n}D(X_i^2)$

$$E(X_i^2)=D(X_i)+[E(X_i)]^2=1+0=1$$

$$D(X_i^2)=E(X_i^4)-[E(X_i^2)]^2=\int_{-\infty}^{+\infty}x^4\frac{1}{\sqrt{2\pi}}e^{-\frac{x^2}{2}}dx-1=3-1=2$$

从而 $E(X)=n$，$D(X)=2n$

若 $X\sim\chi^2(n)$，对于 $\alpha(0<\alpha<1)$，称满足条件

$$P\{X>\chi_\alpha^2(n)\}=\int_{\chi_\alpha^2(n)}^{+\infty}f(x,n)dx=\alpha$$

的点 $\chi_\alpha^2(n)$ 为 $\chi^2(n)$ 分布的上侧 α 分位点，如图 6.1.3所示。对给定的 α,n，上侧 α 分位点的值可以从附表 4 中查到。例如

$$\chi_{0.1}^2(25)=34.382, \chi_{0.05}^2(30)=43.773$$

当 $n>45$ 时，R. A. Fisher 证明了下列近似公式

$$\chi_\alpha^2(n)\approx\frac{1}{2}(u_\alpha+\sqrt{2n-1})^2$$

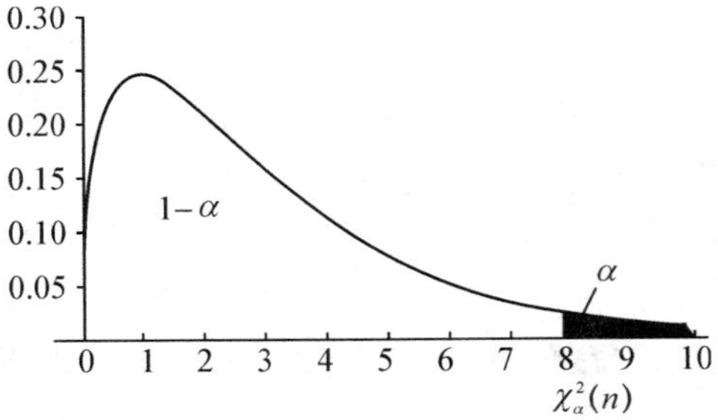

其中 u_α 为标准正态分布的上侧 α 分位点。例如

$$\chi_{0.05}^2(60)\approx\frac{1}{2}(u_{0.05}+\sqrt{119})^2\approx 78.798$$

图 6.1.3

2. 自由度为 n 的 t 分布

定义 5 设 X,Y 独立，$X\sim N(0,1)$，$Y\sim\chi^2(n)$，则称

$$T=\frac{X}{\sqrt{Y/n}}$$

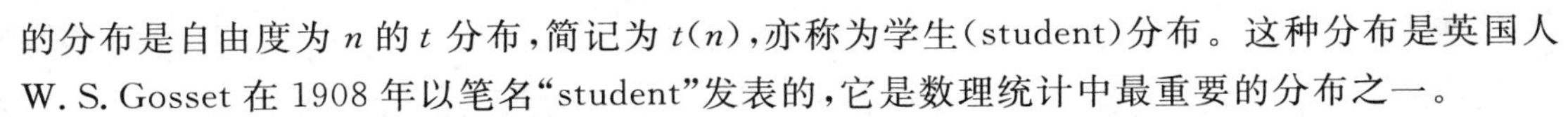
的分布是自由度为 n 的 t 分布，简记为 $t(n)$，亦称为学生(student)分布。这种分布是英国人 W. S. Gosset 在 1908 年以笔名“student”发表的，它是数理统计中最重要的分布之一。

命题 2 设 T 是自由度为 n 的 t 分布，则它的概率密度为：

$$f(y,n)=\frac{\Gamma\left(\frac{n-1}{2}\right)}{\sqrt{n\pi}\,\Gamma\left(\frac{n}{2}\right)}\left(1+\frac{y^2}{2}\right)^{-\frac{n+1}{2}} \tag{6.1.3}$$

这个密度函数关于原点对称，其图形与标准正态分布 $N(0,1)$ 的密度函数的图形类似。

见图 6.1.4。由中心极限定理易知：当 $n\to\infty$ 时，t 分布的极限分布是标准正态分布。

类似于 χ^2 分布的上侧 α 分位点的定义，对于 $0<\alpha<1$，$t\sim t(n)$，满足条件

$$P\{t>t_\alpha(n)\}=\int_{t_\alpha(n)}^{+\infty}f(x,n)\mathrm{d}x=\alpha$$

的点 $t_\alpha(n)$ 称为 $t(n)$ 分布的上侧 α 分位点(图 6.1.5)。由 t 分布上侧 α 分位点的定义及 $f(y,n)$ 图形的对称性知 $t_{1-\alpha}(n)=-t_\alpha(n)$，例如 $t_{0.95}(10)=-t_{0.05}(10)=-1.8125$。

t 分布的上侧 α 分位点可自附表 3 查到。在 $n>45$ 时，对常用的 α 分位点值，就用正态近似

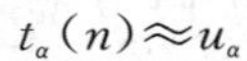

$$t_\alpha(n)\approx u_\alpha$$

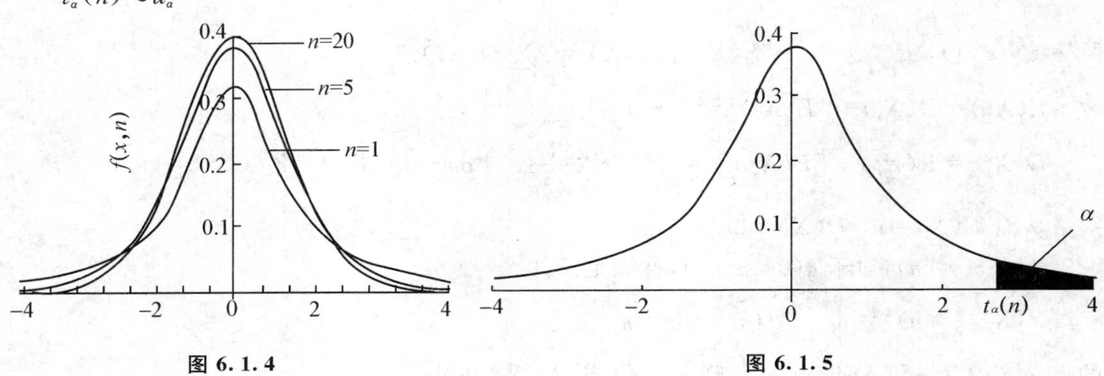

图 6.1.4　　图 6.1.5

3. F 分布

定义 6　设 X,Y 独立，$X\sim\chi^2(n)$，$Y\sim\chi^2(m)$，则称 $F=\dfrac{X/n}{Y/m}$ 的分布是自由度为 (n,m) 的 F 分布，简记为 $F(n,m)$。

命题 3　设 $F=\dfrac{X/n}{Y/m}$ 如上定义，则 F 的概率密度为

$$f(y;n,m)=\begin{cases}n^{\frac{n}{2}}m^{\frac{m}{2}}\dfrac{\Gamma\left(\dfrac{(n+m)}{2}\right)}{\Gamma\left(\dfrac{n}{2}\right)\Gamma\left(\dfrac{m}{2}\right)}y^{\frac{n}{2}-1}(ny+m)^{-\frac{n+m}{2}}, & y>0\\ 0, & y\leqslant 0\end{cases}\tag{6.1.4}$$

$F(n,m)$ 分布的图形见图 6.1.6。由 F 分布的定义可知，F 分布具有下列性质：

如 $X\sim F(n,m)$，则 $\dfrac{1}{X}\sim F(m,n)$。

若 $F\sim F(n,m)$，对于给定的 α，$0<\alpha<1$，称满足条件

$$P\{F>F_\alpha(n,m)\}=\int_{F_\alpha(n,m)}^{+\infty}f(x,n,m)\mathrm{d}x=\alpha$$

点 $F_\alpha(n,m)$ 为 $F(n,m)$ 分布的上侧 α 分位点(图 6.1.7)。F 分布的上侧 α 分位点有表可查(见附表 5)。

F 分布的上侧 α 分位点有如下重要性质：

$$F_{1-\alpha}(n,m)=\frac{1}{F_\alpha(m,n)}$$

例如 $F_{0.95}(12,9)=\dfrac{1}{F_{0.05}(9,12)}=\dfrac{1}{2.80}=0.357$

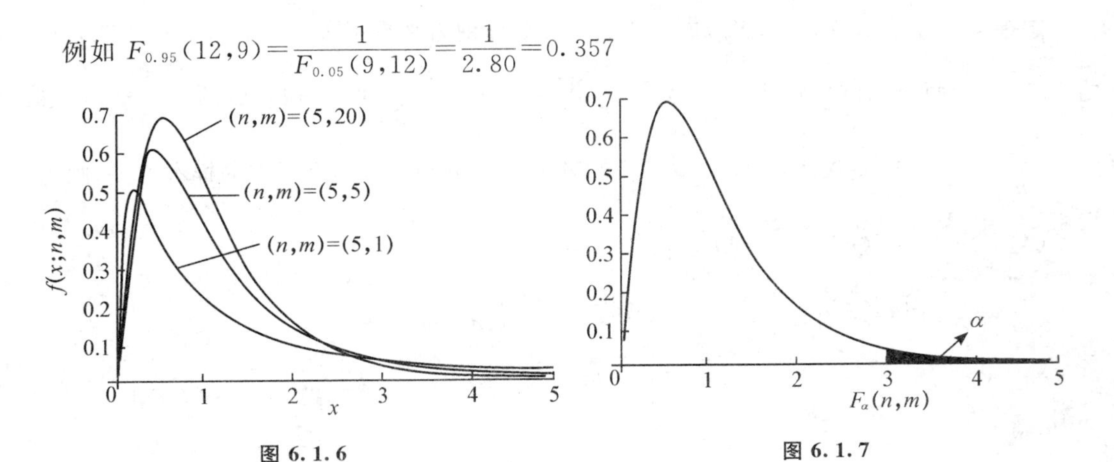

图 6.1.6　　　　图 6.1.7

通常把 χ^2,t 和 F 这三个分布合称"统计上的三大分布",因为它们在统计学中有广泛的应用。

6.1.6 正态总体的样本均值与样本方差的分布

定理 2 设 $X_1,X_2,\cdots,X_n$是来自总体 $X\sim N(\mu,\sigma^2)$的样本,μ,σ^2 均未知。

记 $\overline{X}=\dfrac{1}{n}\sum\limits_{i=1}^{n}X_i,S^2=\dfrac{1}{n-1}\sum\limits_{i=1}^{n}(X_i-\overline{X})^2,U=\dfrac{\sqrt{n}(\overline{X}-\mu)}{\sigma}$, 则

(1) $\overline{X}\sim N\left(\mu,\dfrac{\sigma^2}{n}\right),U=\dfrac{\sqrt{n}(\overline{X}-\mu)}{\sigma}\sim N(0,1^2)$

(2) $\dfrac{(n-1)S^2}{\sigma^2}=\dfrac{\sum\limits_{i=1}^{n}(X_i-\overline{X})^2}{\sigma^2}\sim\chi^2(n-1)$

(3) $(\overline{X}-\mu)$与 S^2 相互独立。

证:(略)

定理 3 设 $X_1,X_2,\cdots,X_n$是来自总体 $X\sim N(\mu,\sigma^2)$的样本,μ,σ^2 均未知。

记 $\overline{X}=\dfrac{1}{n}\sum\limits_{i=1}^{n}X_i,S^2=\dfrac{1}{n-1}\sum\limits_{i=1}^{n}(X_i-\overline{X})^2$, 则

$$\frac{\sqrt{n}(\overline{X}-\mu)}{S}\sim t(n-1)$$

证:由定理 2 知

$$U=\frac{\sqrt{n}(\overline{X}-\mu)}{\sigma}\sim N(0,1^2),\frac{(n-1)S^2}{\sigma^2}=\frac{\sum\limits_{i=1}^{n}(X_i-\overline{X})^2}{\sigma^2}\sim\chi^2(n-1)$$

且两者独立。由 t 分布的定义知

$$\frac{\sqrt{n}(\overline{X}-\mu)}{S}=\frac{\dfrac{\sqrt{n}(\overline{X}-\mu)}{\sigma}}{\sqrt{\dfrac{(n-1)S^2}{\sigma^2(n-1)}}}\sim t(n-1)$$

定理 4 设 $X_1, X_2, \cdots, X_n$ 和 $Y_1, Y_2, \cdots, Y_m$ 分别为来自正态总体 $N(\mu_1, \sigma_1^2)$，$N(\mu_2, \sigma_2^2)$ 的样本，且这两个总体相互独立。记 $\overline{X} = \frac{1}{n}\sum_{i=1}^{n} X_i$，$\overline{Y} = \frac{1}{m}\sum_{i=1}^{m} Y_i$ 分别是这两个样本的均值，$S_X^2 = \frac{1}{n-1}\sum_{i=1}^{n}(X_i - \overline{X})^2$，$S_Y^2 = \frac{1}{m-1}\sum_{i=1}^{m}(Y_i - \overline{Y})^2$ 分别是这两个样本的样本方差，则

(1) $\frac{S_1^2/S_2^2}{\sigma_1^2/\sigma_2^2} \sim F(n-1, m-1)$

(2) 当 $\sigma_1^2 = \sigma_2^2 = \sigma^2$ 时，有 $\frac{(\overline{X}-\overline{Y})-(\mu_1-\mu_2)}{S_W\sqrt{\frac{1}{n}+\frac{1}{m}}} \sim t(n+m-2)$

其中 $S_W^2 = \frac{(n-1)S_X^2 + (m-1)S_Y^2}{n+m-2}$，$S_W = \sqrt{S_W^2}$

证：(1) 由定理 2 知

$$\frac{(n-1)S_X^2}{\sigma_1^2} \sim \chi^2(n-1), \frac{(m-1)S_Y^2}{\sigma_2^2} \sim \chi^2(m-1)$$

由假设知 S_X^2 与 S_Y^2 独立，由 F 分布的定义可知

$$\frac{S_X^2/S_Y^2}{\sigma_1^2/\sigma_2^2} = \frac{[(n-1)S_X^2]/[(n-1)\sigma_1^2]}{[(m-1)S_Y^2]/[(m-1)\sigma_2^2]} \sim F(n-1, m-1)$$

(2) 因为 $\overline{X}-\overline{Y} \sim N\left(\mu_1-\mu_2, \frac{\sigma^2}{n}+\frac{\sigma^2}{m}\right)$，所以

$$U = \frac{(\overline{X}-\overline{Y})-(\mu_1-\mu_2)}{\sigma\sqrt{\frac{1}{n}+\frac{1}{m}}} \sim N(0,1)$$

由 $\frac{(n-1)S_X^2}{\sigma^2} \sim \chi^2(n-1)$，$\frac{(m-1)S_Y^2}{\sigma^2} \sim \chi^2(m-1)$，且它们相互独立，由 χ^2 分布的可加性知

$$V = \frac{(n-1)S_X^2}{\sigma^2} + \frac{(m-1)S_Y^2}{\sigma^2} = \frac{(n-1)S_X^2 + (m-1)S_Y^2}{\sigma^2} \sim \chi^2(n+m-2)$$

由定理 2 可知 U 和 V 相互独立，由 t 分布的定义可知

$$\frac{U}{\sqrt{V/(n+m-2)}} = \frac{(\overline{X}-\overline{Y})-(\mu_1-\mu_2)}{S_W\sqrt{\frac{1}{n}+\frac{1}{m}}} \sim t(n+m-2)$$

[**例 3**] 设 X_1, X_2, X_3, X_4 是来自正态总体 $X \sim N(0,4)$ 的样本，设

$$Y = a(2X_1 - 3X_2)^2 + b(3X_3 + 4X_4)^2$$

求 a, b 的值使 $Y \sim \chi^2$ 分布。

解：$(2X_1 - 3X_2) \sim N(0,52)$，$(3X_3 + 4X_4) \sim N(0,100)$，所以

$$\frac{(2X_1 - 3X_2)}{\sqrt{52}} \sim N(0,1), \frac{(3X_3 + 4X_4)}{10} \sim N(0,1)$$

且它们相互独立，从而

$$\left(\frac{2X_1-3X_2}{\sqrt{52}}\right)^2+\left(\frac{3X_3+4X_4}{10}\right)^2\sim\chi^2(2)$$

故 $a=\frac{1}{52},b=\frac{1}{100}$

[例 4] 设随机变量 X_1,X_2,X_3,X_4 均服从 $N(0,4)$，随机变量 $Y\sim N(1,4)$，且 Y,X_i $(i=1,2,3,4)$ 都相互独立，令

$$T=\frac{2(Y-1)}{\sqrt{\sum_{i=1}^{4}(X_i)^2}}$$

试求 T 的分布，并求 λ 的值，使 $P\{|T|>\lambda\}=0.01$

解：由已知有

$$\frac{Y-1}{2}\sim N(0,1),\frac{X_i}{2}\sim N(0,1)\ (i=1,2,3,4)$$

则

$$T=\frac{2(Y-1)}{\sqrt{\sum_{i=1}^{4}(X_i)^2}}=\frac{(Y-1)/2}{\sqrt{\left[\sum_{i=1}^{4}\left(\frac{X_i}{2}\right)^2\right]/4}}\sim t(4)$$

由 $P\{|T|>\lambda\}=0.01$，有 $P\{T>\lambda\}=0.005$，故 $\lambda=t_{0.005}(4)=4.6041$

6.2 参数的点估计

统计估计是数理统计基本的研究内容之一。统计估计包括参数估计与非参数估计。在参数估计中又分为点估计与区间估计。本节给出有关点估计的一些重要概念与求点估计的两种基本方法。

这里指的参数是指总体 X 的分布中的未知参数。所得参数估计是指用其样本的统计量对总体的(未知)参数作出估计。例如 X 为正态总体，其分布 $N(\mu,\sigma^2)$ 中的 μ,σ^2 未知，则可用其样本 $X_1,X_2,\cdots,X_n$ 的统计量 $\overline{X}=\frac{1}{n}\sum_{i=1}^{n}X_i$ 及 $S^2=\frac{1}{n-1}\sum_{i=1}^{n}(X_i-\overline{X})^2$ 分别作为未知参数 μ,σ^2 的估计。由于未知参数是 k 维空间的一个点，统计量的取值也是一个点，用后者的点去估计未知参数的点，这种估计称之为参数点估计。

一般地，设总体 X 的分布为 $F(x,\theta)$，其中 $\theta=(\theta_i,1\leqslant i\leqslant k)$ 为未知参数，它的可能取值全体记为 Θ，称 Θ 为参数空间。记 X 的简单随机样本为 $X_1,X_2,\cdots,X_n$，若取样本的统计量 $g(X_1,X_2,\cdots,X_n)$ 作为参数 θ 的估计，记作 $\hat{\theta}=g(X_1,X_2,\cdots,X_n)$，称 $g(X_1,X_2,\cdots,X_n)$ 为 θ 的估计量。若样本的观测值为 $x_1,x_2,\cdots,x_n$，称 $\hat{\theta}=g(x_1,x_2,\cdots,x_n)$ 为 θ 的估计值。

参数点估计的方法具体有很多，本节仅介绍最基本的两种。

注意:本书在数理统计部分,仅限于讨论离散型与连续型的两种总体。总体 X 的分布用 $F(x,\theta)$ 表示,如总体 X 为离散型随机变量,则 $F(x,\theta)$ 表示分布律;如总体 X 为连续型随机变量,则 $F(x,\theta)$ 表示概率密度函数,简称 $F(x,\theta)$ 为总体分布。

6.2.1 矩估计

考察常用的总体分布中,许多未知参数与它们的矩有密切的关系。例如正态总体 $X\sim N(\mu,\sigma^2)$ 中的参数 μ,σ^2 本身就是 X 的一阶原点矩和二阶中心矩。又如 $X\sim P(\lambda)$,则 $\lambda=E(X)$。又如 $X\sim E(\lambda)$,此时 $E(X)=\lambda^{-1}$,可知参数 λ 是一阶矩的函数。由此,一种很自然的估计方法是用样本的矩作为总体相应矩的估计,再利用未知参数与总体矩的函数关系,可得未知参数的估计量,称这种方法为矩估计。

设 $X_1,X_2,\cdots,X_n$ 是总体 X 的简单随机样本,已知 X 有分布函数 $F(x,\theta_1,\theta_2,\cdots,\theta_m)$,$\theta_1,\theta_2,\cdots,\theta_m$ 为待估的参数,又设总体 X 的前 m 阶中心矩 $\mu_k=E(X^k),k=1,2,\cdots,m$ 存在。一般情况下 μ_k 均为 m 个参数的函数,记为

$$\mu_k=h_k(\theta_1,\theta_2,\cdots,\theta_m),k=1,2,\cdots,m$$

若从这 m 个方程解出

$$\theta_k=g_k(\mu_1,\mu_2,\cdots,\mu_m),k=1,2,\cdots,m$$

样本的各阶矩反映了总体的各阶矩的信息,因此,就可以用样本去估计总体各阶矩。即用各个 μ_k 的估计量 A_k 分别代替上式中的各个 μ_k,即可得 θ_k 的估计量。

$$\hat{\theta}_k=g_k(A_1,A_2,\cdots,A_m),\ k=1,2,\cdots,m$$

按这种统计思想去获得未知参数点估计的方法称为矩估计法,所得的估计量称为矩估计量。

[例 1] 设样本 $X_1,X_2,\cdots,X_n$ 来自总体 $X\sim N(\mu,\sigma^2)$,其中 μ,σ^2 为未知参数。试求 μ,σ^2 的矩估计。

解:$\mu_1=E(X)=\mu$

$$\mu_2=E(X^2)=D(X)+[E(X)]^2=\sigma^2+\mu^2$$

解之可得

$$\mu=\mu_1,\ \sigma^2=\mu_2-\mu_1^2$$

用 $A_1=\overline{X}$ 代替 μ_1,$A_2=\frac{1}{n}\sum_{k=1}^{n}X_k^2$ 代替 μ_2,即可得 μ,σ^2 的矩估计量为

$$\hat{\mu}=\frac{1}{n}\sum_{k=1}^{n}X_k=\overline{X},\ \hat{\sigma}^2=\frac{1}{n}\sum_{i=1}^{n}(X_k-\overline{X})^2$$

[例 2] 设总体 X 的概率密度为 $f(x,\alpha)=\begin{cases}(\alpha+1)x^{\alpha}, & 0<x<1\\ 0, & \text{其他}\end{cases}$,其中 $\alpha(\alpha>-1)$ 为未知参数,$X_1,X_2,\cdots,X_n$ 为来自总体 X 的样本,试求 α 的矩估计。

解:由 $\mu_1=E(X)=\int_0^1 x\cdot(\alpha+1)x^{\alpha}\mathrm{d}x=\frac{\alpha+1}{\alpha+2}$,于是

$$\alpha=\frac{1-2\mu_1}{\mu_1-1}$$

可得 α 的矩估计量 $\hat{\alpha}=\dfrac{1-2\overline{X}}{\overline{X}-1}$

［例 3］ 设总体 X 是 Γ 分布，其密度函数为 $f(x,\alpha,\beta)=\begin{cases}\dfrac{1}{\Gamma(\alpha)}\beta^{\alpha}x^{\alpha-1}\mathrm{e}^{-\beta x}, & x>0\\ 0, & x\leqslant 0\end{cases}$，其中 α,β 为未知参数。$X_1,X_2,\cdots,X_n$ 为来自总体 X 的简单随机样本，试求 α,β 的矩估计量。

解：由 $\mu_1=E(X)=\int_0^{\infty}x\cdot\dfrac{\beta^{\alpha}}{\Gamma(\alpha)}x^{\alpha-1}\mathrm{e}^{-\beta x}\mathrm{d}x=\dfrac{\alpha}{\beta}$

$\mu_2=E(X^2)=\int_0^{\infty}x^2\cdot\dfrac{\beta^{\alpha}}{\Gamma(\alpha)}x^{\alpha-1}\mathrm{e}^{-\beta x}\mathrm{d}x=\dfrac{\alpha(\alpha+1)}{\beta^2}$

于是 $\alpha=\dfrac{\mu_1^2}{\mu_2-\mu_1^2}$，$\beta=\dfrac{\mu_1}{\mu_2-\mu_1^2}$

可得 α 和 β 的矩估计量为

$$\hat{\alpha}=\frac{\overline{X}^2}{\frac{1}{n}\sum_{i=1}^{n}(X_i-\overline{X})^2},\quad \hat{\beta}=\frac{\overline{X}}{\frac{1}{n}\sum_{i=1}^{n}(X_i-\overline{X})^2}$$

6.2.2 极大似然估计(MLE)

极大似然估计在历史上最早由高斯(C. F. Gauss)在研究误差理论中提出，到 1912 年由著名的统计学家费歇尔(R. A. Fisher)在一篇论文中把它作为一般参数估计方法提出来。随后他又与其他许多统计学家对该方法不断探索，至今已成为统计估计中最重要的方法。为了了解极大似然估计的直观依据与思想，先举几个例子。

二维码 6.3 高斯

二维码 6.4 费歇尔

［例 4］ 甲、乙两人射击，已知甲击中目标的概率为 $p_1=0.1$，乙击中的概率为 $p_2=0.95$，假定在射击时，观察者只能看到射击结果是否击中目标，而且只知道有甲、乙两射手，但每次究竟是谁射击无法看到。现射击一枪，结果击中，试推断或估计这一枪来自哪位射手。

显然，若射击结果击中，则观察者估计这一枪来自乙射手较为合理，因为这一结果更像是乙似然。那么如何将这种直观的合理的推断提炼为一个估计的原理呢？

可以将上述由试验结果作出直观估计(猜测)的依据用数理统计的语言描述如下：令总体 $X\sim B(1,p)$ 服从二点分布，以 $(X=1)$ 表击中，$(X=0)$ 表未击中，及相应的概率为：$P\{X=1\}=p$，$P\{X=0\}=1-p$，则 X 的分布律为

$L(X,p)=p^X(1-p)^{1-X}\ (X=0,1)$

其中 p 是未知参数，如何用抽样结果来估计 p 是多少呢？

当试验结果 $(X=i)$ 发生时，$L(i,p)$ 看作是 p 的函数 $(i=0,1)$。于是 $L(i,p)$ 可理解为当参数 p 不同时，事件 $(X=i)$ 发生的可能性就不同。现在，事件 $(X=1)$ 发生，由 $L(1,p_2)=p_2>p_1=L(1,p_1)$ 表明是乙射手使 $(X=1)$ 发生的可能性要比甲射手使 $(X=1)$ 发生的可能性要大很多。因此，取 p 的估计 $\hat{p}=p_2=0.95$ 较为合理。

更进一步将上例一般化。设总体 $X\sim B(1,p)$，未知参数 $p\in[0,1]$。若取一个样本是事件 $(X=i)$ 发生 $(i=0,1)$，则未知参数 p 的估计 $\hat{p}$ 应满足：

$$L(i,\hat{p})=\max_{p\in[0,1]}L(i,p)\ (i=0,1)\text{ 或 }L(X,\hat{p})=\max_{p\in[0,1]}L(X,p)$$

若取容量是 n 的样本 $X_1,X_2,\cdots,X_n$，其分布为

$$L(X_1,\cdots,X_n;p)=\prod_{k=1}^{n}\left[p^{X_k}(1-p)^{1-X_k}\right]=p^{\sum\limits_{k=1}^{n}X_k}(1-p)^{n-\sum\limits_{k=1}^{n}X_k}$$

如由试验结果 $X_1=i_1,i_2,\cdots,X_n=i_n$ 来估计未知参数 p，则应取 $\hat{p}$ 满足

$$L(i_1,i_2,\cdots,i_n;\hat{p})=\max_{p\in[0,1]}L(i_1,i_2,\cdots,i_n;p)$$

或 $L(X_1,X_2,\cdots,X_n;\hat{p})=\max\limits_{p\in[0,1]}L(X_1,X_2,\cdots,X_n;p)$

这种使已发生的抽样结果达到最大的参数 $\hat{p}$ 作为对 p 的估计，就是极大似然估计原理。

[例 5] 已知一批零件的直径 $X\sim N(\mu,1^2)$，其中 $\sigma=1$ 已知。其概率密度是 $f(x;\mu)=\frac{1}{\sqrt{2\pi}}\exp\left[\frac{-(x-\mu)^2}{2}\right]$，其中 μ 未知，但设 μ 有两种取值：$\mu_1=1$ 或 $\mu_2=5$，现抽取一个样本，若抽取的结果为 1.1，则估计总体的参数 μ 是 1 还是 5？

记 $L(x,\mu)=f(x,\mu)$，当给定 x 时，$L(x,\mu)$ 看作是 μ 的函数。现在抽样结果是 $x=1.1$，在此条件下，比较两个参数 $\mu=\mu_1=1$ 与 $\mu=\mu_2=5$，则不难得出 $L(1.1,1)>L(1.1,5)$。这表明在 $x=1.1$ 的前提下，未知参数 μ 取 $\mu=1$ 的可能性要比取 $\mu=5$ 的可能性大，故选取 $\hat{\mu}=1$ 作为 μ 的估计较为合理。

以上二例估计参数的直观依据是：选取参数 p(或 μ)的估计 $\hat{p}$(或 $\hat{\mu}$)满足：使已观测到的样本出现的可能性最大的参数作为未知参数 p(或 μ)的估计，这种估计方法称为极大似然估计(maximum likelihood estimate)简记为 MLE。

定义 1 设 $f(x;\theta)$ 为连续总体 X 的概率密度，$\theta=(\theta_1,\theta_2,\cdots,\theta_m)$ 为待估参数，$X_1, X_2,\cdots, X_n$ 为总体 X 的一个样本，对给定的 $x_1,x_2,\cdots,x_n$，$X_1,X_2,\cdots,X_n$ 的联合密度为 $\prod\limits_{k=1}^{n}f(x_k;\theta)$，它是 θ 的函数，称为样本的似然函数，记为

$$L(\theta)=\prod_{k=1}^{n}f(x_k;\theta) \tag{6.2.1}$$

称 $l(\theta)=\ln L(\theta)$ 为对数似然函数。

若总体 X 为离散型，其分布律为 $p(x;\theta)$，$\theta=(\theta_1,\theta_2,\cdots,\theta_m)$ 为待估参数，$X_1,X_2,\cdots,X_n$ 为总体 X 的一个样本，对给定的 $x_1,x_2,\cdots,x_n$，$X_1,X_2,\cdots,X_n$ 的联合分布律为

$$\prod_{k=1}^{n} p(x_k;\theta)$$

它是 θ 的函数，称为样本的似然函数，记为

$$L(\theta)=\prod_{k=1}^{n} p(x_k;\theta) \tag{6.2.2}$$

称 $l(\theta)=\ln L(\theta)$ 为对数似然函数。

显然，从定义可以看出，在似然函数中，参数 θ 看成是自变量，$x_1,x_2,\cdots,x_n$ 是已知的样本值，它们都是常数。

定义 2　设总体 X 的概率密度为 $f(x;\theta)$（或分布律为 $p(x;\theta)$），$X_1,X_2,\cdots,X_n$ 为来自总体 X 的样本，$x_1,x_2,\cdots,x_n$ 为其观察值，$L(\theta)$ 为其似然函数，Θ 为待估参数 θ 的取值范围（又称参数空间）。若 θ 的一个估计值 $\hat{\theta}(x_1,x_2,\cdots,x_n)$ 满足

$$L(\hat{\theta})=\max_{\theta\in\Theta} L(\theta) \tag{6.2.3}$$

称 $\hat{\theta}(x_1,x_2,\cdots,x_n)$ 为 θ 的极大似然估计值，称 $\hat{\theta}(X_1,X_2,\cdots,X_n)$ 为 θ 的极大似然估计量。

这样，确定极大似然估计量的问题就归结为微分学中的求最大值的问题了。

在很多情形下，$f(x;\theta)$ 和 $p(x;\theta)$ 关于 θ 可微，这时 $\hat{\theta}$ 常可从方程

$$\frac{\mathrm{d}}{\mathrm{d}\theta}L(\theta)=0 \tag{6.2.4}$$

解得。又因 $L(\theta)$ 与 $l(\theta)=\ln L(\theta)$ 在同一 θ 处取到极值，因此 θ 的极大似然估计 $\hat{\theta}$ 也可以从方程

$$\frac{\mathrm{d}}{\mathrm{d}\theta}l(\theta)=0 \tag{6.2.5}$$

求得，而从后一方程求解往往比较方便。方程 6.2.4 称为似然方程，而方程 6.2.5 称为对数似然方程。

注：若要估计的是未知参数 θ 的函数 $g(\theta)$，则只要把 θ 的极大似然估计 $\hat{\theta}$ 代到函数 $g(\theta)$ 式中就可得为 $g(\theta)$ 的极大似然估计 $g(\hat{\theta})$。该性质称为极大似然估计的不变性，从而使一些复杂结构的参数的最大似然估计的获得变得容易了。

如何求极大似然估计呢？下面先介绍似然函数 $L(\theta)$ 关于 θ 有连续的一阶（偏）导数的情形。

[例 6]　设样本 $X_1,X_2,\cdots,X_n$ 取自总体 $X\sim N(\mu,\sigma^2)$，μ 和 σ^2 都为未知参数。试求 μ 和 σ^2 的极大似然估计。

解：$X_1,X_2,\cdots,X_n$ 的似然函数为

$$L(\mu,\sigma^2)=\prod_{k=1}^{n}\frac{1}{\sqrt{2\pi}\sigma}\mathrm{e}^{-\frac{(x_k-\mu)^2}{2\sigma^2}}$$

取对数，得

$$\ln L(\mu,\sigma^2)=-\frac{n}{2}\ln(2\pi\sigma^2)-\frac{1}{2\sigma^2}\sum_{k=1}^{n}(x_k-\mu)^2,$$

将 $\ln L(\mu,\sigma^2)$ 分别关于 μ 和 σ^2 求偏导，并令其为 0，得似然方程组

$$\frac{\partial \ln L}{\partial \mu}=\frac{1}{\sigma^2}\sum_{k=1}^{n}(x_k-\mu)=0 \tag{6.2.6}$$

$$\frac{\partial \ln L}{\partial \sigma^2}=\frac{1}{2\sigma^4}\sum_{k=1}^{n}(x_k-\mu)^2-\frac{n}{2\sigma^2}=0 \tag{6.2.7}$$

解此方程组，由式 6.2.6 可得 μ 的极大似然估计为

$$\hat{\mu}=\frac{1}{n}\sum_{i=1}^{n}X_i=\overline{X}$$

将之代入式 6.2.7 可得 σ^2 的极大似然估计为

$$\hat{\sigma}^2=\frac{1}{n}\sum_{i=1}^{n}(X_i-\overline{X})^2$$

由上面的例题可知，求参数 θ 的极大似然估计，一般地，按下面步骤进行：

(1)求出似然函数 $L(\theta)=\prod_{i=1}^{n}f(x_i;\theta)$(或 $\prod_{i=1}^{n}p(x_i;\theta)$)。

(2)写出对数似然函数 $l(\theta)=\ln L(\theta)=\sum_{i=1}^{n}\ln f(x_i;\theta)$(或$\sum_{i=1}^{n}\ln p(x_i;\theta)$)。

(3)将 $l(\theta)$对每个参数求偏导(一个参数就是求导数)，并令它们为0，得对数似然方程组

$$\frac{\partial l(\theta)}{\partial \theta_i}=\sum_{i=1}^{n}\frac{\partial \ln f(x_i;\theta)}{\partial \theta_i}=0(i=1,2,\cdots,m)$$

(4)解上述对数似然方程组得

$\hat{\theta}_i=\hat{\theta}(x_1,x_2,\cdots,x_n)(i=1,2,\cdots,m)$

(5)验证 $\hat{\theta}_i=\hat{\theta}(x_1,x_2,\cdots,x_n)(i=1,2,\cdots,m)$使 $l(\theta)$达最大。

(6)用样本代替观察值，便得 θ 的极大似然估计量

$\hat{\theta}_i=\hat{\theta}(X_1,X_2,\cdots,X_n)(i=1,2,\cdots,m)$

[例 7] 设一个试验有三种可能的结果，其发生的概率分布为

$p_1=\theta^2,\ p_2=2\theta(1-\theta),\ p_3=(1-\theta)^2$

现做了 n 次试验，观察到三种结果发生的次数分布为 $n_1,n_2,n_3(n_1+n_2+n_3=n)$。求参数 θ 的极大似然估计。

解:似然函数为

$$L(\theta)=\prod_{i=1}^{n}p(x_i;\theta)=(\theta^2)^{n_1}[2\theta(1-\theta)]^{n_2}[(1-\theta)^2]^{n_3}=2^{n_2}\theta^{2n_1+n_2}(1-\theta)^{n_2+2n_3}$$

其对数似然函数为

$$\ln L(\theta)=n_2\ln 2+(2n_1+n_2)\ln\theta+(n_2+2n_3)\ln(1-\theta)$$

将之关于 θ 求导并令其为 0，得到对数似然方程

$$\frac{2n_1+n_2}{\theta}-\frac{n_2+2n_3}{1-\theta}=0$$

解之得 θ 的极大似然估计为

$$\hat{\theta}=\frac{2n_1+n_2}{2(n_1+n_2+n_3)}=\frac{2n_1+n_2}{2n}$$

虽然求导函数是求极大似然估计最常用的方法，但并不是在所有场合求导都是有效的，下面的例子说明这个问题。

[例 8] （均匀分布）设样本 $X_1, X_2, \cdots, X_n$ 取自总体 $X \sim U(0,\theta)$，($\theta>0$ 为未知参数)。则似然函数

$$L(\theta)=\begin{cases}\theta^{-n}, 0<x_i\leqslant\theta(i=1,2,\cdots,n)\\ 0,\ 其他\end{cases}$$

要使 $L(\theta)$ 达到最大，首先要 θ^{-n} 尽可能大，由于 θ^{-n} 是 θ 的单调减函数，所以 θ 的取值应尽可能小，但注意到由于 $\theta\geqslant X_k$，$\forall 1\leqslant k\leqslant n$（否则似然函数值为 0），所以为使 $L(\theta)$ 达最大，当且仅当取：$\hat{\theta}=\max\limits_{1\leqslant k\leqslant n}X_k=X_{(n)}$。即 θ 的极大似然估计为 $\theta=\max\limits_{1\leqslant k\leqslant n}X_k=X_{(n)}$。

[例 9] 设样本 $X_1, \cdots, X_n$ 取自总体 $X\sim N(\mu,\sigma^2)$ 样本，在例 6 中已求得 μ 和 σ^2 的极大似然估计值为 $\hat{\mu}=\bar{x}, \hat{\sigma}^2=s^{*2}(s^{*2}=\frac{1}{n}\sum\limits_{i=1}^{n}(x_i-\bar{x})^2)$。

于是由极大似然估计的不变性可得如下参数的极大似然估计，它们是标准差 σ 的极大似然估计是 $\hat{\sigma}=s^*$；

概率 $P(X<3)=\Phi\left(\frac{3-\mu}{\sigma}\right)$ 的极大似然估计是 $\Phi\left(\frac{3-\bar{x}}{s^*}\right)$

[例 10] 设总体 X 的概率分布为

X	0	1	2	3
P	θ^2	$2\theta(1-\theta)$	θ^2	$1-2\theta$

其中 $\theta\left(0<\theta<\frac{1}{2}\right)$ 是未知参数，利用总体 X 的如下样本值 3,1,3,0,3,1,2,3，求 θ 的矩估计值和最大似然估计值。

解：(1) $E(X)=\overline{X}$

$E(X)=1\cdot 2\theta(1-\theta)+2\cdot\theta^2+3\cdot(1-2\theta)=3-4\theta$

又 $\bar{x}=\frac{3+1+3+0+3+1+2+3}{8}=2$

因此 $3-4\theta=2$，从而得参数 θ 的矩估计值为 $\hat{\theta}=\frac{1}{4}$

(2)构造似然函数

$L(\theta)=\theta^2\,[2\theta(1-\theta)]^2\theta^2\,(1-2\theta)^4=4\theta^6\,(1-\theta)^2\,(1-2\theta)^4$

取对数 $\ln L(\theta)=\ln 4+6\ln\theta+2\ln(1-\theta)+4\ln(1-2\theta)$

由 $\frac{\mathrm{d}\ln L(\theta)}{\mathrm{d}\theta}=\frac{6}{\theta}-\frac{2}{1-\theta}-\frac{8}{1-2\theta}=0$

得 $\theta=\frac{7\pm\sqrt{13}}{12}$，又 $\theta=\frac{7+\sqrt{13}}{12}>\frac{1}{2}$，不合题意。因此得参数 θ 的最大似然估计值为

$\hat{\theta}=\frac{7-\sqrt{13}}{12}$

[例 11] 设总体 X 服从指数分布,其概率密度函数为

$$f(x;\lambda)=\begin{cases}\lambda e^{-\lambda x}, & x>0\\ 0, & x\leqslant 0\end{cases}$$

其中 $\lambda>0$ 是未知参数。$x_1,x_2,\cdots,x_n$ 是来自总体 X 的一组样本观察值,求参数 λ 的最大似然估计值。

解:构造似然函数 $L(\lambda)=\prod_{i=1}^{n}\lambda e^{-\lambda x_i}=\lambda^n e^{-\lambda\sum_{i=1}^{n}x_i}$

取对数 $\ln L(\lambda)=\ln\lambda^n e^{-\lambda\sum_{i=1}^{n}x_i}=n\ln\lambda-\lambda\sum_{i=1}^{n}x_i$

由 $\dfrac{d\ln L(\lambda)}{d\lambda}=\dfrac{n}{\lambda}-\sum_{i=1}^{n}x_i=0$ 得参数 λ 的最大似然估计值为

$$\hat{\lambda}=\frac{1}{\overline{X}}$$

6.3 估计量的评选标准

同一未知参数的估计量有许多不同的方法,那么怎样来衡量与比较估计量的好坏呢?什么样的估计量是较好的呢?这就涉及评价估计量的优良性标准。粗略地说,估计量与被估计量越"接近"越好,即"误差"越小越好。

设 X 的密度函数为 $f(x;\theta)$,其中 $\theta=(\theta_1,\theta_2,\cdots,\theta_m)\in\Theta$,$\Theta$ 是 R^m 的非空集合。设 $g(\theta)$ 是 θ 的函数,$X_1,X_2,\cdots,X_n$ 是 X 的样本。所谓 $g(\theta)$ 的估计量,是指样本函数 $\hat{g}(X_1,X_2,\cdots,X_n)$ 的不同选择而得到不同的估计量。直观上看,$|\hat{g}(X_1,X_2,\cdots,X_n)-g(\theta)|$ 越小,$\hat{g}$ 就越好。但 $\hat{g}(X_1,X_2,\cdots,X_n)$ 的值是依赖于样本值的,它本身是随机变量,而 $g(\theta)$ 是未知的。所以评价估计量的优劣需要衡量优良性的标准。

为简化记号,以下只讨论对参数 $\theta=(\theta_1,\theta_2,\cdots,\theta_m)$ 的估计问题,这时因为对 θ 的函数 $\theta'=g(\theta)$ 估计问题完全可化为对参数 θ' 的估计,且简记 $\hat{\theta}=\hat{\theta}(X_1,X_2,\cdots,X_n)$ 取为 θ 的估计量。我们从估计量的几个不同侧面的概率特性及估计量所产生的效果来刻画估计量的优劣。

6.3.1 无偏估计

定义 1 称 $\hat{\theta}=\hat{\theta}(X_1,X_2,\cdots,X_n)$ 是参数 θ 的无偏估计(unbiased estimate),若

$$E(\hat{\theta})=\theta \quad (\theta\in\Theta)$$

对估计量的无偏性要求在通常情形下是合理的要求,但对某些情形下不见得是必要的。

［例 1］ 设 $X_1, X_2, \cdots, X_n$ 为总体 X 的样本，记 $\mu = E(X)$，若 $D(X) = \sigma^2$ 存在。则样本均值 $\hat{\mu} = \overline{X} = \frac{1}{n}\sum_{i=1}^{n} X_i$ 是否为 μ 的无偏估计？$\hat{\sigma}^2 = \frac{1}{n}\sum_{i=1}^{n}(X_i - \overline{X})^2$ 是否是 σ^2 的无偏估计？若不是，能否通过变换使之成为 σ^2 的无偏估计。

证： 因 $E(\overline{X}) = E\left(\frac{1}{n}\sum_{i=1}^{n} X_i\right) = \frac{1}{n}\sum_{i=1}^{n} E(X_i) = \mu$，故 $\overline{X}$ 是 μ 的无偏估计，而

$$\begin{aligned} E(\hat{\sigma}^2) &= E\left(\frac{1}{n}\sum_{i=1}^{n}(X_i - \overline{X})^2\right) \\ &= \frac{1}{n}E\left(\sum_{i=1}^{n}[(X_i - \mu) - (\overline{X} - \mu)]^2\right) \\ &= \frac{1}{n}E\left(\sum_{i=1}^{n}(X_i - \mu)^2 - n(\overline{X} - \mu)^2\right) \\ &= \frac{1}{n}\left(\sum_{i=1}^{n} D(X_i) - nD(\overline{X})\right) = \frac{n-1}{n}\sigma^2 \neq \sigma^2 \quad \left(D(\overline{X}) = \frac{\sigma^2}{n}\right) \end{aligned}$$

故 $\hat{\sigma}^2 = \frac{1}{n}\sum_{i=1}^{n}(X_i - \overline{X})^2$ 不是 σ^2 的无偏估计。因为 $E(\hat{\sigma}^2) = \frac{n-1}{n}\sigma^2$，从而有

$$E\left(\frac{n}{n-1}\hat{\sigma}^2\right) = \sigma^2$$

即 $S^2 = \frac{1}{n-1}\sum_{i=1}^{n}(X_i - \overline{X})^2$ 是 σ^2 的无偏估计。

此外，一个参数的无偏估计通常不是唯一的。

［例 2］ 设总体 X 服从参数为 λ 的泊松分布，$\lambda > 0$ 为待估参数，$X_1, \cdots, X_n$ 为总体 X 的一个样本，求 λ 的无偏估计。

解： 由于 $E(X) = \lambda$，由例 1 知样本均值 $\overline{X}$ 是 λ 的无偏估计。又 $D(X) = \lambda$，同样由例 1 知

$$S^2 = \frac{1}{n-1}\sum_{i=1}^{n}(X_i - \overline{X})^2$$

也是 λ 的无偏估计。根据这两个无偏估计，对任意常数 $\alpha(0 < \alpha < 1)$，可以构造下列的估计量

$$\hat{\lambda} = \alpha\overline{X} + (1-\alpha)S^2$$

显然有 $E(\hat{\lambda}) = \lambda$，由于 α 的任意性，从而 λ 的无偏估计有无穷多个。

［例 3］ 设 X_1, X_2 是取自总体 $N(\mu, 1)$（μ 未知）的一个样本，试证如下三个估计量

$$\mu_1 = \frac{1}{3}X_1 + \frac{2}{3}X_2, \mu_2 = \frac{1}{2}X_1 + \frac{1}{2}X_2, \mu_3 = \frac{1}{4}X_1 + \frac{3}{4}X_2$$

均是参数 μ 的无偏估计量。

证： $E(X_1) = \mu, E(X_2) = \mu$，则

$$E(\hat{\mu}_1) = E\left(\frac{1}{3}X_1 + \frac{2}{3}X_2\right) = \frac{1}{3}\mu + \frac{2}{3}\mu = \mu$$

$$E(\hat{\mu}_2) = E\left(\frac{1}{2}X_1 + \frac{1}{2}X_2\right) = \frac{1}{2}\mu + \frac{1}{2}\mu = \mu$$

$$E(\hat{\mu}_3) = E\left(\frac{1}{4}X_1 + \frac{3}{4}X_2\right) = \frac{1}{4}\mu + \frac{3}{4}\mu = \mu$$

因此三个估计量均是参数 μ 的无偏估计量。

无偏性只有在估计量重复使用时才有意义。例如，估计量 $\hat{\theta}$ 独立地重复利用 m 次 $\hat{\theta}^{(1)},\cdots,\hat{\theta}^{(m)}$ 作为 θ 的估计。若 $E(\hat{\theta}) = \theta$，则由大数定律知其平均值 $\frac{1}{m}\sum_{i=1}^{m}\hat{\theta}^{(i)} \xrightarrow{P} \theta(m\to\infty)$（依概率收敛）。这意味着多次反复利用估计量 $\hat{\theta}$ 与真值 θ 没有系统偏差，因而无偏性刻画了多次使用估计量 $\hat{\theta}$ 的“平均”效果。

6.3.2 有效估计

一个参数估计可以有许多不同的无偏估计量。例如在例 2 中 $\hat{\lambda} = \alpha\overline{X} + (1-\alpha)S^2$ $(0\leqslant\alpha\leqslant1)$ 均是 λ 的无偏估计。在众多 λ 的无偏估计中，如何选择较好的，较优的？

定义 2 设 $\hat{\theta}_1=\hat{\theta}_1(X_1,X_2,\cdots,X_n)$ 与 $\hat{\theta}_2=\hat{\theta}_2(X_1,X_2,\cdots,X_n)$ 均是参数 θ 的无偏估计，若对一切 $\theta\in\Theta$，有

$$D(\hat{\theta}_1)\leqslant D(\hat{\theta}_2)$$

且至少对于某一个 $\theta\in\Theta$ 上式中的不等号成立，则称 $\hat{\theta}_1$ 较 $\hat{\theta}_2$ 有效。

[例 4] 设 $X_1,\cdots,X_n$ 是来自总体 X 的样本，该总体的均值为 μ，方差为 σ^2，比较 μ 的估计 $\hat{\mu}_1 = \overline{X}$ 与 $\hat{\mu}_2 = \frac{1}{k}\sum_{i=1}^{k}X_i(1\leqslant k < n)$ 的有效性。

解： 显然 $E(\hat{\mu}_1)=\mu, E(\hat{\mu}_2)=\mu$，它们都是 μ 的无偏估计，但是

$$D(\hat{\mu}_1) = D(\overline{X}) = \frac{\sigma^2}{n}, D(\hat{\mu}_2) = D\left(\frac{1}{k}\sum_{i=1}^{k}X_i\right) = \frac{\sigma^2}{k}$$

由于 $1\leqslant k<n, \frac{1}{n}\sigma^2<\frac{1}{k}\sigma^2$，故 $\hat{\mu}_1=\overline{X}$ 比 $\hat{\mu}_2 = \frac{1}{k}\sum_{i=1}^{k}X_i(1\leqslant k<n)$ 有效。

[例 5] 试讨论上例中哪个估计量最有效。

解： $D(X_1) = 1, D(X_2) = 1$，又 X_1, X_2 独立，则

$$D(\hat{\mu}_1) = D\left(\frac{1}{3}X_1 + \frac{2}{3}X_2\right) = \frac{1}{9} + \frac{4}{9} = \frac{5}{9}$$

$$D(\hat{\mu}_2) = D\left(\frac{1}{2}X_1 + \frac{1}{2}X_2\right) = \frac{1}{4} + \frac{1}{4} = \frac{1}{2}$$

$$D(\hat{\mu}_3) = D\left(\frac{1}{4}X_1 + \frac{3}{4}X_2\right) = \frac{1}{16} + \frac{9}{16} = \frac{5}{8}$$

即 $D(\hat{\mu}_2) \leqslant D(\hat{\mu}_1) \leqslant D(\hat{\mu}_3)$. 故 $\hat{\mu}_3$ 最有效。

［例 6］ 设总体 X 在$[0,\theta]$服从均匀分布，$\theta>0$ 为待估参数，$X_1,X_2,\cdots,X_n$ 为来自总体 X 的一个样本。

(1)试证：$2\overline{X}$ 和$\frac{n+1}{n}X_{(n)}$（其中 $X_{(n)}=\max(X_1,X_2,\cdots,X_n)$）是 θ 的两个无偏估计；

(2)问这两个无偏估计中哪个更有效。

解：(1) $E(2\overline{X})=2E(\overline{X})=2E(X)=2\cdot\frac{\theta}{2}=\theta$，故 $2\overline{X}$ 是 θ 的无偏估计。

可以求得 $X_{(n)}=\max(X_1,X_2,\cdots,X_n)$的概率密度函数为

$$f(x;\theta)=\begin{cases}\frac{n}{\theta^n}x^{n-1}, & 0\leqslant x\leqslant\theta\\ 0, & 其他\end{cases}$$

$$E\left(\frac{n+1}{n}X_{(n)}\right)=\int_0^\theta\frac{n+1}{n}x\,\frac{n}{\theta^n}x^{n-1}\mathrm{d}x=\frac{n+1}{\theta^n}\int_0^\theta x^n\mathrm{d}x=\theta$$

故$\frac{n+1}{n}X_{(n)}$也是 θ 的无偏估计。

$$(2)D(2\overline{X})=4D(\overline{X})=\frac{4}{n}D(X)=\frac{4}{n}\cdot\frac{\theta^2}{12}=\frac{\theta^2}{3n}$$

$$E(X_{(n)}^2)=\int_0^\theta x^2\,\frac{nx^{n-1}}{\theta^n}\mathrm{d}x=\frac{n\theta^2}{n+2}$$

$$D(X_{(n)})=E(X_{(n)}^2)-(E(X_{(n)}))^2=\frac{n\theta^2}{n+2}-\left(\frac{n\theta}{n+1}\right)^2=\frac{n\theta^2}{(n+2)(n+1)^2}$$

$$D\left(\frac{n+1}{n}X_{(n)}\right)=\left(\frac{n+1}{n}\right)^2\cdot\frac{n\theta^2}{(n+2)(n+1)^2}=\frac{\theta^2}{n(n+2)}$$

一般情况下，样本容量 $n\geqslant2$，因此有 $D\left(\frac{n+1}{n}X_{(n)}\right)<D(2\overline{X})$

可以说$\frac{n+1}{n}X_{(n)}$比 $2\overline{X}$ 更有效。

6.3.3 相合估计（一致估计）

前面的两个准则都是样本容量给定的条件下来研究的。估计量 $\hat{\theta}=\hat{\theta}(X_1,X_2,\cdots,X_n)$是样本的函数，因而它依赖于样本容量 n。自然有必要考虑 $n\to\infty$时估计量 $\hat{\theta}$ 的性态。下面为突出 $\hat{\theta}$ 与 n 的关系，故记 $\hat{\theta}_n=\hat{\theta}_n(X_1,X_2,\cdots,X_n)$。通常一个好的估计量应具有随着样本容量的增大而很接近真值的性质。这就是估计量的一致性要求。

定义 3 设 $\hat{\theta}_n=\hat{\theta}_n(X_1,X_2,\cdots,X_n)$是 θ 的一个估计量，若对任意的 $\varepsilon>0$，有

$$\lim_{n\to\infty}P\{|\hat{\theta}_n-\theta|\geqslant\varepsilon\}=0$$

则称 $\hat{\theta}_n$ 是 θ 的相合估计量(consistant estimate，又称一致估计量)。

易知，对于任意分布的总体 X，若 $D(X)<\infty$，则 $\overline{X}$ 是 $E(X)$的相合估计，S^2 是 $D(X)$的相合估计。一般地样本 k 阶矩是总体 k 阶矩的相合估计。当 $\hat{\theta}_1,\hat{\theta}_2,\cdots,\hat{\theta}_l$ 分别是 $\theta_1,\theta_2,\cdots,\theta_l$ 的相

合估计时,若 $g(\theta_1,\theta_2,\cdots,\theta_l)$ 为连续函数,则 $g(\hat{\theta}_1,\hat{\theta}_2,\cdots,\hat{\theta}_l)$ 是 $g(\theta_1,\theta_2,\cdots,\theta_l)$ 的相合估计。

6.4 区间估计

前面介绍的参数点估计使用一个点(即一个数)去估计未知参数,因而这种估计值随着样本观察值的变化而各不相同,而在实际中常使用点估计对客观问题作出某种判断,这种判断的可信度如何,点估计本身并没有告诉我们。为此,在应用中常常要对某未知参数估计它的范围,这就是区间估计,顾名思义,区间估计是用一个区间去估计未知参数,即把未知参数值估计在某两界限之间。有时参数的范围估计比点估计更有意义。

6.4.1 置信区间(区间估计)的概念

定义 1 设 θ 为总体 X 的未知参数,如果有两个统计量 $\hat{\theta}_L=\hat{\theta}_L(X_1,X_2,\cdots,X_n)$,$\hat{\theta}_U=\hat{\theta}_U(X_1,X_2,\cdots,X_n)$,对给定的 $\alpha(0<\alpha<1)$,满足

$$P\{\hat{\theta}_L<\theta<\hat{\theta}_U\}=1-\alpha \tag{6.4.1}$$

则称 $(\hat{\theta}_L,\hat{\theta}_U)$ 是 θ 的 $1-\alpha$ 置信区间,$\hat{\theta}_L$ 和 $\hat{\theta}_U$ 分别称为 θ 的 $1-\alpha$ 置信下限和置信上限,$1-\alpha$ 称为置信水平或置信度。

这里的置信水平就是对可信程度的度量。置信水平为 $1-\alpha$,如取 $1-\alpha=95\%$,就是说若对某一参数 θ 取 100 个容量为 n 的样本,用相同方法做 100 个置信区间 $(\hat{\theta}_L^{(k)},\hat{\theta}_U^{(k)})$ $(k=1,2,\cdots,100)$,则其中约有 95 个区间包含了真参数 θ。因此,当我们实际上只做一次区间估计时,有理由认为它包含了真参数。这样判断当然有可能犯错误,但犯错误的概率只有 5%。

显然,区间估计有两个基本要求:首先,“精度”要求,即 $\hat{\theta}_U-\hat{\theta}_L$ 要尽量小,太大没有意义;其次,这个估计要有尽可能高的可信程度(即可靠度)。因此 $\hat{\theta}_U-\hat{\theta}_L$ 不能太小。我们希望既能得到较高的精度,又能得到较高的可靠度。但在样本密度 n 给定时,这两方面要求相互矛盾,丁·奈曼在 20 世纪 30 年代提出至今仍广泛应用的原则是:首先保证可靠度,在此前提下使精度尽量高。

在实际问题中,人们有时仅对未知参数的置信下限或置信上限感兴趣。例如,电视机的寿命要求愈大愈好,因此人们关心的仅是某种型号的电视机的平均寿命的置信下限,因为它的大小标志着电视机的好坏。又如,药物的副作用要求愈小愈好,因此人们关心的仅是某种药物副作用的置信下限,因为它的大小标志着该药物的质量的优劣。对于这些实际问题去寻找两端都为有界的置信区间就没有必要了。

定义 2 设 $\hat{\theta}_L=\hat{\theta}_L(X_1,X_2,\cdots,X_n)$ 为一统计量,对给定的 $\alpha(0<\alpha<1)$ 满足

$$P\{\theta>\hat{\theta}_L\}=1-\alpha \tag{6.4.2}$$

则称 $\hat{\theta}_L$ 是 θ 的置信水平为 $1-\alpha$ 的单侧置信下限。

类似地,设 $\hat{\theta}_U=\hat{\theta}_U(X_1,X_2,\cdots,X_n)$ 是一统计量,对给定的 $\alpha(0<\alpha<1)$,满足

$$P\{\theta<\hat{\theta}_U\}=1-\alpha \tag{6.4.3}$$

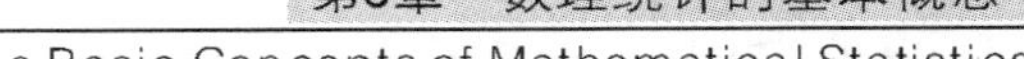
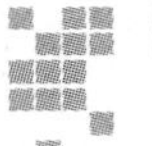

则称 $\hat{\theta}_U$ 是 θ 的置信水平为 $1-\alpha$ 的单侧置信上限。

下面我们来通过具体例子给出构造置信区间的方法和步骤。

[例 1] 设某种小麦的产量 X 服从正态分布 $N(\mu,\sigma^2)$，而 $X_1,X_2,\cdots,X_n$ 是来自总体 X 的样本，其中 μ 未知，σ^2 已知，求 μ 的置信度为 $1-\alpha$ 的置信区间。

解：考虑到样本 $\overline{X}=\frac{1}{n}\sum_{i=1}^{n}X_i$ 是 μ 的无偏估计，且 $\overline{X}\sim N\left(\mu,\frac{\sigma^2}{n}\right)$，所以随机变量

$$U=\frac{\overline{X}-\mu}{\sigma/\sqrt{n}}\sim N(0,1)$$

由正态分布 $N(0,1)$ 的双侧分位点(图 6.4.1)的定义可知

$$P\left\{-u_{\frac{\alpha}{2}}<\frac{\overline{X}-\mu}{\sigma/\sqrt{n}}<u_{\frac{\alpha}{2}}\right\}=1-\alpha$$

即 $P\left\{\overline{X}-u_{\frac{\alpha}{2}}\frac{\sigma}{\sqrt{n}}<\mu<\overline{X}+u_{\frac{\alpha}{2}}\frac{\sigma}{\sqrt{n}}\right\}=1-\alpha$

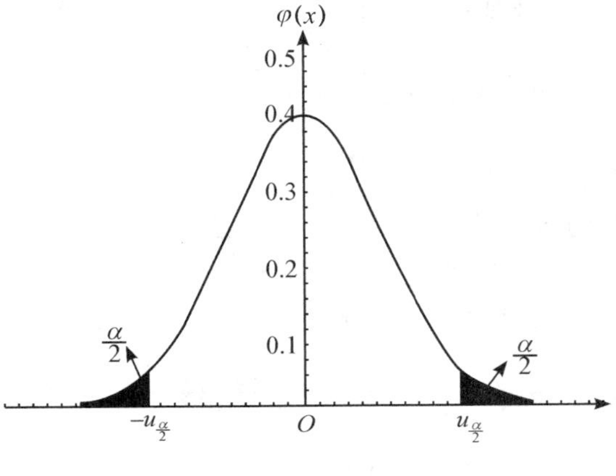

图 6.4.1

故由置信区间的定义知，$\left(\overline{X}-u_{\frac{\alpha}{2}}\frac{\sigma}{\sqrt{n}},\overline{X}+u_{\frac{\alpha}{2}}\frac{\sigma}{\sqrt{n}}\right)$就是 μ 的置信度为 $1-\alpha$ 的置信区间。

在该例中，随机变量 U 在置信区间的构造中起着重要作用，它具有以下特点：

(1) U 是样本和未知参数 μ 的函数，且不含其他未知参数；

(2) U 的分布已知，且与未知参数 μ 无关。

称满足上述性质的量为**枢轴量**。

由上面的例题，我们可以归纳构造区间估计的步骤如下：

(1)构造一个与问题有关的枢轴量 $G(X_1,X_2,\cdots,X_n;\theta)$，它的分布与参数 θ 无关。

(2)对给定的 $\alpha(0<\alpha<1)$，选取两个常数 c 和 d $(c<d)$，使得

$P\{c<G(X_1,X_2,\cdots,X_n,\theta)<d\}=1-\alpha,\forall\,\theta\in\Theta$

通常可取 c,d 为 G 分布的双侧分位数。

(3)若不等式 $c<G(X_1,X_2,\cdots,X_n;\theta)<d$ 可等价变换为 $\hat{\theta}_L<\theta<\hat{\theta}_U$，那么

$P\{\hat{\theta}_L<\theta<\hat{\theta}_U\}=1-\alpha$

则 $(\hat{\theta}_L,\hat{\theta}_U)$ 为 θ 的一个置信水平为 $1-\alpha$ 的置信区间。这种利用枢轴量构造置信区间的方法称为**枢轴量法**。

类似地，选取常数 c(或 d)，使得

$P\{c<G(X_1,X_2,\cdots,X_n;\theta)\}=1-\alpha$(或 $P(G(X_1,X_2,\cdots,X_n;\theta)>d)=1-\alpha$)

则可以构造出 θ 的单侧置信限。

6.4.2 正态总体均值的区间估计

1. 标准差 σ 已知的情形

设正态总体 $X \sim N(\mu, \sigma^2)$，σ^2 已知。从总体抽得简单样本 $X_1, X_2, \cdots, X_n$，试求置信水平为$(1-\alpha)$的 μ 的置信区间。

由前面例 1 的讨论可知，均值 μ 的置信水平为 $1-\alpha$ 的置信区间为

$$\left(\overline{X}-u_{\frac{\alpha}{2}}\frac{\sigma}{\sqrt{n}}, \overline{X}+u_{\frac{\alpha}{2}}\frac{\sigma}{\sqrt{n}}\right) \tag{6.4.4}$$

通常取 $\alpha=0.01, 0.05$ 或 0.10 等。式 6.4.4 表明，随机区间 $\left(\overline{X}-u_{\frac{\alpha}{2}}\frac{\sigma}{\sqrt{n}}, \overline{X}+u_{\frac{\alpha}{2}}\frac{\sigma}{\sqrt{n}}\right)$ 套住(覆盖)参数 μ 的概率为$(1-\alpha)$。

注意：给定 $\alpha(0<\alpha<1)$，满足式 6.4.1 的置信区间不唯一。

2. 标准差 σ 未知的情形

由于 σ 未知，需选用 $\frac{\sqrt{n}(\overline{X}-\mu)}{S}$ 作为解决这种情形的基础。

由本章 6.1 定理 3 可知 $T=\frac{\sqrt{n}(\overline{X}-\mu)}{S} \sim t(n-1)$，则给定 $\alpha(0<\alpha<1)$，查 t 分布分位表得 $t_{\frac{\alpha}{2}}(n-1)$(图 6.4.2)满足：

$$P\left\{\left|\frac{\sqrt{n}(\overline{X}-\mu)}{S}\right| < t_{\frac{\alpha}{2}}(n-1)\right\} = 1-\alpha$$

得 $P\left\{\overline{X}-t_{\frac{\alpha}{2}}(n-1)\frac{S}{\sqrt{n}}<\mu<\overline{X}+t_{\frac{\alpha}{2}}(n-1)\frac{S}{\sqrt{n}}\right\}=1-\alpha$

因此可取

$$\left(\overline{X}-t_{\frac{\alpha}{2}}(n-1)\frac{S}{\sqrt{n}}, \overline{X}+t_{\frac{\alpha}{2}}(n-1)\frac{S}{\sqrt{n}}\right) \tag{6.4.5}$$

作为 μ 的置信区间，对应的置信水平为$(1-\alpha)$。

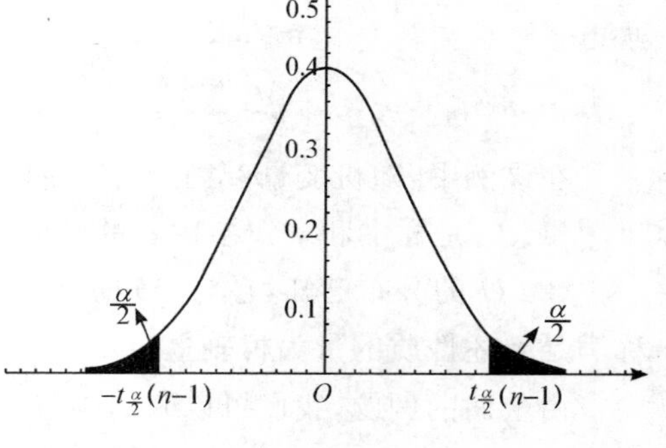

图 6.4.2

[例 2] 已知总体 X 服从 $N(\mu, \sigma^2)$，今从中抽出 $n=9$ 的一个样本，并由样本观察值计算出样本均值和样本方差分别为 $\bar{x}=51.22, s^2=9$，试求该总体均值 μ 的 95% 的置信区间。

解：由于 σ^2 未知，$\bar{x}=51.22, s^2=9, \alpha=0.05$，自由度为 $n-1=9-1=8$，查 t 分布表得

$t_{\frac{\alpha}{2}}(n-1)=t_{0.025}(8)=2.306$

$t_{\frac{\alpha}{2}}(n-1)\cdot\sqrt{\frac{s^2}{n}}=2.306\times\sqrt{\frac{9}{9}}=2.306\approx 2.31$

所以 μ 的 95% 的置信区间为$(51.22-2.31, 51.22+2.31)=(48.91, 53.53)$。

[例 3] 从一批钉子中随机抽取 16 枚，测得其长度(单位：cm)为

2.14，2.10，2.13，2.15，2.13，2.12，2.13，2.10，
2.15，2.12，2.14，2.10，2.13，2.11，2.14，2.11

假设钉子的长度 X 服从正态分布 $N(\mu,\sigma^2)$，其中 $\sigma=0.01$，试求总体均值 μ 的置信度为90%的置信区间。

解：由题意知 $\sigma=0.01,\alpha=0.1,n=16,\bar{x}=2.125,s=0.017\ 13$

选取枢轴量 $U=\dfrac{\bar{x}-\mu}{\sigma/\sqrt{n}}\sim N(0,1)$

由 $P\{|U|<u_{0.05}\}=0.9$，查标准正态分布表得 $u_{0.95}=1.645$，则

$$\bar{x}-\frac{u_{0.95}\sigma}{\sqrt{n}}=2.125-\frac{1.645\times 0.01}{\sqrt{16}}=2.121$$

$$\bar{x}+\frac{u_{0.95}\sigma}{\sqrt{n}}=2.125+\frac{1.645\times 0.01}{\sqrt{16}}=2.129$$

因此所求的置信区间为 $(2.121,2.129)$

6.4.3 正态总体方差的区间估计

设正态总体 $X\sim N(\mu,\sigma^2)$，其中 μ,σ^2 均为未知，$X_1,X_2,\cdots,X_n$ 为其简单样本，给定 $\alpha(0<\alpha<1)$，试对方差 σ^2 或标准差 σ 给出置信水平为 $(1-\alpha)$ 的置信区间。

由本章6.1定理2知，令 $\chi^2(n-1)=\dfrac{(n-1)S^2}{\sigma^2}$，则它是自由度为 $(n-1)$ 的卡方分布。若给定水平 $(1-\alpha)$，可查 $\chi^2(n-1)$ 表，存在两侧的分位点（图6.4.3）$\chi^2_{1-\frac{\alpha}{2}}(n-1)$ 及 $\chi^2_{\frac{\alpha}{2}}(n-1)$ 满足：

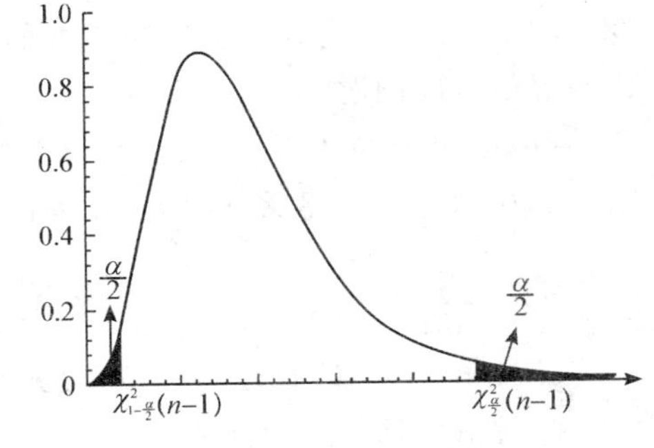

图 6.4.3

$$P\{\chi^2(n-1)\geqslant\chi^2_{\frac{\alpha}{2}}(n-1)\}=\frac{\alpha}{2}$$

$$P\{\chi^2(n-1)<\chi^2_{1-\frac{\alpha}{2}}(n-1)\}=\frac{\alpha}{2}$$

则 $$P\left\{\chi^2_{1-\frac{\alpha}{2}}(n-1)<\frac{(n-1)S^2}{\sigma^2}<\chi^2_{\frac{\alpha}{2}}(n-1)\right\}=1-\alpha$$

即 $$P\left\{\frac{(n-1)S^2}{\chi^2_{\frac{\alpha}{2}}(n-1)}<\sigma^2<\frac{(n-1)S^2}{\chi^2_{1-\frac{\alpha}{2}}(n-1)}\right\}=1-\alpha$$

故可取 $$\left(\frac{(n-1)S^2}{\chi^2_{\frac{\alpha}{2}}(n-1)},\frac{(n-1)S^2}{\chi^2_{1-\frac{\alpha}{2}}(n-1)}\right)\tag{6.4.6}$$

作为 σ^2 的置信区间。取

$$\left(\frac{\sqrt{n-1}S}{\sqrt{\chi^2_{\frac{\alpha}{2}}(n-1)}},\frac{\sqrt{n-1}S}{\sqrt{\chi^2_{1-\frac{\alpha}{2}}(n-1)}}\right)\tag{6.4.7}$$

作为 σ 的置信区间。

[例4] 某电子产品的某一参数服从正态分布，从某天生产的产品中抽出十只，测得该参数为3.0,2.7,2.9,2.8,3.1,2.6,2.5,2.8,2.4,2.9，试对该参数的方差作置信水平为95%的区间估计。

解:$\alpha=0.05$,$n=10$,查表得 $\chi^2_{0.025}(9)=19.023$,$\chi^2_{0.975}(9)=2.7$,由数据算得 $s^2=0.049$,将它们代入式 6.4.6 得

$$\frac{(n-1)s^2}{\chi^2_{0.025}(9)}=0.023,\frac{(n-1)s^2}{\chi^2_{0.975}(9)}=0.163$$

所求置信区间为(0.023 ,0.163)。

[例 5] 随机地取某种炮弹 9 发作试验,测得炮口速度的样本标准差 $s=11(\mathrm{m/s})$。设炮口速度 X 服从 $N(\mu,\sigma^2)$,求这种炮弹的炮口速度的标准差 σ 的 95%的置信区间。

解:取枢轴量 $\chi^2=\dfrac{(n-1)s^2}{\sigma^2}\sim\chi^2(n-1)$

由 $n=9$,$\alpha=0.05$ 查表得

$$\chi^2_{1-\frac{\alpha}{2}}(n-1)=\chi^2_{0.975}(8)=2.18,\chi^2_{\frac{\alpha}{2}}(n-1)=\chi^2_{0.025}(8)=17.535$$

即 $2.18\leqslant\dfrac{(n-1)s^2}{\sigma^2}\leqslant17.535$,从而得标准差 σ 的 95%的置信区间为(7.4,21.1)。

6.4.4 两个正态总体的均值差的区间估计

在实际问题中常遇到由于生产条件、技术水平等因素的改变而使正态总体的均值、方差发生改变,而我们需要了解这些改变的范围,从而需要考虑两个正态总体均值、方差或方差比的置信区间问题。

设两个正态总体 $X\sim N(\mu_1,\sigma_1^2)$,$Y\sim N(\mu_2,\sigma_2^2)$,其中 $\mu_1,\sigma_1^2,\mu_2,\sigma_2^2$ 为未知参数,$X_1,X_2,\cdots,X_n$ 与 $Y_1,Y_2,\cdots,Y_m$ 分别是 X 与 Y 的样本,记 $\overline{X},\overline{Y}$ 分别为它们的样本均值,而

$S_1^2=\sum\limits_{i=1}^{n}\dfrac{(X_i-\overline{X})^2}{n-1}$ 与 $S_2^2=\sum\limits_{i=1}^{m}\dfrac{(Y_i-\overline{Y})^2}{m-1}$ 分别为它们的样本方差。

1. 当 σ_1^2 与 σ_2^2 已知时,$\mu_1-\mu_2$ 的置信区间

此时由正态分布的性质有

$$\frac{\overline{X}-\overline{Y}-(\mu_1-\mu_2)}{\sqrt{\dfrac{\sigma_1^2}{n}+\dfrac{\sigma_2^2}{m}}}\sim N(0,1)$$

同式 6.4.4 类似地推导可得 $\mu_1-\mu_2$ 的置信度为 $1-\alpha$ 的置信区间为

$$\left(\overline{X}-\overline{Y}-u_{\frac{\alpha}{2}}\sqrt{\frac{\sigma_1^2}{n}+\frac{\sigma_2^2}{m}},\overline{X}-\overline{Y}+u_{\frac{\alpha}{2}}\sqrt{\frac{\sigma_1^2}{n}+\frac{\sigma_2^2}{m}}\right)\tag{6.4.8}$$

2. 当 $\sigma_1^2=\sigma_2^2=\sigma^2$ 未知时,$\mu_1-\mu_2$ 的置信区间

当 $\sigma_1^2=\sigma_2^2=\sigma^2$ 未知时,有

$$\overline{X}-\overline{Y}\sim N\left[\mu_1-\mu_2,\left(\frac{1}{n}+\frac{1}{m}\right)\sigma^2\right],\frac{(n-1)S_1^2+(m-1)S_2^2}{\sigma^2}\sim\chi^2(n+m-2)$$

由于 $\overline{X},\overline{Y},S_1^2,S_2^2$ 相互独立,故可构造如下服从 t 分布 $t(n+m-2)$的统计量

$$T=\frac{\overline{X}-\overline{Y}-(\mu_1-\mu_2)}{S_W\sqrt{\dfrac{1}{n}+\dfrac{1}{m}}}\sim t(n+m-2)$$

其中 $S_W=\sqrt{S_W^2}$，$S_W^2=\dfrac{(n-1)S_1^2+(m-1)S_2^2}{n+m-2}$为 σ^2 的一个无偏估计。同式 6.4.5 类似地推导可得 $\mu_1-\mu_2$ 的置信度为 $1-\alpha$ 的置信区间为

$$\left(\overline{X}-\overline{Y}-t_{\frac{\alpha}{2}}(n+m-2)S_W\sqrt{\frac{1}{n}+\frac{1}{m}},\overline{X}-\overline{Y}-t_{\frac{\alpha}{2}}(n+m-2)S_W\sqrt{\frac{1}{n}+\frac{1}{m}}\right) \tag{6.4.9}$$

[例 6] 为比较两种小麦的产量，选择 18 块条件相似的试验田，采用相同的耕作方法做试验，结果播种甲品种八块试验田的单位产量和播种乙品种的十块试验田的单位产量(单位：kg)分别为：

甲品种 628，583，510，554，612，523，530，615

乙品种 535，433，398，470，567，480，498，560，503，426

假定每个品种的单位面积的产量均服从正态分布，且具有相同的方差。试求这两个品种平均单位产量差的置信区间(取 $\alpha=0.05$)。

解：由样本数据可计算得到

$\overline{x}=569.38$，$s_1^2=2\ 110.55$，$n=8$，$\overline{y}=487.00$，$s_2^2=3\ 256.22$，$m=10$

$$s_W=\sqrt{\frac{(n-1)s_1^2+(m-1)s_2^2}{n+m-2}}=\sqrt{\frac{7\times 2\ 110.55+9\times 3\ 256.22}{16}}=52.488\ 0$$

$\alpha=0.05$，查 t 分布表得 $t_{\frac{\alpha}{2}}(n+m-2)=t_{0.025}(16)=2.119\ 9$，将以上结果代入式 6.4.9，得 $\mu_1-\mu_2$ 的置信区间为

$$569.38-487.00\pm 2.119\ 9\times 52.488\ 0\times\sqrt{\frac{1}{8}+\frac{1}{10}}=(29.60,135.16)$$

6.4.5 两个正态总体方差比的区间估计

设两个正态总体 $X\sim N(\mu_1,\sigma_1^2)$，$Y\sim N(\mu_2,\sigma_2^2)$，其中 $\mu_1,\sigma_1^2,\mu_2,\sigma_2^2$ 为未知参数，$X_1,X_2,\cdots,X_n$ 与 $Y_1,Y_2,\cdots,Y_m$ 分别是 X 与 Y 的样本，记 $S_1^2=\sum\limits_{i=1}^{n}\dfrac{(X_i-\overline{X})^2}{n-1}$ 与 $S_2^2=\sum\limits_{i=1}^{m}\dfrac{(Y_i-\overline{Y})^2}{m-1}$ 分别为它们的样本方差。给定置信水平$(1-\alpha)$，试求方差比 σ_1^2/σ_2^2 的置信区间。

注意到$\dfrac{(n-1)S_1^2}{\sigma_1^2}$与$\dfrac{(m-1)S_2^2}{\sigma_2^2}$分别服从自由度为$(n-1)$和$(m-1)$的卡方分布，且相互独立(由所取样相互独立)，于是由 F 分布定义知

$$F=\frac{[(n-1)S_1^2]/[(n-1)\sigma_1^2]}{[(m-1)S_2^2]/[(m-1)\sigma_2^2]}=\frac{S_1^2/S_1^2}{S_2^2/\sigma_2^2}=\frac{S_1^2/S_2^2}{\sigma_1^2/\sigma_2^2}$$

服从自由度为$(n-1,\ m-1)$的 F 分布。

对给定 α，查 F 分布表，可得

$$P\{F>F_{\frac{\alpha}{2}}(n-1,m-1)\}=P\{F<F_{1-\frac{\alpha}{2}}(n-1,m-1)\}=\frac{\alpha}{2}$$

则 $P\{F_{1-\frac{\alpha}{2}}(n-1,m-1)<F<F_{\frac{\alpha}{2}}(n-1,m-1)\}=1-\alpha$，即得

$$P\left\{(S_1^2/S_2^2)\cdot\frac{1}{F_{\frac{\alpha}{2}}(n-1,m-1)}<(\sigma_1^2/\sigma_2^2)<(S_1^2/S_2^2)\cdot\frac{1}{F_{1-\frac{\alpha}{2}}(n-1,m-1)}\right\}=1-\alpha$$

故得 σ_1^2/σ_2^2 的置信水平为$(1-\alpha)$的置信区间为：

$$\left((S_1^2/S_2^2)\cdot\frac{1}{F_{\frac{\alpha}{2}}(n-1,m-1)},(S_1^2/S_2^2)\cdot\frac{1}{F_{1-\frac{\alpha}{2}}(n-1,m-1)}\right) \tag{6.4.10}$$

[例 7] 某厂利用两条自动化生产线装番茄酱罐头，现分别从两条流水线上随机各取出一个样本，它们的样本容量分别 $n=6$，$m=7$，分别称重后算得(单位：g) $\bar{x}=10.6$，$\bar{y}=10.1$，$s_1^2=0.012\,5$，$s_2^2=0.01$。假设两条流水线上所装的番茄酱重量都服从正态分布，求它们的方差的比 σ_1^2/σ_2^2 的置信度为90%的置信区间。

解：$\alpha=1-0.9=0.1$，$n=6$，$m=7$，查表得

$$F_{0.05}(5,6)=4.39,F_{0.95}(5,6)=\frac{1}{F_{0.05}(6,5)}=\frac{1}{4.95}=0.202$$

将上述数据代入式 6.4.10 得

$$(s_1^2/s_2^2)\cdot\frac{1}{F_{0.05}(5,6)}=\frac{0.012\,5}{0.01}\times\frac{1}{4.39}=0.285$$

$$(s_1^2/s_2^2)\cdot\frac{1}{F_{0.95}(5,6)}=\frac{0.012\,5}{0.01}\times\frac{1}{0.202}=6.188$$

所求置信区间为(0.285,6.188)。

二维码 6.5　知识点介绍

二维码 6.6　教学基本要求与重点

二维码 6.7　典型例题

第6章习题

1. 以下是某工厂通过抽样调查得到的10名工人1周内生产的产品数：

149　156　160　138　149　153　153　169　156　156

试由这一些样本数据构造经验分布函数并做图。

2. 为研究某厂工人生产某种产品的能力，我们随机调查了20名工人某天生产的该种产品的数量，数据如下：

160　196　164　148　170　175　178　166　181　162

161　168　166　162　172　156　170　157　162　154

(1)构造该批数据的频率分布表(分成5组)；

(2)画出直方图。

3. 设 $X_1,X_2,\cdots,X_n$ 为来自均匀分布 $U(-1,1)$的样本，试求 $E(\overline{X})$和 $D(\overline{X})$。

4. 设 $X_1,X_2,\cdots,X_n$ 是来自 $\chi^2(m)$ 分布的样本，求样本均值 $\overline{X}$ 的期望与方差。

5. 在总体 $N(7.6,4)$ 中抽取容量为 n 的样本，如果要求样本均值落在 $(5.6,9.6)$ 内的概率不小于 0.95，则 n 至少为多少？

6. 设 $x_1,x_2,\cdots,x_{16}$ 是来自 $N(\mu,\sigma^2)$ 的样本，经计算 $\bar{x}=9,s^2=5.32$。试求 $P(|\bar{x}-\mu|<0.6)$。

7. 设 $X\sim N(\mu,\sigma^2)$，μ 未知，且 σ^2 已知，$X_1,X_2,\cdots,X_n$ 为取自此总体的一个样本，指出下列各式中哪些是统计量，哪些不是，为什么？

(1) $X_1+X_2+X_n-\mu$；(2) X_n-X_{n-1}；(3) $\dfrac{\overline{X}-\mu}{\sigma}$；(4) $\sum\limits_{i=1}^{n}\dfrac{(X_i-\mu)^2}{\sigma^2}$

8. 设总体 $X\sim N(10,9)$，$X_1,X_2,\cdots,X_6$ 是它的一个样本，$Z=\sum\limits_{i=1}^{6}X_i$。

(1) 写出 Z 的概率密度；(2) 求 $P(Z>11)$。

9. 设从总体 $X\sim N(\mu,\sigma^2)$ 中抽取容量为 18 的样本，μ,σ^2 未知。

(1) 求 $P(S^2/\sigma^2\leqslant 1.2052)$，其中 $S^2=\dfrac{1}{n-1}\sum\limits_{i=1}^{n}(X_i-\overline{X})^2$；(2) 求 $D(S^2)$。

10. (1) 设 $X_1,X_2,\cdots,X_6$ 来自总体 $N(0,1)$，$Y=(X_1+X_3+X_5)^2+(X_2+X_4+X_6)^2$，试确定常数 C 使 CY 服从 χ^2 分布。

(2) 设 $X_1,X_2,\cdots,X_5$ 来自总体 $N(0,1)$，$Y=\dfrac{C(X_1+X_2)}{(X_3^2+X_4^2+X_5^2)^{1/2}}$，试确定常数 C 使 CY 服从 t 分布。

(3) 已知 $X\sim t(n)$，证明 $X^2\sim F(1,n)$。

11. 设 $x_1,x_2,\cdots x_n$ 是来自正态分布 $N(\mu,\sigma^2)$ 的样本值，μ 已知，求 σ^2 的极大似然估计量。

12. 设 $x_1,x_2,\cdots x_n$ 是来自正态分布 $N(\mu,1)$ 的样本值，求 μ 的极大似然估计量。

13. 设 X 服从区间 $[0,\lambda]$ $(\lambda>0)$ 上的均匀分布，λ 是未知参数，而 $x_1,x_2,\cdots x_n$ 是 X 的样本值，试求出 λ 的极大似然估计量和矩估计量。

14. 设总体 X 具有概率密度为 $f(x;\theta)=\begin{cases}c^{\frac{1}{\theta}}\dfrac{1}{\theta}x^{-\left(1+\frac{1}{\theta}\right)}, & x\geqslant c\\ 0, & \text{其他}\end{cases}$，其中参数 $0<\theta<1$，c 为已知常数，且 $c>0$。从中抽取一个样本 $x_1,x_2,\cdots,x_n$，求 θ 的矩估计和极大似然估计。

15. 设 X 服从区间 $[a,b]$ 上的均匀分布，这里 a,b 是两个未知参数。若 $x_1,x_2\cdots x_n$（不全相等）是 X 的样本值，试求出 a,b 的最大似然估计量。

16. 设总体 X 具有分布率

X	1	2	3
概率	θ^2	$2\theta(1-\theta)$	$(1-\theta)^2$

其中 $\theta(0<\theta<1)$ 为未知参数，已取得了样本值 $x_1=1,x_2=2,x_3=1$。试求 θ 的矩估计值和极大似然估计值。

17. 设 $X_1,X_2,\cdots,X_n$ 是来自参数为 λ 的泊松分布的样本，试证对任意常数 k，统计量 $k\overline{X}+(1-k)S^2$ 是 λ 的无偏估计量。

18. 设总体 $X \sim N(\mu,\sigma^2)$，$X_1,X_2,\cdots,X_n$ 为一样本，$\sigma^2 = c\sum_{i=1}^{n-1}(X_{i+1}-X_i)^2$，求参数 c，使 $\hat{\sigma}^2$ 为 σ^2 的无偏估计。

19. 设总体 $X \sim N(\mu,\sigma^2)$，μ 已知，σ 为未知参数，$X_1,X_2,\cdots,X_n$ 为一样本，$\hat{\sigma} = c\sum_{i=1}^{n}|X_i-\mu|$，求参数 c，使 $\hat{\sigma}$ 为 σ 的无偏估计。

20. 设 $X_1,X_2,\cdots X_n$ 是来自某一个具有均值 θ 而方差有限的总体中抽出的样本。证明：对任何常数 $c_1,c_2,\cdots,c_n$，只要 $\sum_{i=1}^{n}c_i=1$，则 $\sum_{i=1}^{n}c_iX_i$ 必是 θ 的无偏估计。但是，只有在 $c_1=c_2=\cdots=c_n=\frac{1}{n}$ 时方差达到最小(指在上述形式的估计类中达到最小。实际可以证明：$\overline{X}$ 在 θ 的一切无偏估计类中也达到最小)。

21. 设 $X_1,X_2,\cdots,X_n$ 和 $Y_1,Y_2,\cdots,Y_m$ 分别是来自正态总体 $N(\theta,\sigma_2^1)$ 和 $N(\theta,\sigma_2^2)$ 的样本，σ_1^2 和 σ_2^2 都已知。找常数 c,d，使 $\hat{\theta}=c\overline{X}+d\overline{Y}$ 为 θ 的无偏估计，并使其方差最小(在所有形如 $c\overline{X}+d\overline{Y}$ 的无偏估计类中最小)。

22. 设总体 X 为离散型随机变量，其分布律为 $P\{X=-1\}=\frac{(1-\theta)}{2}$，$P\{X=0\}=\frac{1}{2}$，$P\{X=1\}=\frac{\theta}{2}$，$X_1,X_2,\cdots,X_n$ 为其样本。

(1)求 θ 的 MLE(极大似然估计)$\hat{\theta}_1$，问 $\hat{\theta}_1$ 是否是 θ 的无偏估计；

(2)求 θ 的矩估计 $\hat{\theta}_2$。

23. 设总体 X 的概率密度为 $f(x,\sigma)=\frac{1}{2\sigma}\exp\left\{-\frac{|x|}{\sigma}\right\}$，$\sigma>0$，$X_1,X_2,\cdots,X_n$ 为其样本。

(1)求 σ 的矩估计；

(2)求 σ 的极大似然估计。

24. 测量铝的比重 16 次，测得 $\bar{x}=2.705$，$s=0.029$，试求铝的比重的置信区间(设测量值服从正态分布，置信度为 0.95)。

25. 设 $X \sim N(\mu,\sigma^2)$，$x_1,x_2,\cdots,x_n$ 是其样本值。如果 σ^2 已知，问：n 取多大时方能保证 μ 的置信度为 0.95 的置信区间的长度不大于给定的 L？

26. 从一批电子元件中抽取 100 件，若抽取的元件的平均强度为 1 000，标准差为 40，假设该批元件强度 $X \sim N(\mu,\sigma^2)$，试求 μ 的置信区间(设 $\alpha=0.05$)。

27. 设某厂每天生产的一批钢筋强度 $X \sim N(\mu,\sigma^2)$。现从中抽取 20 件，测得抗拉强度为

45.20　44.90　45.11　45.20　45.54　45.38　44.77　45.35　45.15　45.11
45.00　45.61　44.88　45.27　45.38　45.46　45.27　45.23　44.96　45.35

给定 $\alpha=0.05$，试求 μ 与 σ 的置信区间。

28. 设 A 和 B 两批导线是用不同工艺生产的，今随机地从每批导线中抽取五根测量其电阻，算得 $s_A^2=1.07\times10^{-7}$，$s_B^2=5.3\times10^{-6}$，若 A 批导线的电阻服从 $N(\mu_1,\sigma_1^2)$，B 批导线的电阻服从 $N(\mu_2,\sigma_2^2)$，求 σ_1^2/σ_2^2 的置信度为 0.90 的置信区间。

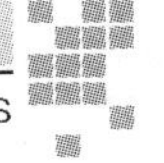

29.从甲乙两个蓄电池厂的产品中分别抽取六个产品，测得蓄电池的容量如下：

甲厂 140 138 143 141 144 137

乙厂 135 140 142 136 138 140

设蓄电池的容量服从正态分布，且方差相等，求两个工厂生产的蓄电池的容量均值差的95%置信区间。

30.为比较两个小麦品种的产量，选择18块条件相似的试验田，采用相同的耕作方法作试验，结果播种甲品种的8块试验田的亩产量和播种乙品种的10块试验田的亩产量(单位：kg/亩)分别为：

甲品种 628 583 510 554 612 523 530 615

乙品种 535 433 398 470 567 480 498 560 503 426

二维码 6.8 习题答案

二维码 6.9 补充习题与参考答案

Chapter 7 第 7 章

假设检验

Hypothesis Testing

假设检验是一种统计推断的方法。通过从总体中随机抽取一个样本的数据来判断总体分布是否具有某种特征。本章主要介绍假设检验的概念,假设检验方法的一般步骤,假设检验中的两类错误,正态总体中各种参数的假设检验方法以及总体分布的假设检验方法。

7.1 假设检验的基本思想

7.1.1 假设检验的基本思想

对总体的假设检验可分为两类:一类是对总体分布中的参数作某项假设,一般是对总体的数字特征做一项假设,用总体中样本检验此项假设是否成立,称为参数假设检验;另一类是对总体分布做某项假设,用总体中样本检验此项假设是否成立,称为分布假设检验。

[例 1] 某食品厂的自动装袋机装袋量服从正态分布,在正常工作时,每袋标准重量为 500 g。按以前生产经验标准差 σ 为 10 g。现从装好袋的食品中任取 9 袋,测得各袋净重为(单位:g):

496 510 514 498 519 515 506 509 505

问这段时间机器工作是否正常?

此例是已知正态分布前提下,判断"$\mu=500$"是否成立,也就是机器是否有系统偏差。

[例 2] 某种羊毛在处理前后,各抽取样本测得含脂率如下(单位:%):

处理前:19 18 21 30 66 42 8 12 30 27

处理后:15 13 7 24 19 4 8 20

羊毛含脂率可以认为服从正态分布。问处理后羊毛含脂率有无显著变化?

此例是已知正态分布前提下,判断"$E(X)=E(Y)$"是否成立。

[例 3] 某市公安交通部门对该市某年 10～12 月份交通事故进行分析,研究上年 10～12月份交通事故发生的次数 X 是否服从泊松分布?有关统计见表 7.1.1。

此例是用总体中样本检验判断 $X\sim\pi(x,\lambda)$。

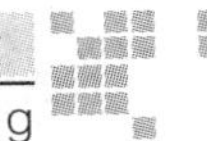

表 7.1.1

按每天发生次数分组	观察到的天数	按每天发生次数分组	观察到的天数
1	17	5	7
2	25	6	2
3	15	7	2
4	11	8	2
0	9	9 及 9 以上	0
		总计	90

以上三例各有代表性，但其共同特点就是要从样本值出发去判断一个关于总体的“看法”是否成立。关于总体的“看法”就是“假设”。例 1 的假设就是“$\mu=500$”；例 2 的假设就是“$E(X)=E(Y)$”；例 3 的假设就是“$X\sim\pi(x,\lambda)$”。

以上三例题就是所谓假设检验问题。例 1、例 2 是参数假设检验，例 3 是分布假设检验。

假设检验的基本思想

对例 1 中提出的问题，我们可以这样考虑，把每袋标准重量 500 g 当成自动装袋机正常工作时的期望，标准差 σ 为 10 g。这时从抽取的样本中得到了平均值 $\bar{x}$，我们知道，由于抽样误差的存在，一般情况下 $\bar{x}$ 不会都等于它来自总体的 μ，也就是说，$\bar{x}\neq500$ 并不代表 $\mu=500$ 不正确，我们假设它正确，记为 $H_0:\mu=500$，(即 $\mu=500$ 为真)，如果 $\bar{x}$ 与 μ 有显著的差异，即若 $|\bar{x}-\mu|$ 的值相当大，则我们认为机器工作不正常，需要校准或修理。这时，$\mu=500$ 不正确，故拒绝 H_0。

在上面处理问题的方式中，我们依据了“统计推断原理”，即小概率事件在一次试验中实际上是不可能发生的。其特点是运用了反证法的思想。为了检验假设 $H_0(\mu=500)$ 是否成立，首先假定这个假设成立，然后在 H_0 成立的条件下根据试验结果(样本值)进行推断，若推出小概率事件在一次试验中发生了，则拒绝假设 $H_0(\mu=500)$，否则没有理由拒绝 H_0。这种由实际问题，首先对总体提出某种假设，然后根据样本来检验推断该假设是否成立的统计推断原理就是假设检验的基本思想。

7.1.2 假设检验的基本步骤

我们用 H_0 表示原来的假设，称之为原假设(待检假设)。把问题的反面，称为备择假设，用 H_1 表示。

下面以例 1 为例说明假设检验具体分析过程。

以 μ,σ 分别表示这天装袋量总体 X 的期望和标准差。按经验标准差稳定不变为 $\sigma=10$ g，则 $X\sim N(\mu,10^2)$，但是 μ 未知，现在问题是要判断 μ 是否等于 500。即 $H_0:\mu=500$ 是否成立。

用数理统计的语言来说，就是如果 $|\bar{x}-\mu|>k$，则拒绝假设 H_0(即认为机器工作不正常)；如果 $|\bar{x}-\mu|<k$，则接受假设 H_0(即认为机器工作正常)。如何确定常数 k 成为解决问题的关键。

由上一章已知 $\bar{x}$ 是对 μ 的无偏估计量。因此当 H_0 成立时，

总体 $X\sim N(500,10^2)$

样本均值 $\bar{X}\sim N\left(500,\dfrac{10^2}{n}\right)$

则统计量 $U=\dfrac{\overline{x}-500}{10/\sqrt{9}}\sim N(0,1)$

对于给定小概率 α（α 称为显著性水平），由标准正态分布表可查的 $U_{\frac{\alpha}{2}}$（$U_{\frac{\alpha}{2}}$ 称为临界值），使得

$$P\left\{\frac{|\overline{x}-500|}{10/\sqrt{9}}>U_{\frac{\alpha}{2}}\right\}=\alpha \text{ 或 } P\{|U|>U_{\frac{\alpha}{2}}\}=\alpha$$

即 $P\left\{|\overline{x}-500|>\dfrac{10}{\sqrt{9}}U_{\frac{\alpha}{2}}\right\}=\alpha$

于是 $k=\dfrac{10}{\sqrt{9}}U_{\frac{\alpha}{2}}=\dfrac{10}{3}U_{\frac{\alpha}{2}}$

当事件 $\{|\overline{x}-\mu|<k\}$ 发生，即小概率事件在一次试验中发生了，自然会使人感到不正常，究其原因，只能认为原假设 H_0 是值得怀疑的，因此应拒绝 H_0；否则，没有理由拒绝 H_0，即接受 H_0。我们把 $\{|U|>U_{\frac{\alpha}{2}}\}$ 表示的区域称为拒绝域，把 $\{|U|\leqslant U_{\frac{\alpha}{2}}\}$ 表示的区域称为接受域。

例如当 $\alpha=0.05$ 时，$\dfrac{\alpha}{2}=0.025$，查正态分布表得

$$U_{\frac{\alpha}{2}}=1.96, k=\frac{10}{3}U_{\frac{\alpha}{2}}=\frac{10}{3}\times 1.96=6.53$$

现在 $\overline{x}=508$，$|\overline{x}-\mu|=8>6.53=k$

即现在小概率事件在一次试验中发生了，故拒绝 H_0，说明装袋量的期望值不是 500 g。此时机器工作不正常。

因此，假设检验的一般步骤如下：

(1)根据实际问题提出原假设 H_0，即写明待检假设 H_0 和备择假设 H_1 的具体内容。

(2)选统计量，根据具体内容，确定其分布，并选取合适的统计量。

(3)给定显著性水平 α（一般取 0.05，0.01，0.001 等）查有关分布表，求出临界值。

(4)由样本观测值，计算出统计量的值，并与临界值进行比较，做出拒绝 H_0 或接受 H_0 的推断。

7.1.3 假设检验的两类错误

当进行检验时，我们是由样本值去推断总体的。不管给定的显著性水平 α 多么小，由于样本的随机性，不可能所做的推断百分之百的正确，完全可能出现下列错误。

1. 弃真错误

弃真错误（第一类错误）就是本来待检验的 H_0 是正确的，而我们根据样本值计算得出 $|U|\geqslant U_{\frac{\alpha}{2}}$，因此做出拒绝 H_0 的推断。因为 $P\{|U|>U_{\frac{\alpha}{2}}\}=\alpha$ 是小概率，所以犯弃真错误的概率恰好等于显著性水平 α。

2. 取伪错误

取伪错误（第二类错误）就是本来待检验的 H_0 不正确，而我们根据样本值计算得 $|U|<U_{\frac{\alpha}{2}}$，因此做出接受 H_0 的推断。犯第二类错误的概率记为 β。

当然，我们希望犯这两类错误的概率越小越好。但是，一般来说，当样本容量固定时，若减少犯某一类错误的概率，则犯另一类错误的概率往往增大，若要使犯两类错误的概率都减

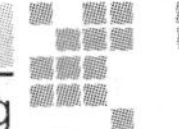

少,除非增加样本容量。而样本容量的增大会导致人力、物力及财力的耗费。在实际中一般是尽量控制犯第一类错误的概率。

[例 4] 设 $(X_1,X_2,\cdots,X_n)$ 为取自总体 $X\sim N(\mu,4)$ 的样本,在显著性水平 α 下检验 $H_0:\mu=0,H_1:\mu\neq 0$

现取拒绝域 $W=\left\{(x_1,x_2,\cdots,x_n)\left|\sqrt{n}\,\frac{|\overline{X}|}{2}>u_{\frac{\alpha}{2}}\right.\right\}$,当实际情况为 $\mu=1$ 时,试求犯第二类错误的概率。

解:设犯第二类错误的概率为 β,则因为 H_0 不成立,$\mu=1$ 时,总体 $X\sim N(1,4)$,于是 $\overline{X}\sim N\left(1,\frac{4}{n}\right)$,故

$$\beta=P\left\{\sqrt{n}\,\frac{|\overline{X}|}{2}\leqslant u_{\frac{\alpha}{2}}\right\}=P\left\{|\overline{X}|\leqslant\frac{2u_{\frac{\alpha}{2}}}{\sqrt{n}}\right\}=\Phi\left(u_{\frac{\alpha}{2}}-\frac{\sqrt{n}}{2}\right)-\Phi\left(-u_{\frac{\alpha}{2}}-\frac{\sqrt{n}}{2}\right)$$

7.2 正态总体均值的假设检验

7.2.1 单个正态总体 $N(\mu,\sigma^2)$ 的均值 μ 的检验

1. σ^2 已知,关于 μ 的检验(u 检验)

设$(x_1,x_2,\cdots,x_n)$是从正态总体 $N(\mu,\sigma^2)$中抽取的一个样本,其中 σ^2 是已知常数,现在要检验假设 $H_0:\mu=\mu_0,H_1:\mu\neq\mu_0$

由前面已知,我们是利用在 H_0 为真时服从 $N(0,1)$分布的统计量$\frac{\overline{x}-\mu_0}{\sigma/\sqrt{n}}$来确定拒绝域的,这种检验法常称为 u 检验法。

检验方法步骤如下:

(1)设总体 $X\sim N(\mu,\sigma^2)$,σ^2 已知,$x_1,x_2,\cdots,x_n$ 是 X 的一组样本观测值,μ_0 为已知常数,检验假设 $H_0:\mu=\mu_0$;$H_1:\mu\neq\mu_0$;

(2)在 H_0 成立的条件下,选取统计量

$$U=\frac{\overline{x}-\mu_0}{\sigma/\sqrt{n}}\sim N(0,1)$$

(3)对给定的显著性水平 α,查标准正态分布表得到临界值 $U_{\frac{\alpha}{2}}$,使 $P\{|U|>U_{\frac{\alpha}{2}}\}=\alpha$;根据样本观测值计算统计量 $|U|$ 的值,若满足 $|U|\geqslant U_{\frac{\alpha}{2}}$ 则拒绝 H_0;如果 $|U|<U_{\frac{\alpha}{2}}$,就接受 H_0。

在上面检验中,拒绝域表示为 U 小于一个给定数 $-U_{\frac{\alpha}{2}}$ 或大于一个给定数 $U_{\frac{\alpha}{2}}$ 的所有数的集合,称为双侧检验。实际中,有时我们只关心总体期望值是否增加(或减少)。例如生产的灯泡的平均寿命问题。针对这种情况,我们在检验方法步骤中将(1)中的检验假设改为

$H_0:\mu\geqslant\mu_0, H_1:\mu<\mu_0$

可以证明,对假设 $H_0:\mu\geqslant\mu_0, H_1:\mu<\mu_0$ 和假设 $H_0:\mu=\mu_0, H_1:\mu<\mu_0$ 在同一显著性水平 α 下的检验法是一样的。只是把拒绝域的 $|U|\geqslant U_{\frac{\alpha}{2}}$ 根据情况改为 $U\leqslant -U_\alpha$。这种检验称为左单侧检验,类似可以有右单侧检验。

2. σ^2 未知,关于 μ 检验(T 检验)

设$(X_1,X_2,\cdots,X_n)$是从 σ 正态总体 $N(\mu,\sigma^2)$ 中抽取的一个样本,其中 σ^2 是未知参数,现在要检验假设 $H_0:\mu=\mu_0; H_1:\mu\neq\mu_0$。这时就不能用 U 做统计量了。自然的想法用 σ^2 的无偏估计 $S^2=\frac{1}{n-1}\sum\limits_{i=1}^{n}(X_i-\overline{X})^2$ 去代替它。因而在 H_0 成立的条件下,取统计量 $T=\frac{\overline{X}-\mu_0}{S/\sqrt{n}}\sim t(n-1)$ 对给定的显著性水平 α,查自由度 $n-1$ 的 t 分布表,求得临界值 $t_{\frac{\alpha}{2}}(n-1)$,使得 $P\{|T|>t_{\frac{\alpha}{2}}\}=\alpha$ 由样本值算出 T 的值,当 $|T|\geqslant t_{\frac{\alpha}{2}}$ 时,拒绝假设 H_0;当 $|T|<t_{\frac{\alpha}{2}}$ 时,接受 H_0。这种检验方法称为 T 检验法。

[例 1] 某炼钢厂生产一种钢,设屈服强度 $X\sim N(30,4)$,今改变炼钢工艺后取样 100 个,得平均屈服强 $\overline{x}=30.5$,试检验新工艺生产的钢的屈服强度与原工艺生产的钢的屈服强度有无差异($\alpha=0.05$)?

解:方法一 用双侧假设检验,提出假设

$H_0:\mu=\mu_0=30, H_1:\mu\neq\mu_0=30$

因 $\sigma^2=4$,取统计量 $U=\frac{\overline{x}-\mu}{2/\sqrt{100}}\sim N(0,1)$

对 $\alpha=0.05, \frac{\alpha}{2}=0.025$,查标准正态分布表得临界值 $U_{\frac{\alpha}{2}}=1.96$

由样本均值 $\overline{x}=30.5$,代入统计量得 $|U|=\frac{|30.5-30|}{2/\sqrt{100}}=2.5>1.96$

故拒绝 H_0,认为新工艺生产的钢,其屈服强度与原工艺生产钢的屈服强度有显著性差异。

方法二 用单侧检验。问题分析后,我们关心的是采用新工艺后钢的屈服强度是否比原工艺钢的屈服强度有所提高。提出假设

$H_0:\mu=30, H_1:\mu>30$

当 H_0 成立时,取统计量 $U=\frac{\overline{x}-30}{2/\sqrt{100}}\sim N(0,1)$

在 $\alpha=0.05$ 下,查标准正态分布表,得单侧临界值 $U_\alpha=U_{0.05}=1.65$

由样本均值 $\overline{x}=30.5$,代入统计量得

$U=\frac{30.5-30}{2/\sqrt{100}}=2.5>U_{0.05}=1.65$

故拒绝 $H_0:\mu=30$,接受 $H_1:\mu>30$,即认为新工艺生产的钢,其屈服强度比原工艺提高了。

[例 2] 某种电子元件的寿命 X(以小时计)服从正态分布,μ,σ^2 均未知。现测得 16 只元件的寿命如下:

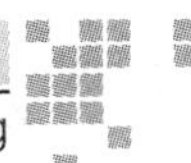

159 280 101 212 224 379 179 264 222 362 168 250 149 260 485 170

问是否有理由认为元件的平均寿命等于225($\alpha=0.05$)。

解:提出假设 $H_0:\mu=225,H_1:\mu\neq225$

因为总体方差 σ^2 未知,所以采用 T 检验。

$$T=\frac{\overline{x}-225}{s/\sqrt{n}}\sim t(n-1)$$

由测量值算得 $\overline{x}=241.5,s=98.7259$。$\alpha=0.05$,自由度 $n-1=15$,查 t 分布表得临界值 $t_{\frac{\alpha}{2}}(n-1)=t_{0.025}(15)=2.1315$

由 $\overline{x}=241.5$, $s=98.7259$,算得 $|T|=\left|\frac{241.5-225}{98.7259/\sqrt{16}}\right|\approx0.6685<2.1315$

因为 $|T|<t_{\frac{\alpha}{2}}$,故接受 H_0,即认为元件的平均寿命与225 h无显著差异。

[例3] 已知滚珠直径服从正态分布,现随机从一批中抽取6个,其直径为14.7,15.21,14.9,14.91,15.32,15.32(mm),假设其直径总体分布的方差为0.05,问这一批滚珠的平均直径是否为15.25 mm?($\alpha=0.05$)

解:提出假设 $H_0:\mu=15.25$

因为 σ^2 已知,所以选取检验统计量

$$U=\frac{\overline{x}-\mu_0}{\sigma/\sqrt{n}}\sim N(0,1)$$

对给定的 $\alpha=0.05$,查表得 $U_{\frac{\alpha}{2}}=U_{0.025}=1.96$

即拒绝域为 $(-\infty,-1.96)\cup(1.96,+\infty)$

由样本数据有 $\overline{x}=15.06,U=\frac{15.06-15.25}{\sqrt{0.05/6}}=-2.08<-1.96$

因此拒绝假设,即可认为平均直径不是15.25 mm。

[例4] 食品厂用自动装罐机装罐头食品,每罐标准重量为500 g,每隔一定时间需要检验机器的工作情况,现抽10罐,测得其重量(单位:g):

495, 510, 505, 498, 503, 492, 502, 512, 497, 506

假设重量 X 服从正态分布 $N(\mu,\sigma^2)$,试问机器工作是否正常($\alpha=0.02$)。

解:提出假设 $H_0:\mu=500$

因为 σ^2 未知,所以选取检验统计量

$$T=\frac{\overline{x}-\mu_0}{s/\sqrt{n}}=\frac{\overline{x}-500}{s/\sqrt{10}}\sim t(9)$$

对给定的 $\alpha=0.02$,查表得 $t_{\frac{\alpha}{2}}(n-1)=t_{0.01}(9)=2.82$

即拒绝域为 $(-\infty,-2.82)\cup(2.82,+\infty)$

由样本数据有 $\overline{x}=502,s=6.5,T=\frac{502-500}{6.5/\sqrt{10}}=0.97<2.82$

因此接受假设,即可认为自动装罐机工作正常。

7.2.2 两个正态总体均值的检验

1. 已知σ_1^2与σ_2^2,总体均值μ_1,μ_2的检验——U检验

设两个正态总体$X\sim N(\mu_1,\sigma_1^2)$及$Y\sim N(\mu_2,\sigma_2^2)$,而$(X_1,X_2,\cdots,X_{n_1})$,$(Y_1,Y_2,\cdots,Y_{n_2})$分别为来自$X,Y$的两个样本,通常设两个样本相互独立。$\sigma_1^2$与$\sigma_2^2$为已知,检验假设

$H_0:\mu_1=\mu_2,H_2:\mu_1\neq\mu_2$

检验假设$H_0:\mu_1=\mu_2$等价于检验假设$H_0:\mu_1-\mu_2=0$。自然想法是研究样本均值之差$\overline{X}-\overline{Y}$,如果差数很大,则不大可能为$\mu_1=\mu_2$;如果差数比较小,则很可能$\mu_1=\mu_2$。则正态分布记

$$\overline{X}=\frac{1}{n_1}\sum_{i=1}^{n_1}X_i,\overline{Y}=\frac{1}{n_2}\sum_{i=1}^{n_2}Y_i$$

有$\overline{X}\sim N\left(\mu_1,\frac{\sigma_1^2}{n_1}\right)$,$\overline{Y}\sim N\left(\mu_2,\frac{\sigma_2^2}{n_2}\right)$,则$\overline{X}-\overline{Y}\sim N\left(\mu_1-\mu_2,\frac{\sigma_1^2}{n_1}+\frac{\sigma_2^2}{n_2}\right)$

$\mu_1-\mu_2=0$,所以$\overline{X}-\overline{Y}\sim N\left(0,\frac{\sigma_1^2}{n_1}+\frac{\sigma_2^2}{n_2}\right)$,将其标准化得

$$\frac{\overline{X}-\overline{Y}}{\sqrt{\sigma_1^2/n_1+\sigma_2^2n_2}}\sim N(0,1)$$

仿照处理一个正态总体的情形,可得检验两个正态总体期望值是否相等的方法步骤为:

(1)提出假设$H_0:\mu_1=\mu_2,H_2:\mu_1\neq\mu_2$

(2)在H_0成立的条件下,选取统计量

$$U=\frac{\overline{X}-\overline{Y}}{\sqrt{\sigma_1^2/n_1+\sigma_2^2/n_2}}\sim N(0,1)$$

(3)对给定的显著性水平α,查标准正态分布表得临界值$U_{\frac{\alpha}{2}}$,使得$P\{|U|>U_{\frac{\alpha}{2}}\}=\sigma$;

(4)根据样本值计算U的值,若$|U|\geqslant U_{\frac{\alpha}{2}}$,则拒绝$H_0$;若$|U|<U_{\frac{\alpha}{2}}$,则接受$H_0$。

2. 未知σ_1^2与σ_2^2,但已知$\sigma_1^2=\sigma_2^2$,总体均值μ_1,μ_2的检验——T检验

与上面情况类似,$H_0:\mu_1=\mu_2$即$H_0:\mu_1-\mu_2=0$,但$\overline{X}-\overline{Y}$的概率分布由$\sigma_1^2,\sigma_2^2$未知算不出来了。自然想到利用$S_1^2=\frac{1}{n_1-1}\sum_{i=1}^{n_1}(X_i-\overline{X})^2$代替$\sigma_1^2$,用$S_2^2=\frac{1}{n_2-1}\sum_{i=1}^{n_2}(Y_i-\overline{Y})^2$代替$\sigma_2^2$。故选用统计量

$$T=\frac{\overline{X}-\overline{Y}-(\mu_1-\mu_2)}{\sqrt{\frac{(n_1-1)S_1^2+(n_2-1)S_2^2}{n_1+n_2-2}}\sqrt{\frac{1}{n_1}+\frac{1}{n_2}}}$$

由第6章可知,统计量$T\sim t(n_1+n_2-2)$对给定的显著性水平α,查t分布表的临界值$t_{\frac{\alpha}{2}}(n_1+n_2-2)$,使得$P\{|T|\geqslant t_{\frac{\alpha}{2}}\}=\varepsilon$。由样本算出的值,若$|T|\geqslant t_{\frac{\alpha}{2}}$,则拒绝$H_0$;若$|T|<t_{\frac{\alpha}{2}}$,则接受$H_0$。

[例5] 据以往资料,已知某品种小麦每平方产量4 g的方差为$\alpha^2=0.2$。今在一块地上用A,B两法试验,A法设12个抽样点,得平均产量$\overline{x}=1.5$;B法设8个抽样点,得平均产量$\overline{y}=1.6$,试比较A,B两法的平均产量是否有显著差异($\alpha=0.05$)。

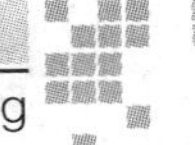

解:假设 $H_0:\mu_1=\mu_2, H_2:\mu_1\neq\mu_2$

在 H_0 成立的条件下,选取统计量

$$U=\frac{\bar{x}-\bar{y}}{\sqrt{0.2/12+0.2/8}}$$

由 $\alpha=0.05, \frac{\alpha}{2}=0.025$,查表得临界值 $U_{\frac{\alpha}{2}}=1.96$

由样本值计算 $|U|=\left|\frac{1.5-1.6}{\sqrt{0.2/12+0.2/8}}\right|\approx 0.49$

因为 $|U|<U_{\frac{\alpha}{2}}$,所以接受 H_0,即认为A,B两种方法的平均产量没有显著差异。

[例6] 对用两种不同热处理方法加工的金属材料做抗拉强度试验,得到的试验数据如下:

甲方法 31 32 34 35 29 38 36 34 30 29 32 31

乙方法 26 24 28 29 30 29 32 26 31 29 32 28

设用两种热处理方法加工的金属材料抗拉强度各构成正态总体,且两个总体方差相等。给定显著性水平 $\alpha=0.05$ 试检验两种方法所得金属材料的平均抗拉强度有无显著性差异。

解:设甲方法抗拉强度 $X\sim N(\mu_1,\sigma_1^2)$,设乙方法抗拉强度 $Y\sim N(\mu_2,\sigma_2^2)$,因为 σ_1^2,σ_2^2 未知,但 $\sigma_1^2=\sigma_2^2$,检验假设 $H_0:\mu_1=\mu_2; H_1:\mu_1\neq\mu_2$

由样本可知,$n_1=n_2=12$,计算得 $\bar{x}=31.75, \bar{y}=28.67, s_1^2=10.2, s_2^2=6.06$ 于是

$$T=\frac{31.75-28.67}{\sqrt{\frac{1}{12}+\frac{1}{12}}\sqrt{\frac{11\times 10.2+11\times 6.06}{12}}}=\frac{3.08}{0.41\times\sqrt{8.13}}=2.64$$

由 $\alpha=0.05$,自由度 $n_1+n_2-2=22$,查 t 分布表得

$t_{\frac{\alpha}{2}}(22)=2.047$

至此可知 $|T|>t_{\frac{\alpha}{2}}$,应拒绝 H_0,即认为两种热处理方法加工的金属材料(平均)抗拉强度有显著性差异。

7.2.3 大样本情形

前述检验方法皆以正态分布为前提。故无论样本大小都是适用的。如果实际的总体不服从正态分布,则只要样本充分大(在应用中,通常指 $n_1, n_2>30$ 的情形,但并无严格标准),则根据中心极限定理,两个样本均值之差近似的服从正态分布

$$\bar{X}-\bar{Y}\sim N\left(\mu_1-\mu_2,\frac{\sigma_1^2}{n_1}+\frac{\sigma_2^2}{n_2}\right)$$

因此可以用 U 作为检验统计量来解决两个非正态总体均值之差的假设检验问题。若 σ_1,σ_2 未知时,可以用 S_1,S_2 代替。此时统计量为

$$U=\frac{\bar{X}-\bar{Y}}{\sqrt{S_1^2/n_1+S_2^2/n_2}}\sim N(0,1)$$

于是用上面的统计量可对假设 $H_0:\mu_1=\mu_2, H_1:\mu_1\neq\mu_2$ 实施 U 检验。

7.3 正态总体方差的假设检验

7.3.1 单个正态总体方差 σ^2 的检验——χ^2 检验

1. 总体均值 μ_0 已知，关于 σ^2 的检验

检验假设 $H_0:\sigma^2=\sigma_0^2, H_1:\sigma^2\neq\sigma_0^2$

设$(X_1,X_2,\cdots,X_n)$来自正态总体 $N(\mu_0,\sigma_0^2)$，其中 μ_0 已知，假设 H_0 成立的条件下，选用统计量 $\chi^2=\dfrac{1}{\sigma_0^2}\sum\limits_{i=1}^{n}(x_i-\mu_0)^2=\sum\limits_{i=1}^{n}\left(\dfrac{x_i-\mu_0}{\sigma_0^2}\right)^2$

因为 X_i 独立同正态分布 $N(\mu_0,\sigma_0^2)$，所以$\dfrac{X-\mu_0}{\sigma_0}$独立同标准正态分布。于是由第 6 章定理可知 $\chi^2\sim\chi^2(n)$，故对给定的显著性水平 α 和自由度 n，有

$$P\{\chi^2<\chi^2_{1-\frac{\alpha}{2}}\}=P\{\chi^2\geqslant\chi^2_{\frac{\alpha}{2}}\}=\frac{\alpha}{2}$$

由样本值计算统计量的值，若 $\chi^2\leqslant\chi^2_{1-\frac{\alpha}{2}}$ 或 $\chi^2\geqslant\chi^2_{\frac{\alpha}{2}}$，则拒绝 H_0，否则接受 H_0。

2. 总体均值 μ 未知，关于 σ^2 的检验

检验假设 $H_0:\sigma^2=\sigma_0^2, H_1:\sigma^2\neq\sigma_0^2$

设$(X_1,X_2,\cdots,X_n)$来自正态总体 $N(\mu_0,\sigma_0^2)$，其中 μ 未知。假设 H_0 成立的条件下，显然可以用样本方差 S^2 做检验，由第 6 章结论知

$$\frac{(n-1)S^2}{\sigma_0^2}\sim\chi^2(n-1)$$

所以，我们选用统计量

$$\chi^2=\frac{\sum\limits_{i=1}^{n}(x_i-\overline{x})^2}{\sigma_0^2}=\frac{(n-1)S^2}{\sigma_0^2}$$

对给定的显著性水平 α，查 χ^2 分布表得 $\chi^2_{\frac{\alpha}{2}}(n-1)$ 及 $\chi^2_{1-\frac{\alpha}{2}}(n-1)$，使得

$$P\{\chi^2\leqslant\chi^2_{1-\frac{\alpha}{2}}\}=P\{\chi^2\geqslant\chi^2_{\frac{\alpha}{2}}\}=\frac{\alpha}{2}$$

由样本值计算统计量的值，若 $\chi^2\leqslant\chi^2_{1-\frac{\alpha}{2}}$ 或 $\chi^2\geqslant\chi^2_{1-\frac{\alpha}{2}}$，则拒绝 H_0，否则接受 H_0。

同理，无论在 μ 已知还是未知的情况下，检验假设 $H_0:\sigma^2=\sigma_0^2, H_1:\sigma^2<\sigma_0^2$。它为左边检验，在显著性水平 α 下，查 χ^2 分布表确定单侧临界值 $\chi^2_{1-\alpha}$。由样本值计算统计量 χ^2 的值，若 $\chi^2<\chi^2_{1-\alpha}$，则拒绝 H_0，接受 H_1；若 $\chi^2\geqslant\chi^2_{1-\alpha}$ 就接受 H_0。这种检验经常用于生产过程中对产品加工精度的控制，如进行抽样得到拒绝 H_0 的结论，说明精度变差了，须马上检查原因。

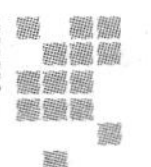

[例1]　某种导线，要求其电阻的标准差为0.004 Ω，今从生产的一批导线中任取九根，测得电阻的标准差 $s=0.007\ \Omega$，假设导线的电阻服从正态分布，在 $\alpha=0.05$ 下可否认为这批导线电阻的标准差有明显的差异？

解：设导线的电阻为 $X\sim N(\mu,\sigma^2)$，μ 未知。

假设 $H_0:\sigma^2=0.004^2$，$H_1:\sigma^2\neq 0.004^2$

用 χ^2 检验法，当 $\alpha=0.005$，$n-1=8$ 时，查 χ^2 分布表得

$\chi^2_{0.025}(8)=17.535$，$\chi^2_{1-\frac{\alpha}{2}}(8)=\chi^2_{0.975}(8)=2.180$

将 $s=0.007$ 代入 χ^2 统计量得 $\chi^2=\dfrac{(9-1)s^2}{0.004^2}=\dfrac{8\times 0.007^2}{0.004^2}=24.5$

可知 $\chi^2>\chi^2_{\frac{\alpha}{2}}$，所以拒绝 H_0，即认为这批导线电阻的标准差有明显差异。

若此题中给出条件不变，问这批导线电阻的标准差是否显著增大？这是单侧检验问题。请读者自己完成。

[例2]　某专用机床加工某变速箱壳，两主轴间距的方差为0.000 4，现对专用机床进行某项改造，从试加工品中抽取20个箱壳，经测定孔间距，算得 $s^2=0.000\ 68$。问这项改造成功否？

解：显然，改造后使方差变大是失败的。

假设 $H_0:\sigma^2\leqslant\sigma_0^2$；$H_1:\sigma^2>\sigma_0^2$

此时 μ 未知，对 $\alpha=0.05$，$n-1=19$，查 χ^2 分布表得 $\chi^2_{0.05}(19)=30.144$。计算统计量的值

$$\chi^2=\frac{(n-1)s^2}{\sigma_0^2}=\frac{19\times 0.000\ 68}{0.000\ 4}=32.3>\chi^2_{0.05}(19)$$

应拒绝 H_0，接受 H_1，即方差变大，此项改造方案是失败的。

[例3]　用包装机包装某种洗衣粉，在正常情况下，每袋重量为1 000 g，标准差 σ 不能超过15 g。假设每袋洗衣粉的净重服从正态分布。某天检验机器工作的情况，从已装好的袋中随机抽取10袋，测得其净重(单位:g)为

1 020, 1 030, 968, 994, 1 014, 998, 976, 982, 950, 1 048

问这天机器是否工作正常($\alpha=0.05$)。

解：提出假设 $H_0:\sigma^2\leqslant 15^2$

选取检验统计量 $\chi^2=\dfrac{(n-1)s^2}{\sigma_0^2}\sim\chi^2(n-1)$

对给定的 $\alpha=0.05$，查表得 $\chi^2_{0.05}(9)=16.919$

即拒绝域为 $(16.919,+\infty)$

由样本数据有 $\bar{x}=998$，$s=30.23$，$\chi^2=36.554>16.919$

故拒绝 H_0，即这天机器工作不正常。

[例4]　某厂生产的某种型号的电池，其寿命(以h计)长期以来服从方差 $\sigma^2=5\ 000$ 的正态分布，现有一批这种电池，从其生产情况来看，寿命的波动性有所改变。现随机取26只电池，测出其寿命的样本方差为 $s^2=9\ 200$，根据这一数据，能否推断这批电池的寿命的波动

性较以往有显著的变化。(取 $\alpha = 0.02$)

解:本题要求在水平 $\alpha = 0.02$ 下的检验假设。

提出假设 $H_0: \sigma^2 = 5\,000, H_1: \sigma^2 \neq 5\,000$

选取检验统计量 $\chi^2 = \dfrac{(n-1)s^2}{\sigma_0^2} \sim \chi^2(n-1)$

对给定的 $\alpha = 0.02$,查表得 $\chi^2_{0.01}(25) = 44.314$, $\chi^2_{0.99}(25) = 11.524$

即拒绝域为 $(0, 11.524) \cup (44.314, +\infty)$

由样本数据有 $\chi^2 = 46 > 44.314$

故拒绝 H_0,即这批电池的寿命的波动性较以往有显著的变化。

7.3.2 两个正态总体方差的检验——*F* 检验

1. 总体均值 μ_1, μ_2 已知,关于总体方差 σ_1^2, σ_2^2 的检验

设$(X_1, X_2, \cdots, X_{n1})$与$(Y_1, Y_2, \cdots, Y_{n2})$分别来自正态总体 $N(\mu_1, \sigma_1^2)$与 $N(\mu_2, \sigma_2^2)$的简单随机样本,且相互独立,要检验假设 $H_0: \sigma_1^2 = \sigma_2^2, H_1: \sigma_1^2 \neq \sigma_2^2$。此时 μ_1, μ_2 为已知。于是选取统计量

$$F = \left(\sum_{i=1}^{n_1} \frac{(x_i - \mu_1)^2}{n_1}\right) \Big/ \left(\sum_{i=1}^{n_2} \frac{(y_i - \mu_2)^2}{n_2}\right) \sim F(n_1, n_2)$$

对于给定的显著性水平 α,自由度(n_1, n_2),查 F 分布表得临界值 $F_{\frac{\alpha}{2}}(n_1, n_2)$及 $F_{1-\frac{\alpha}{2}}(n_1, n_2)$,使得 $P\{F \geqslant F_{\frac{\alpha}{2}}\} = P\{F \leqslant F_{1-\frac{\alpha}{2}}\} = \dfrac{\alpha}{2}$。

由样本计算统计量。若 $F \leqslant F_{1-\frac{\alpha}{2}}$ 或 $F \geqslant F_{\frac{\alpha}{2}}$,则拒绝 H_0,即认为总体方差有显著性差异;否则,接受 H_0,即认为总体方差无显著性差异。

2. 总体均值 μ_1, μ_2 未知,关于总体方差 σ_1^2, σ_2^2 的检验

假设 $H_0: \sigma_1^2 = \sigma_2^2, H_1: \sigma_1^2 \neq \sigma_2^2$,这时要比较 σ_1^2 与 σ_2^2 的大小,自然想到

$$S_1^2 = \frac{1}{n_1 - 1} \sum_{i=1}^{n_1} (x_i - \overline{x})^2, \ S_2^2 = \frac{1}{n_2 - 1} \sum_{i=1}^{n_2} (y_i - \overline{y})^2$$

在 H_0 成立时,它们不应相差太多,即比值 $F = S_1^2 / S_2^2$ 应接近 1,否则当 $\sigma_1^2 > \sigma_2^2$ 时,F 有偏大的趋势;在 $\sigma_1^2 < \sigma_2^2$ 时,F 有偏小的趋势。由第 6 章知,当 H_0 成立时,有

$F = S_1^2 / S_2^2 \sim F(n_1 - 1, n_2 - 1)$

对于给定的显著性水平 α,自由度$(n_1 - 1, n_2 - 1)$,查 F 分布表得临界值

$F_{\frac{\alpha}{2}}(n_1 - 1, n_2 - 1)$及 $F_{1-\frac{\alpha}{2}}(n_1 - 1, n_2 - 1)$使得

$$P\{F \geqslant F_{\frac{\alpha}{2}}\} = P\{F \leqslant F_{1-\frac{\alpha}{2}}\} = \frac{\alpha}{2}$$

由样本值计算统计量 F 的值。若 $F \leqslant F_{1-\frac{\alpha}{2}}$ 或 $F \geqslant F_{1-\frac{\alpha}{2}}$ 则拒绝 H_0,即认为总体方差有显著性差异;否则接受 H_0,即认为总体方差无显著性差异。

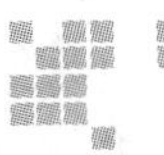

[例 5] 甲乙两个铸造厂生产同一种铸件，假设两厂铸件的重量都服从正态分布，各取七件与六件产品，测得重量如下(单位:kg)：

甲厂 93.3 92.1 94.7 90.1 95.6 90.0 94.7

乙厂 95.6 94.9 96.2 95.1 95.8 96.3

问乙厂铸件重量的方差是否比甲厂的小($\alpha=0.05$)？

解: 设 X,Y 分别表示甲、乙两厂铸件重量。

$X\sim N(\mu_1,\sigma_1^2)$，$Y\sim N(\mu_2,\sigma_2^2)$

此题假设 $H_0:\sigma_1^2\leqslant\sigma_2^2$；$H_1:\sigma_1>\sigma_2^2$

$n_1=7,n_2=6$

经计算得 $\bar{x}=\frac{1}{7}(93.3+92.1+\cdots+94.7)=92.93$

$$\bar{y}=\frac{1}{6}(95.6+94.9+\cdots+96.3)=95.65$$

$$\sum_{i=1}^{7}(x_i-\bar{x})^2=31.3903,\ \sum_{i=1}^{6}(y_i-\bar{y})^2=1.615$$

因此 $F=s_1^2/s_2^2=\left[\frac{1}{7-1}\sum_{i=1}^{7}(x_i-\bar{x})^2\right]\Big/\left[\frac{1}{6-1}\sum_{i=1}^{6}(y_i-\bar{y})^2\right]\approx16.197$

由 $\alpha=0.05$ 自由度为(6,5)查 F 分布表得临界值

$F_\alpha(6,5)=F_{0.05}(6,5)=4.95$

因为 $F=16.197>4.95$

所以拒绝 $H_0:\sigma_1^2\leqslant\sigma_2^2$，而接受 $H_1:\sigma_1>\sigma_2^2$，即乙厂铸件重量的方差比甲厂的小。

[例 6] 研究有机器 A 和机器 B 生产的钢管的内径，随机抽取机器 A 生产的钢管 18 只，测的样本方差 $s_1^2=0.34\ \text{mm}^2$，抽取机器 B 生产的钢管 13 只，测得样本方差 $s_2^2=0.29\ \text{mm}^2$，设两样本相互独立，且设由机器 A、机器 B 生产的钢管的内径分别服从正态分布 $N(\mu_1,\sigma_1^2)$，$N(\mu_2,\sigma_2^2)$，比较 A,B 两台机器生产产品精度有无显著性差异(取 $\alpha=0.1$)。

解: 设 $H_0:\sigma_1^2=\sigma_2^2$；$H_1:\sigma_1^2>\sigma_2^2$

此处 $n_1=18,n_2=13,s_1^2=0.34,s_2^2=0.29$

由 $\alpha=0.1$，自由度(17,12)查 F 分布表得临界值。

$F_{0.1}(17,12)=1.96$

现在 $s_1^2/s_2^2=1.17>1.96$。

故接受 H_0 认为两总体具有方差齐性。

最后，关于正态总体均值方差的检验法(显著性水平为 α)汇总于表 7.3.1 中，以便查用。

注意，此表“原假设”一栏中，在右边检验时，如将“=”号换成“$\leqslant$”，拒绝域不变；在左边检验时，如将“=”号换成“$\geqslant$”，拒绝域不变。

表 7.3.1

	原假设 H_0	备择假设 H_1	检验统计量	H_0 为真统计量分布	拒绝域
单正态总体均值检验	$\mu=\mu_0$ (σ^2 已知)	$\mu>\mu_0$ $\mu<\mu_0$ $\mu\neq\mu_0$	$U=\dfrac{X-\mu_0}{\sigma/\sqrt{n}}$	$N(0,1)$	$U\geqslant U_\alpha$ $U\leqslant -U_\alpha$ $\lvert U\rvert\geqslant U_{\frac{\alpha}{2}}$
	$\mu=\mu_0$ (σ^2 未知)	$\mu>\mu_0$ $\mu<\mu_0$ $\mu\neq\mu_0$	$t=\dfrac{x-\mu_0}{s/\sqrt{n}}$	$t(n-1)$	$t\geqslant t_\alpha(n-1)$ $t\leqslant -t_\alpha(n-1)$ $\lvert t\rvert\geqslant t_{\frac{\alpha}{2}}(n-1)$
双正态总体均值检验	$\mu_1-\mu_2=\sigma$ (σ_1^2,σ_2^2 已知)	$\mu_1-\mu_2>\sigma$ $\mu_1-\mu_2<\sigma$ $\mu_1-\mu_2\neq\sigma$	$U=\dfrac{\overline{X}-\overline{Y}-\sigma}{\sqrt{\sigma_1^2/n_1+\sigma_2^2/n_2}}$	$N(0,1)$	$U\geqslant U_\alpha$ $U\leqslant -U_\alpha$ $\lvert U\rvert\geqslant U_{\frac{\alpha}{2}}$
	$\mu_1-\mu_2=\sigma$ ($\sigma_1^2=\sigma_2^2$, σ^2 未知)	$\mu_1-\mu_2>\sigma$ $\mu_1-\mu_2<\sigma$ $\mu_1-\mu_2\neq\sigma$	$U=\dfrac{\overline{X}-\overline{Y}-\sigma}{S_w\sqrt{1/n_1+1/n_2}}$ $S_w^2=\dfrac{(n_1-1)S_1^2+(n_2-1)S_2^2}{n_1+n_2-2}$	$t(n_1+n_2-2)$	$t\geqslant t_\alpha(n_1+n_2-2)$ $t\leqslant -t_\alpha(n_1+n_2-2)$ $\lvert t\rvert\geqslant t_{\frac{\alpha}{2}}(n_1+n_2-2)$
单正态总体方差检验	$\sigma^2=\sigma_0^2$ (μ 已知)	$\sigma^2>\sigma_0^2$ $\sigma^2<\sigma_0^2$ $\sigma^2\neq\sigma_0^2$	$\chi^2=\dfrac{\sum\limits_{i=1}^{n}(X_i-\mu)^2}{\sigma_0^2}$	$\chi^2(n)$	$x^2\geqslant x_\alpha^2(n)$ $x^2\leqslant -x_{1-\alpha}^2(n)$ $x^2\geqslant x_{\frac{\alpha}{2}}^2(n)$ 或 $x^2\leqslant -x_{1-\frac{\alpha}{2}}^2(n)$
	$\sigma^2=\sigma_0^2$ (μ 未知)	$\sigma^2>\sigma_0^2$ $\sigma^2<\sigma_0^2$ $\sigma^2\neq\sigma_0^2$	$\chi^2=\dfrac{(n-1)S^2}{\sigma_0^2}$	$\chi^2(n-1)$	$x^2\geqslant x_\alpha^2(n-1)$ $x^2\leqslant -x_{1-\alpha}^2(n-1)$ $x^2\geqslant x_{\frac{\alpha}{2}}^2(n-1)$ 或 $x^2\leqslant -x_{1-\frac{\alpha}{2}}^2(n-1)$
双正态总体方差检验	$\sigma_1^2=\sigma_2^2$ (μ_1,μ_2 已知)	$\sigma_1^2>\sigma_2^2$ $\sigma_1^2<\sigma_2^2$ $\sigma_1^2\neq\sigma_2^2$	$F=\dfrac{\sum\limits_{i=1}^{n_1}\dfrac{(X_i-\mu)^2}{n_1}}{\sum\limits_{i=1}^{n_2}\dfrac{(X_i-\mu)^2}{n_2}}$	$F(n_1,n_2)$	$F\geqslant F_\alpha(n_1,n_2)$ $F\leqslant -F_{1-\alpha}(n_1,n_2)$ $F\geqslant F_{\frac{\alpha}{2}}(n_1,n_2)$ 或 $F\leqslant -F_{1-\frac{\alpha}{2}}(n_1,n_2)$
	$\sigma_1^2=\sigma_2^2$ (μ_1,μ_2 未知)	$\sigma_1^2>\sigma_2^2$ $\sigma_1^2<\sigma_2^2$ $\sigma_1^2\neq\sigma_2^2$	$F=S_1^2/S_2^2$	$F(n_1-1,n_2-1)$	$F\geqslant F_\alpha(n_1-1,n_2-1)$ $F\leqslant -F_{1-\alpha}(n_1-1,n_2-1)$ $F\geqslant F_{\frac{\alpha}{2}}(n_1-1,n_2-1)$ 或 $F\leqslant -F_{1-\frac{\alpha}{2}}(n_1-1,n_2-1)$

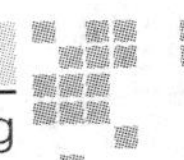

7.4 总体分布函数的假设检验*

7.4.1 总体分布函数的假设检验的基本思想

前面三节内容是关于总体参数的假设检验，都是事先假设总体的分布函数为已知的。但有些时候，事先并不知道总体服从什么分布。这就需要根据样本对总体分布函数$F(x)$进行假设检验。基本思想如下：

随机变量X的分布未知时，可以利用它的n个样本值$x_1,x_2,\cdots,x_n$，去推测X服从某种特定的分布，如直方图法。这种猜测是否合理？我们可以作一假设H_0，X的总体分布函数为$F(x)$，然后进行检验。这种考察理论分布曲线和实际观察曲线相适合程度的检验，常称为拟合度检验。χ^2拟合适度检验就是这种检验方法之一。

7.4.2 总体分布函数的检验——χ^2检验

在总体分布为未知时，根据样本$x_1,x_2,\cdots,x_n$来检验关于总体分布的假设

H_0：总体X的分布函数为$F(x)$

H_1：总体X的分布函数不是$F(x)$　　(7.4.1)

注意，若总体X为离散型则假设7.4.1相当于

H_0：总体X的分布率为$P\{x=t_i\}=p_i(i=1,2,\cdots)$　　(7.4.2)

若总体X为连续型，则假设7.4.1相当于

H_0：总体x的概率密度为$f(x)$　　(7.4.3)

若假设H_0成立时，$F(x)$的形式已知，但其参数值未知，这是需要先用极大似然估计法估计参数，然后作检验。具体验证办法如下：

(1)检验假设H_0：总体X的分布函数$F(x)$

(2)在实数轴上选取$k-1$个分点：$t_1<t_2<\cdots<t_{k-1}$

将实数轴分为k个区间：$(-\infty,t_1]$，$(t_1,t_2]$，$\cdots$，$(t_{k-2},t_{k-1}]$，$(t_{k-1},+\infty)$

(3)由假设分布$F(x)$，计算P_i值$(i=1,2,3,\cdots,k)$

$P_1=P\{x\leqslant t_1\}=F(t_1)$

$P_2=P\{t_1<x\leqslant t_2\}=F(t_2)-F(t_1)$

$\vdots$

$P_{k-1}=F(t_{k-1})-F(t_{k-2})$

$P_k=P\{x>t_{k-1}\}=1-F(t_{k-1})$

(4)容量为n的样本$x_1,x_2,\cdots,x_n$的观测值$x_1,x_2,\cdots,x_n$记f_i为样本值落在第i个小区的个数，称它为组频数，求出$f_i(i=1,2,\cdots,k)$。

(5)选取统计量。在样本容量较大的情况下(至少$n\geqslant 50$，最好是$n>100$)，统计量

$$\chi^2=\sum_{i=1}^{k}\frac{(f_i-np_i)^2}{np_i}\approx\chi^2(k-1-r)$$

其中：k为划分的区间数；r为总体分布$F(X)$中，利用样本值估计的参数个数。

(6)对给定的显著性水平 α，查表求出临界值 χ_α^2

$P\{\chi^2>\chi_\alpha^2(k-1-r)\}=\alpha$

小概率事件为：$\chi^2>\chi_\alpha^2(k-1-r)$

(7)由所给数据，计算 $\chi^2=\sum\limits_{i=1}^{k}\dfrac{(f_i-np_i)^2}{np_i}$ 的值，如果

$\chi^2>\chi_\alpha^2$，小概率事件发生，拒绝 H_0；

$\chi^2<\chi_\alpha^2$，小概率事件没有发生，接受 H_0。

χ^2 检验法是在 n 无限增大时推导出来的。在应用时 n 的取值应尽量满足要求，令其足够大；各组的 P_i 应较小，亦即分组数 k 应该较大；np_i 不能太小，一般应不小于 5。达不到时，要将一些区间加以合并，尤其是在两端的组更应该如此。

[例 1] 按本章 7.1 例 3 的数据，检验去年 10～12 月份交通情况是否正常。（令 $\alpha=0.05$）

解：这个问题实际上是检验交通事故情况与泊松分布的拟合程度。

H_0：去年 10～12 月份交通事故发生次数正常（服从泊松分布）

H_1：去年 10～12 月份交通事故发生次数不正常（不服从泊松分布）

由于泊松分布的参数 λ 来给出，因此先要估计 λ。可用样本均值估计 λ：

$$\hat{\lambda}=\frac{\sum f_i x_i}{\sum f_i}=\frac{0\times9+1\times17+2\times25+4\times11+5\times7+6\times2+7\times2+8\times2+9\times0}{90}$$

$$=2.6$$

从泊松分布表查出，当 $\lambda=2.6$ 是应于每个 x_i 的概率，然后乘以总次数得出预期频数后，计算出检验统计量的值。计算过程见表 7.4.1。

表 7.4.1

按每天发生事故次数分组 x_i	观察频率 f_i	$\lambda=2.6$ 时泊松分布的概率值	预期频数 np_i	f_i-np_i	$\dfrac{(f_i-np_i)^2}{np_i}$
0	9	0.074	6.66	2.34	0.822
1	17	0.193	17.37	−0.37	0.008
2	25	0.251	22.59	2.41	0.257
3	15	0.218	19.62	−4.62	1.088
4	11	0.141	12.69	−1.69	0.225
5	7	0.074	6.66	0.34	0.017
6	2	0.032	2.88	−0.88	0.269
7	2	0.012	1.08	0.92	
8	2	0.004	0.36	1.64	3.988
9 或更多	0	0.001	0.09	−0.09	
合计	90	1.000	90.00	0.00	6.674

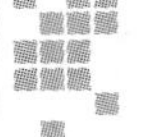

在计算表里，合并了最后三项即每天发生交通事故7次、8次及9次以上。这是因为 χ^2 拟合优度检验要求每一单元的预期频数不能小于1。否则将会导出错误的结果。合并后要相应地减少2个，且由于增加了用样本数据估计 λ 这一限制条件使自由度又减少1个。这时自由度为 $9-2-1=6$，当 $\alpha=0.05$ 时，计算临界值 $\chi^2_{0.05}(6)=12.592$ 从上面的计算可知有

$$\chi^2=6.674<\chi^2_{0.05}(6)=12.592$$

故不能拒绝 H_0，可以认为该市去年10～12月份交通事故发生次数情况正常。

[例2] 一颗色子投掷120次，其中六个面向上的次数顺次是

13 28 16 10 32 21

试检验这颗色子是否是均匀的。

解：设六个面向上的事件顺次为 $A_1,A_2,\cdots,A_6$，则 $x_1=13,x_2=28,\cdots,x_6=21$，按惯例设色子是均匀的正六面体，则

$$P(A_1)=P(A_2)=\cdots=P(A_6)=\frac{1}{6}$$

从而 $np_i=120\times\frac{1}{6}=20,i=1,2,\cdots,6$，于是得到 χ^2 统计量的观测值

$$\chi^2=\sum_{i=1}^{6}\frac{(x_i-np_i)^2}{np_i}=\frac{1}{20}[(-7)^2+8^2+(-4)^2+(-10)^2+12^2+1^2]=18.70$$

由 $\chi^2_\alpha(6-1)=\chi^2_{0.05}(5)=11.70$

假设 H_0：这颗色子为均匀的

H_1：这颗色子不是均匀的

至此可知 $\chi^2=18.70>\chi^2_{0.05}(5)=11.70$。应拒绝 H_0，即认为这颗色子并不是均匀的正六面体。

二维码7.1 知识点介绍

二维码7.2 教学基本要求与重点

二维码7.3 典型例题

□ 第7章习题

1. 已知某炼铁厂的铁水含量在正常情况下服从正态分布 $N(4.55,10.8^2)$，现在测了五炉铁水，其含碳量为

4.28 4.40 4.42 4.35 4.37

若方差没有变，问总体均值是否有显著变化？($\alpha=0.05$)

2. 设婴儿奶粉袋净含量在正常情况下服从正态分布 $X\sim N(\mu,\sigma^2)$，其中 $\sigma=2$ 为已知，今在装好的婴儿奶粉中随机抽取十袋，测得平均含量 $\bar{x}=498$ g，试问能否认为 μ 是500 g？($\alpha=0.05$)

3. 某单位上年度排出的污水中，某种有害物质的平均含量为0.009%。污水经处理后，本年度抽测16次，测得这种有害物质的含量(百分比)为：

0.008 0.011 0.009 0.007 0.005 0.010 0.009 0.003

0.007 0.004 0.007 0.009 0.008 0.006 0.007 0.008

设有害物质含量服从正态分布，问是否可以认为污水经处理后，这种有害物质有显著降低？($\alpha=0.01$)

4. 要求一种元件平均寿命不得低于1 000 h，生产者从一批这种元件中随机抽取25件，测得其寿命的平均值为950 h，已知该元件寿命$X\sim N(\mu,100^2)$。试在显著性水平$\alpha=0.05$下确定这批元件是否合格？

5. 已知维尼纶纤度$X\sim N(\mu,\sigma^2)$，其方差按往常资料确定为0.048。某日抽取五根纤维，测得其纤度为

1.32 1.55 1.36 1.40 1.44

试问这一纤度总体的方差σ^2有无显著变化？($\alpha=0.1$)

6. 电工器材厂生产一批保险丝，抽取十根测试其溶化时间，结果为(单位:ms)

42 65 75 78 71 59 57 68 54 55

设溶化时间t服从正态分布，问是否可认为整批保险丝的熔化时间的方差小于64？($\alpha=0.05$)

7. 由积累的资料知道，甲、乙两煤矿煤的含灰率分别服从N(μ,7.5)和N(μ,2.6)，现从两矿各抽取几个样本，分析其含灰率分别为(单位:%)

甲矿 24.3 20.8 23.7 21.3 17.4

乙矿 18.2 16.9 20.2 16.7

试问甲、乙两煤矿所采煤的含灰率的数学期望μ_1和μ_2有无显著差异？($\alpha=0.05$)

8. 设甲、乙两种农作物，为比较其产量，分别种在十块试验田中，每块田地甲、乙两种农作物各种一半，假定两种农作物的产量都服从正态分布，最后获得产量如下(单位:kg)：

甲 140 137 136 140 145 148 140 135 144 141

乙 135 118 115 140 128 131 130 115 133 125

试问这两种农作物的产量是否有显著差异？($\alpha=0.05$)

9. 测得两批电子器材的样品的电阻(欧姆)为

A批X 0.140 0.138 0.143 0.142 0.144 0.137

B批Y 0.135 0.140 0.142 0.136 0.138 0.140

设这两批器材的电阻值总体分别服从正态分布$N(\mu_1,\sigma_1^2)$和$N(\mu_2,\sigma_2^2)$，其中$\mu_1,\mu_2,\sigma_1^2,\sigma_2^2$均未知，且两样本相互独立。试检验假设：

$H_0:\sigma_1^2=\sigma_2^2,H_1:\sigma_1^2\neq\sigma_2^2$($\alpha=0.05$)

10. 有两台机器生产金属部件，分别在两台机器所生产的部件中各取一容量为$n_1=60$和$n_2=40$的样本，测得部件重量(单位:kg)的样本方差分别为$s_1^2=15.46$和$s_2^2=9.66$。设两总体分别服从正态分布$N(\mu_1,\sigma_1^2)$和$N(\mu_2,\sigma_2^2)$，其中$\mu_1,\mu_2,\sigma_1^2,\sigma_2^2$均未知，且两样本相互独立。试在显著性水平$\alpha=0.05$的条件下检验假设$H_0:\sigma_1^2\leqslant\sigma_2^2,H_1:\sigma_1^2>\sigma_2^2$。

11. 从一大批产品中任取100个，得一级品60个，记p为这一大批产品的一级品率，试

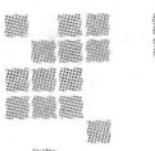

在检验水平 $\alpha=0.05$ 下检验假设：$H_0: p\leqslant 0.6, H_1: p>0.6$。

12. 检查了一本书的100页，记录各页中印刷错误的个数，其结果为

错误个数 f_i	0	1	2	3	4	5	6	$\geqslant 7$
含 f_i 个错误的页数	36	40	19	2	0	2	1	0

问能否认为一页的印刷错误个数服从泊松分布？（取 $\alpha=0.05$）

13. 在一批灯泡中抽取300只作寿命试验，其结果如下：

寿命 t(h)	$0\leqslant t\leqslant 100$	$100\leqslant t\leqslant 200$	$200\leqslant t\leqslant 300$	$t\geqslant 300$
灯泡数	121	78	43	58

取 $\alpha=0.05$，试检验假设 H_0：灯泡寿命服从指数分布

$$f(x)=\begin{cases}0.005e^{-0.005x}, & t\geqslant 0\\ 0, & t<0\end{cases}$$

二维码 7.4　习题答案

二维码 7.5　补充习题及参考答案

Chapter 8 第 8 章

统计分析

Statistical Analysis

本章中讨论的方差分析和回归分析都是数理统计具有广泛应用的内容。

在影响事物的诸多因素中有可控因素、不可控因素，有主要因素、非主要因素。通过试验观察、分析找到可控的主要因素，通过对这个可控的主要因素的调整，以达到提高产品的性能、质量、产量是方差分析研究的问题。

回归分析是对试验得到的数据进行处理从而得到变量间关系的一种方法，由得到的变量间的关系对要发生的进行预测和控制是它的另一方面问题。

方差分析计算和回归分析都相当复杂，因此这一章中还介绍用 Matlab 计算方差分析和回归分析问题，使计算大为简化。

8.1 单因素方差分析

8.1.1 单因素方差分析的数学思想

方差分析实质上是研究某个自变量(因素)对因变量(随机变量)有没有显著影响。比如灯泡的生产配料对灯泡寿命是不是有显著性的影响。这里的因素可以是数量性的也可以是非数量性(也称为属性)的，并且所做的试验次数不一定很多。

试验中要考察的指标(即是因变量)称为试验指标，它是一个随机变量，如前所说的灯泡的寿命；试验中需要考察的可以控制的条件称为因素或因子，影响试验指标的因素的不同状态称为水平。一个因素可以采取多个水平，如前所说的灯泡的配料既是因素不同的配料也是这个因素的不同水平。

[例 1] 对用五种不同操作方法生产某种产品作节约原料试验，在其他条件尽可能相同的情况下，各就四批试验测得原料节约额见表 8.1.1。

试问：这五种不同的操作方法生产某种产品的原料节约额是否有显著差异？如果没有显著差异，我们可以从中选取方法既简单又经济的操作，如果有显著差异，则选取原料节约

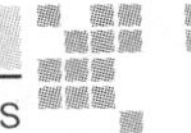

额较高的操作方法，以便最好地节约原料。

表 8.1.1

操作法	Ⅰ	Ⅱ	Ⅲ	Ⅳ	Ⅴ
节约额	4.3	6.1	6.5	9.3	9.5
	7.8	7.3	6.3	8.7	8.8
	3.2	4.2	8.6	7.2	11.4
	6.5	4.1	8.2	10.1	7.8

这个例子中，原料节约额即是试验指标，操作的五种方法即是因素(操作方法)的五个水平。

[例 2]　(灯丝的配料方案选优)某灯泡厂用四种不同配料方案制成的灯丝生产了四批灯泡，在每批灯泡中随机地抽取若干个测得的使用寿命(单位：h)见表 8.1.2。

表 8.1.2

灯丝 \ 灯泡	1	2	3	4	5	6	7	8
甲	1 600	1 610	1 650	1 680	1 700	1 720	1 800	
乙	1 580	1 640	1 640	1 700	1 750			
丙	1 460	1 550	1 600	1 620	1 640	1 740	1 660	1 820
丁	1 510	1 520	1 530	1 570	1 680	1 600		

试问：这四种灯丝生产的灯泡其使用寿命有无显著差异？如果使用寿命无显著差异，我们就可以从中选一种既经济又方便的配料方案，如果有显著差异，则希望选一种较优的配料方案，以便提高灯泡的使用寿命。

这个例子，灯泡的使用寿命是试验指标，配料的四种方案即是因素(配料)的四个水平。

上面的两个例子，讨论的都是一个因素的问题，称为单因素试验问题。一般的，设单因素 A 有 t 个水平 $A_1, A_2, \cdots, A_t$，在水平 $A_i(i=1,2,\cdots,t)$下进行试验，得到一个随机变量 X_i，设 $X_i \sim N(\mu_i, \sigma^2)(i=1,2,\cdots,t)$，并假定 $X_1, X_2, \cdots, X_t$ 相互独立。设在水平A_i 下，进行 n_i 次独立试验，得到试验指标的观察值 $X_{ij}(j=1,2,\cdots,n_i, i=1,2,\cdots,t)$，列于表 8.1.3。

表 8.1.3

次数 \ 水平	A_1	A_2	$\cdots$	A_t
1	X_{11}	X_{12}	$\cdots$	X_{t1}
2	X_{12}	X_{22}	$\cdots$	X_{t2}
$\vdots$	$\vdots$	$\vdots$	$\vdots$	$\vdots$
n_i	X_{1n_1}	X_{2n_2}	$\cdots$	X_{tn_t}

由 $X_{ij} \sim N(\mu_i, \sigma^2)$，有 $X_{ij}-\mu_i \sim N(0, \sigma^2)$，令 $\varepsilon_{ij}=X_{ij}-\mu_i$

$$\begin{cases} X_{ij}=\mu_i+\varepsilon_{ij} \\ \varepsilon_{ij} \sim N(0,\sigma^2)\text{，各 } \varepsilon_{ij} \text{ 相互独立} \\ i=1,2,\cdots,t; j=1,2,\cdots,n_i \end{cases} \tag{8.1.1}$$

其中 μ_i,σ^2 均为未知参数，称模型 8.1.1 为单因数试验方差分析的数学模型。

方差分析的目的：

(1)检验假设 $H_0:\mu_1=\mu_2=\cdots=\mu_t$；$H_1:\mu_1,\mu_2,\cdots,\mu_t$ 中至少有两个不相等；

(2)作出参数 $\mu_1,\mu_2,\cdots,\mu_t,\sigma^2$ 的估计。

令 $n=\sum_{i=1}^{t}n_i,\mu=\dfrac{1}{n}\sum_{i=1}^{t}n_i\mu_i$ (8.1.2)

$\alpha_i=\mu_i-\mu\quad(i=1,2,\cdots,t)$ (8.1.3)

称 μ 为理论总均值，α_i 称为因素 A 的第 i 个水平 A_i 对试验结果的效应。μ_i 之间的差异与 α_i 之间的差异是等价的，且

$$\sum_{i=1}^{t}n_i\alpha_i=0 \tag{8.1.4}$$

从而模型 8.1.1 可以写成

$$\begin{cases}X_{ij}=\mu+\alpha_i+\varepsilon_{ij}\\ \sum_{i=1}^{t}n_i\alpha_i=0\\ \varepsilon_{ij}(j=1,2,\cdots,n_i;i=1,2,\cdots,t)\text{为相互独立同分布的随机变量，且 }\varepsilon_{ij}\sim N(0,\sigma^2)\end{cases} \tag{8.1.5}$$

称满足以上条件的试验指标为一个因素(多水平不等重复试验)的方差分析统计模型，其中 $\mu,\alpha_1,\alpha_2,\cdots,\alpha_t$ 为未知参数。

对这个模型的首要任务是检验假设。

$H_0:\alpha_1=\alpha_2=\cdots=\alpha_t=0$ (8.1.6)

H_1：至少有一个 $\alpha_i\neq0$

其次的任务就是估计参数 $\mu_1,\mu_2,\cdots,\mu_t,\sigma^2$

8.1.2 单因素方差分析的统计分析

当假设 H_0 成立时，$X_{ij}\sim N(\mu,\sigma^2)$，各个 X_{ij} 的波动完全由重复试验中的随机误差引起；其次，当假设 H_0 不成立时，$X_{ij}\sim N(\mu,\sigma^2)$，各个 $X_{ij}(i=1,2,\cdots,t)$ 的数学期望不同，当然取值也不一致。因此，我们想用一个量来刻画各个 X_{ij} 之间的波动程度，并且把引起 X_{ij} 波动的两个不同原因区分开来。

引入总偏差平方和

$$S_T=(n-1)S^2=\sum_{i=1}^{t}\sum_{j=1}^{n_i}(X_{ij}-\overline{X})^2 \tag{8.1.7}$$

其中：$\overline{X}=\dfrac{1}{n}\sum_{i=1}^{t}\sum_{j=1}^{n_i}X_{ij}$ 是全体样本的总均值。

$$S^2=\frac{1}{n-1}\sum_{i=1}^{t}\sum_{j=1}^{n_i}(X_{ij}-\overline{X})^2 \tag{8.1.8}$$

是全体样本的总方差，且又设在水平 A_i 下样本的均值为 $\overline{X}_{i\cdot}=\dfrac{1}{n_i}\sum_{j=1}^{n_i}X_{ij}$

$$S_i^2=\frac{1}{n_i-1}\sum_{j=1}^{n_i}(x_{ij}-\overline{x}_{i\cdot})^2 \tag{8.1.9}$$

则 $\overline{X} = \dfrac{1}{n}\sum_{i=1}^{t} n_i \overline{X}_i$ (8.1.10)

$E(\overline{X}_i.) = \mu_i$

$$E(\overline{X}) = \frac{1}{n}\sum_{i=1}^{t} E(n_i \overline{X}_{i.}) = \frac{1}{n}\sum_{i=1}^{t} n_i \mu_i = \mu \quad (8.1.11)$$

那么,S_T 又可以写成

$$S_T = \sum_{i=1}^{t}\sum_{j=1}^{n_i}[(X_{ij} - \overline{X}_{i.}) + (\overline{X}_{i.} - \overline{X})]^2$$
$$= \sum_{i=1}^{t}\sum_{j=1}^{n_i}(X_{ij} - \overline{X}_{i.})^2 + \sum_{i=1}^{t}\sum_{j=1}^{n_i}(X_{i.} - \overline{X}_{i.})^2 + 2\sum_{i=1}^{t}\sum_{j=1}^{n_i}(X_{ij} - \overline{X}_{i.})(\overline{X}_{i.} - \overline{X})$$

上式中第三项即交叉项

$$2\sum_{i=1}^{t}\sum_{j=1}^{n_i}(X_{ij} - \overline{X}_{i.})(\overline{X}_{i.} - \overline{X}) = 2\sum_{i=1}^{t}(X_{i.} - \overline{X})\left[\sum_{j=1}^{n_i}(X_{ij} - \overline{X}_{i.})\right]$$
$$= 2\sum_{j=1}^{t}(X_{i.} - \overline{X})\left(\sum_{j=1}^{n_i}X_{ij} - n_i\overline{X}_{i.}\right) = 0$$

从而得到

定理 1 在一个因素的方差分析模型中,有如下恒等式:

$S_T = S_e + S_A$ (8.1.12)

其中 $S_e = \sum_{i=1}^{t}\sum_{j=1}^{n_i}(X_{ij} - \overline{X}_{i.})^2$ 是在水平 A_i 下,样本观察值与样本均值的差异,称为试验误差平方和。$S_A = \sum_{i=1}^{t}\sum_{j=1}^{n_i}(X_{i.} - \overline{X})^2 = \sum_{i=1}^{t} n_i(\overline{X}_{i.} - \overline{X})^2 = \sum_{i=1}^{t} n_i\overline{X}_i^2 - n\overline{X}^2$ 是因素 A 的各个水平引起的数据 X_{ij} 的波动,它的大小主要反映由于因素 A 的各个水平所对应的总体均值 $\mu_i(i = 1,2,\cdots,t)$ 之间的差异程度,称为偏差平方和。

定理 1 表明:试验的总试验的总偏差平方和 S_T 可分解为试验随机误差的平方和 S_e 与因素A 的偏差平方和 S_A 之和。

在实际计算中,常采用下列简化公式

$$S_T = \sum_{i=1}^{t}\sum_{j=1}^{n_i}X_{ij}^2 - \frac{1}{n}\left(\sum_{i=1}^{t}\sum_{j=1}^{n_i}X_{ij}\right)^2$$

$$S_A = \sum_{i=1}^{t}\frac{1}{n_i}\left(\sum_{j=1}^{n_i}X_{ij}\right)^2 - \frac{1}{n}\left(\sum_{i=1}^{t}\sum_{j=1}^{n_i}X_{ij}\right)^2$$

$S_e = S_T - S_A$

又 $S_e = \sum_{i=1}^{t}\sum_{j=1}^{n_i}(X_{ij} - \overline{X}_{i.})^2$

$$= \sum_{j=1}^{n_i}(X_{1j} - \overline{X}_{1.})^2 + \sum_{j=1}^{n_2}(X_{2j} - \overline{X}_{2.})^2 + \cdots + \sum_{j=1}^{n_t}(X_{tj} - \overline{X}_{t.})^2$$
$$= (n_1 - 1)S_1^2 + (n_2 - 1)S_2^2 + \cdots + (n_t - 1)S_t^2$$

$S_i^2(i = 1,2,\cdots,t)$是水平 A_i 下的样本方差。

已知 $\frac{(n_i-1)S_i^2}{\sigma^2}\sim\chi^2(n_i-1)(i=1,2,\cdots,t)$

故 $S_e/\sigma^2\sim\chi^2((n_1-1)+(n_2-1)+\cdots+(n_t-1))$，即 $S_e/\sigma^2\sim\chi^2(n-t)$

从而有

定理 2 在单因素的方差分析模型中，有

$$S_e/\sigma^2\sim\chi^2(n-t) \tag{8.1.13}$$

$$E(S_e)=(n-t)\sigma^2 \tag{8.1.14}$$

又 $S_A=\sum_{i=1}^{t}\sum_{j=1}^{n_i}(\overline{X}_{i\cdot}-\overline{X})^2=\sum_{i=1}^{t}n_i(\overline{X}_{i\cdot}-\overline{X})^2=\sum_{i=1}^{t}n_i\overline{X}_{i\cdot}^2-n\overline{X}^2$

$$\begin{aligned}
\text{故 } E(S_A) &= \sum_{i=1}^{t}n_iE(\overline{X}_{i\cdot})-nE(\overline{X}^2)\\
&= \sum_{i=1}^{t}n_i[D(\overline{X}_{i\cdot})+(E(\overline{X}_{i\cdot}))^2]-n[D(\overline{X})+(E(\overline{X}))^2]\\
&= \sum_{i=1}^{t}n_i\left(\frac{\sigma^2}{n_i}+\mu_i{}^2\right)-n\left(\frac{\sigma^2}{n}+\mu^2\right)\\
&= t\sigma^2+\sum_{i=1}^{t}n_i\mu_i{}^2-\sigma^2-n\mu^2\\
&= (t-1)\sigma^2+\sum_{i=1}^{t}n_i\mu_i{}^2-n\mu^2\\
&= (t-1)\sigma^2+\sum_{i=1}^{t}n_i(\mu_i-\mu)^2\\
&= (t-1)\sigma^2+\sum_{i=1}^{t}n_i\alpha_i{}^2
\end{aligned}$$

进一步可以证明 $S_A/\sigma^2\sim x^2(t-1)$，且 S_e 与 S_A 相互独立。(证明略)

也就有

定理 3 在单因素的方差分析模型中

$$E(S_A)=(t-1)\sigma^2+\sum_{i=1}^{t}n_i\alpha_i^2 \tag{8.1.15}$$

$$S_A/\sigma^2\sim\chi^2(t-1) \tag{8.1.16}$$

S_e 与 S_A 相互独立。

由 F 分布的定义及定理 2、定理 3 有

$$F=\frac{S_A/(t-1)}{S_e/(n-t)}\sim F(t-1,n-t) \tag{8.1.17}$$

令 $\frac{S_A}{t-1}=\overline{S}_A,\frac{S_e}{n-t}=\overline{S}_e$

$\overline{S}_A$ 称为因素 A 的偏差均方和，$\overline{S}_e$ 称为误差均方和。

所以 $F=\frac{S_A/(t-1)}{S_e/(n-t)}=\frac{\overline{S}_A}{\overline{S}_e}$

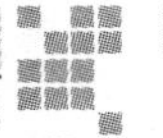

当 H_0 成立时，$F \sim F(t-1,n-t)$，当 H_0 不成立时，由定理 2 和定理 3

$$E\left(\frac{S_A}{t-1}\right)>E\left(\frac{S_e}{n-t}\right)$$

即$\frac{S_A/(t-1)}{S_e/(n-t)}$有大于 1 的趋势。所以，在给定显著性水平 α 下，检验假设

$$H_0: \alpha_1=\alpha_2=\cdots=\alpha_t=0$$

或 $H_0: \mu_1=\mu_2=\cdots=\mu_r$ 的检验法则为：

由试验数据算得 F 的观测值 F

若 $F \geqslant F_{1-\alpha}(t-1,n-t)$，则拒绝 H_0，即认为因素 A 对试验结果影响显著；

若 $F<F_{1-\alpha}(t-1,n-t)$，则接受 H_0，即认为因素 A 对试验结果影响不显著。

将上述统计分析过程归纳为方差分析表(表 8.1.4)。

表 8.1.4

方差来源	平方和	自由度	均方和	F 值	显著性
因素 A	$S_A=\sum_{i=1}^{t}\frac{1}{n_i}T_{i\cdot}^2-\frac{T^2}{n}$	$t-1$	$\frac{S_A}{t-1}$	$F=\frac{\overline{S}_A}{\overline{S}_e}$	
误差 e	$S_e=S_T-S_A$	$n-t$	$\frac{S_e}{n-t}$		
总和	$S_T=\sum_{i=1}^{t}\sum_{j=1}^{n_i}X_{ij}^2-\frac{T^2}{n}$	$n-1$			

表中 $T_{i\cdot}=\sum_{j=1}^{n_i}X_{ij}$，$T=\sum_{i=1}^{t}\sum_{j=1}^{n_i}X_{ij}$

在方差分析表中，习惯上规定：如果取 $\alpha=0.01$ 时，拒绝 H_0，即 $F \geqslant F_{1-0.01}(t-1,n-t)$，则称因素 A 的影响高度显著，并记为“**”；如果取 $\alpha=0.05$ 时拒绝 H_0，但取 $\alpha=0.01$ 时不拒绝 H_0，即 $F_{1-0.01}(t-1,n-t)>F \geqslant F_{1-0.05}(t-1,n-t)$，则称因素 A 的影响显著，并记为“*”；如果取 $\alpha=0.10$ 时，拒绝 H_0，但取 $\alpha=0.05$ 时不拒绝 H_0，即 $F_{1-0.05}(t-1,n-t)>F \geqslant F_{1-0.10}(t-1,n-t)$，则称因素 A 有一定的影响，记作“(*)”；如果取 $\alpha=0.10$ 时，不拒绝 H_0，即 $F \geqslant F_{1-0.10}(t-1,n-t)$，则称因素 A 无显著影响，即认为因素 A 各水平的效应为零。

由以上讨论，不难得到

定理 4　在单因素的方差分析模型中：

$\hat{\mu}=\overline{X}$是 μ 的无偏估计量；

$\hat{\mu}_i=\overline{X}_{i\cdot}$ 是 μ_i 的无偏估计量；

$\hat{\alpha}_i=\overline{X}_{i\cdot}-\overline{X}$ 是 α_i 的无偏估计量；

$\hat{\sigma}^2=\frac{S_e}{n-t}$是 σ^2 的无偏估计量。

[例 3]　(续例 1)操作方法设为因素 A，这是一个因素五个水平的试验设 X_1，X_2，X_3，X_4，X_5 分别表示五种操作法的节约额。设它们相互独立，且

$X_i \sim N(\mu_i, \sigma^2)(i=1,2,3,4,5)$,

检验假设 $H_0: \mu_1=\mu_2=\mu_3=\mu_4=\mu_5$

表 8.1.5 为例 1 的计算表。

表 8.1.5

操作法	Ⅰ	Ⅱ	Ⅲ	Ⅳ	Ⅴ
节约额	4.3	6.1	6.5	9.3	9.5
	7.8	7.3	6.3	8.7	8.8
	3.2	4.2	8.6	7.2	11.4
	6.5	4.1	8.2	10.1	7.8
$T_i.$	21.8	21.7	29.6	35.3	37.5
$T_i^2.$	475.24	470.89	876.16	1 246.09	1 406.25

$$t=5, n=\sum_{i=1}^{t} n_i=20$$

$$\sum_{i=1}^{t}\sum_{j=1}^{n_i} X_{ij}^2=1\,154.43$$

$$\frac{T^2}{n}=\frac{1}{n}\left(\sum_{j=1}^{t} T_{i\cdot}\right)^2=\frac{1}{20}(21.8+21.7+29.6+35.3+37.5)^2$$

$$=\frac{1}{20}(145.9)^2=1\,064.34$$

$$S_T=1\,154.43-1\,064.34=90.09$$

$$S_A=\frac{1}{4}T_{i\cdot}^2-\frac{T^2}{n}=1\,118.66-1\,064.34=54.32$$

$$S_e=90.09-54.32=35.77$$

$$F=\frac{S_A/(t-1)}{S_e/(n-t)}=\frac{13.58}{2.38}=5.71$$

给定显著性水平 $\alpha=0.10$,查 F 分布表,得

$$F_{1-\alpha}(t-1,n-t)=F_{1-0.10}(4,15)=2.36$$

因 $F=5.71>2.36$

故拒绝 H_0,因素 A(操作方法)对节约额有显著影响,即认为节约额因不同时间的操作方法而不同,整理成差分分析表(表 8.1.6)。

表 8.1.6

方差来源	平方和 S	自由度 S	均方和 $\bar{S}$	F 值	显著性
因素影响	54.32	4	13.58	5.71	有显著影响
误差 e	35.77	15	2.38		
总和	90.09	19			

若显著性水平 $\alpha=0.01$,查 F 分布表,得

$$F_{1-\alpha}(t-1,n-t)=F_{1-0.01}(4.15)=4.85$$

$$F=5.71>4.85$$

故因素 A(操作方法)对节约额的影响是高度显著的。

在这个问题中,五个总体均值的点估计是

$\hat{\mu}_1=\overline{X}_1=5.45$;$\hat{\mu}_2=\overline{X}_2=5.43$;$\hat{\mu}_3=\overline{X}_3=7.4$;$\hat{\mu}_4=\overline{X}_4=8.83$;$\hat{\mu}_5=\overline{X}_5=9.38$

表 8.1.7 为例 2 的计算表。

表 8.1.7

	1	2	3	4	5	6	7	8	$T_i.$	$T_i^2.$
甲	1 600	1 610	1 650	1 680	1 700	1 720	1 800		11 760	138 297 600
乙	1 580	1 640	1 640	1 700	1 750				8 310	69 056 100
丙	1 460	1 550	1 600	1 620	1 640	1 740	1 660	1 820	13 090	171 348 100
丁	1 510	1 520	1 530	1 570	1 680	1 600			9 410	88 548 100

[例 4] (续例 2)灯丝的配料方案称为因素,这是一个因素四水平试验. 用 X_1,X_2,X_3 和 X_4 分别表示这四种灯泡的使用寿命. 假定 X_1,X_2,X_3 和 X_4 相互独立,且 $X_i\sim(\mu_i,\sigma^2)\, i=1,2,3,4$。

检验假设 $H_0:\mu_1=\mu_2=\mu_3=\mu_4$

$$t=4,n=\sum_{i=1}^{t}n_i=26$$

$$\sum_{i=1}^{t}\sum_{j=1}^{n_i}X_{ij}^2=69\ 895\ 900$$

$$\frac{T^2}{n}=\frac{1}{n}\Big(\sum_{i=1}^{t}T_{i\cdot}\Big)^2=\frac{1}{26}(11\ 760+8\ 310+13\ 090+9\ 410)^2=\frac{(42\ 570)^2}{26}=69\ 700\ 188.46$$

$$S_T=69\ 895\ 900-69\ 700\ 188.46=195\ 711.54$$

$$S_A=\sum_{i=1}^{4}\frac{1}{n_i}T_{i\cdot}^2-\frac{T^2}{n}=\sum_{i=1}^{4}\frac{1}{n_i}T_{i\cdot}^2-69\ 700\ 188.46$$

$$=69\ 744\ 549.2-69\ 700\ 188.46=44\ 360.7$$

$$S_e=S_T-S_A=151\ 350.8$$

$$F=\frac{S_A/(t-1)}{S_e/(n-t)}=\frac{44\ 360.7/3}{151\ 350.8/22}=2.15$$

给定显著水平 $\alpha=0.10$,查 F 分布表,得

$$F_{1-\alpha}(t-1,n-t)=F_{1-0.10}(3,22)=2.35$$

因 $F=2.15<2.35=F_{1-0.10}(3,22)$,故因素 A(灯丝材料)对灯泡寿命无显著影响,即认为灯泡的平均寿命不因灯丝材料不同而差异,整理成方差分析表(表 8.1.8)。

表 8.1.8

方差来源	平方和 S	自由度 F	平均和 $\overline{S}$	F 值	显著性
因素影响	44 360.7	3	14 786.9	2.15	无显著影响
误差 e	151 350.8	22	6 879.59		
总和	195 711.54	25			

四个总体均值的点估计分别是

$\hat{\mu}_1=\overline{X}_1=1\ 680$；$\hat{\mu}_2=\overline{X}_2=1\ 662$；$\hat{\mu}_3=\overline{X}_3=1\ 636.25$；$\hat{\mu}_4=\overline{X}_4=1\ 568.3$

如果只根据四个样本均值的不同会做出甲种灯泡使用寿命最长的结论，但经过方差分析，得出结论是在使用寿命上，四种灯丝制成的灯丝没有显著差异。因此灯丝厂在选择灯丝材料上可以从其他方面考虑，例如在四种材料中，选择成本最低的制成灯泡。

参数的区间估计 $X_i \sim N(\mu_i,\sigma^2)\quad (i=1,2,\cdots,t)$

于是 $\overline{X}_{i\cdot} \sim N\left(\mu_i,\dfrac{\sigma^2}{n_i}\right)\quad (i=1,2,\cdots,t)$

$$\frac{\overline{X}_{i\cdot}-\mu_i}{\sigma/\sqrt{n_i}} \sim N(0,1),\left(\frac{\overline{X}_{i\cdot}-\mu_i}{\sigma/\sqrt{n_i}}\right)^2 \sim \chi^2(1)$$

又由式 8.1.13

$$\frac{S_e}{\sigma^2}=\frac{1}{\sigma^2}\sum_{i=1}^{t}\sum_{j=1}^{n_i}(X_{ij}-\overline{X}_{i\cdot})^2=\frac{1}{\sigma^2}\sum_{i=1}^{t}(n_i-1)S_i^2 \sim \chi^2(n-t)$$

由 $\overline{X}_{i\cdot}$ 与 S_i^2 相互独立。从而可知 $\left(\dfrac{\overline{X}_{i\cdot}-\mu_i}{\sigma/\sqrt{n_i}}\right)^2$ 与 $\dfrac{S_e}{\sigma^2}$ 相互独立，由 F 分布的定义

$$\frac{\left(\dfrac{\overline{X}_{i\cdot}-\mu_i}{\sigma/\sqrt{n_i}}\right)^2}{S_e/[\sigma^2(n-t)]}=\frac{n_i(\overline{X}_i-\mu_i)^2}{S_e/(n-t)} \sim F(1,n-t)$$

给定的显著性水平 α，有

$$P\left\{\frac{n_i(\overline{X}_{i\cdot}-\mu_i)^2}{S_e/(n-t)}<F_{1-\alpha}(1,n-t)\right\}=1-\alpha$$

由此得 μ_i 的 $1-\alpha$ 置信区间

$$\left(\overline{X}_{i\cdot} \pm \sqrt{\frac{S_e}{(n-t)n_i}F_{1-\alpha}(1,n-t)}\right)$$

另外，从 $\dfrac{S_e}{\sigma^2} \sim \chi^2(n-t)$，得 σ^2 的 $1-\alpha$ 置信区间为

$$\left(\frac{S_e}{\chi^2_{1-\frac{\alpha}{2}}(n-t)},\frac{S_e}{\chi^2_{\frac{\alpha}{2}}(n-t)}\right)$$

下面求两个水平所对应的总体 $X_{k\cdot} \sim N(\mu_k,\sigma^2)$，$X_{l\cdot} \sim N(\mu_l,\sigma^2)$ 的均值差 $\mu_k-\mu_l=\alpha_k-\alpha_l$ 的区间估计。

$\overline{X}_{k\cdot} \sim N\left(\mu_k,\dfrac{\sigma^2}{n_k}\right)$，$\overline{X}_{l\cdot} \sim \left(\mu_l,\dfrac{\sigma^2}{n_l}\right)$，于是 $\overline{X}_{k\cdot}-\overline{X}_{l\cdot} \sim N\left(\mu_k-\mu_l,\left(\dfrac{1}{n_k}+\dfrac{1}{n_l}\right)\sigma^2\right)$

得 $\dfrac{(\overline{X}_{k\cdot}-\overline{X}_{l\cdot})-(\mu_k-\mu_l)}{\sigma\sqrt{1/n_k+1/n_l}} \sim N(0,1)$

再考虑与 S_e/σ^2 的相互独立性，于是

$$\frac{\dfrac{(\overline{X}_k-\overline{X}_l)-(\mu_k-\mu_l)}{\sigma\sqrt{1/n_k+1/n_l}}}{\sqrt{S_e/[\sigma^2(n-t)]}}=q\sim t(n-t)$$

即 $$\frac{(\overline{X}_{k}.-\overline{X}_{l}.)-(\mu_k-\mu_l)}{\sqrt{\dfrac{S_e}{n-t}\left(\dfrac{1}{n_k}+\dfrac{1}{n_l}\right)}}=q\sim t(n-t)$$

由此得 $\mu_k-\mu_l$ 的 $1-\alpha$ 置信区间

$$\left((\overline{X}_{k}.-\overline{X}_{l}.)\pm t_{1-\frac{\alpha}{2}}(n-t)\sqrt{\frac{S_e}{n-t}\left(\frac{1}{n_k}+\frac{1}{n_l}\right)}\right)$$

[例 5] 人造纤维的抗拉强度是否受掺入其中的棉花的百分比的影响需要通过试验来确定。现将棉花的百分比设有五个水平:15%,20%,25%,30%,35%。每个水平中测五个抗拉强度的值。列于表 8.1.9,问掺入棉花百分比对抗拉强度是否有显著影响?($\alpha=0.01$, 0.05)

表 8.1.9

棉花的百分比	抗拉强度观察值				
	1	2	3	4	5
15	7	7	15	11	9
20	12	17	12	18	18
25	14	18	18	19	19
30	19	25	22	19	23
35	7	10	11	15	11

解:设抗拉强度

$X_{ij}=\mu_i+\varepsilon_{ij}\quad(i,j=1,2,3,4,5)$

$X_{ij}\sim N(\mu_i,\sigma^2)\quad(i=1,2,3,4,5;j=1,2,3,4,5)$

$\varepsilon_{ij}\sim N(0,\sigma^2)\quad(i,j=1,2,3,4,5)$

检验假设 $H_0:\mu_1=\mu_2=\mu_3=\mu_4=\mu_5$

$$S_T=\sum_{i=1}^{5}\sum_{j=1}^{5}X_{ij}^2-\frac{T^2}{25}=636.96$$

$$S_A=\sum_{i=1}^{5}\frac{1}{5}T_{i\cdot}^2-\frac{T^2}{25}=475.76$$

$S_e=S_T-S_A=161.20$

S_T,S_e,S_A 的自由度分别为 24,4,20

$$F=\frac{S_A/4}{S_A/20}=\frac{475.76/4}{161.20/20}=14.76$$

查 F 分布表得($\alpha=0.01,0.05$)

$F_{1\sim\alpha}(t-1,n-t)=F_{1-0.01}(4,20)=4.43$

$F_{1-\alpha}(t-1,n-t)=F_{1-0.05}(4,20)=2.87$

$F=14.76>4.43=F_{1-0.01}(4,20)$

故因素 A 对试验结果的影响高度显著，即人造纤维掺入不同百分比的棉花后，抗拉强度有明显的差异。计算结果列成方差分析表(表 8.1.10)。

表 8.1.10

方差来源	平方和	自由度 f	均方和 $\overline{S}$	F 值	显著性
因素 A	475.76	4	118.94	14.76	**
误差 e	161.20	20	8.06		
总和	636.96	24			

参数估计

$$\hat{\mu}=\frac{1}{n}\sum_{i=1}^{t}\sum_{j=1}^{n_i}X_{ij}=15.04$$

$$\hat{\sigma}^2=\frac{S_e}{n-t}=\frac{161.20}{20}=8.06$$

$\hat{\mu}_1=\overline{X}_1.=9.8$；$\hat{\mu}_2=\overline{X}_2.=15.4$；$\hat{\mu}_3=\overline{X}_3.=17.6$；$\hat{\mu}_4=\overline{X}_4.=21.6$；$\hat{\mu}_5=\overline{X}_5.=10.8$

根据 $\mu_k-\mu_l$ 的 $1-\alpha$ 置信区间公式

$$\left((\overline{X}_k.-\overline{X}_i.)\pm t_{1-\frac{\alpha}{2}}(n-t)\sqrt{\frac{S_e}{n-t}\left(\frac{1}{n_k}+\frac{1}{n_l}\right)}\right)$$

得 $\mu_1-\mu_2,\mu_1-\mu_3,\mu_1-\mu_4,\mu_1-\mu_5,\mu_2-\mu_3,\mu_2-\mu_4,\mu_3-\mu_4$ 的 95%置信区间分别为

$(-9.35,-1.85)(-11.55,-4.05)(-15.55,-8.05)(-4.75,2.75)$

$(-5.95,1.55)(-9.75,-2.25)(-7.75,-0.25)$

对以上数据进行分析，掺入棉花 30%时，抗拉强度最大。参入棉花 15%与 35%对抗强度的影响差别不大，掺入棉花 30%与 15%，20%，35%对抗强度的影响差别都较大。

8.2 双因素方差分析

8.2.1 有交互效应的双因素方差分析

设在某项试验中，有两个因素 A 和 B 在变化。因素 A 有 r 个不同的水平 $A_1,A_2,\cdots,A_r$，因素 B 有 s 个不同水平 $B_1,B_2,\cdots,B_s$。对因素 A,B 的水平的每对组合$(A_i,B_j)\ i=1,2,\cdots,r,j=1,2,\cdots,s$ 作 $t(t\geqslant2)$ 次试验(称为等重复试验)，试验结果用 $X_{ijk}(k=1,2,\cdots,t)$表示。把试验结果整理成表(表 8.2.1)。

表 8.2.1

	B_1	B_2	…	B_s
A_1	$X_{111},X_{112},\cdots X_{11t}$	$X_{121},X_{122},\cdots X_{12t}$	…	$X_{1s1},X_{1s2}\cdots X_{1st}$
A_2	$X_{211},X_{212},\cdots X_{21t}$	$X_{221},X_{222},\cdots X_{22t}$	…	$X_{2s1},X_{2s2},\cdots X_{2st}$
⋮	⋮	⋮	⋮	⋮
A_r	$X_{r11},X_{r12},\cdots. X_{r1t}$	$X_{r21},X_{r22},\cdots X_{r2t}$	…	$X_{rs1},X_{rs2},\cdots X_{rst}$

设 $X_{ijk}\sim N(\mu_{ij},\sigma^2)(i=1,2,\cdots,r,j=1,2,\cdots,s,k=1,2,\cdots,t)$，各 X_{ijk} 独立，

令 $X_{ijk}-\mu_{ij}=\varepsilon_{ijk}$ (8.2.1)

则 $\varepsilon_{ijk}(i=1,2,\cdots,r;j=1,2,\cdots,s;k=1,2,\cdots,t)$ 相互独立且均服从 $N(0,\sigma^2)$ 分布，由重复试验的随机误差所产生，是不可观测的随机变量。

于是 $X_{ijk}=\mu_{ij}+\varepsilon_{ijk}(i=1,2,\cdots,r;j=1,2,\cdots,s;k=1,2,\cdots,t)$ 检验的首要任务是检验假设 $H_0:\mu_{ij}$ 全相等

记 $\mu=\dfrac{1}{rs}\sum\limits_{i=1}^{r}\sum\limits_{j=1}^{s}\mu_{ij}$ (8.2.2)

$$\mu_{i.}=\frac{1}{s}\sum_{i=1}^{s}\mu_{ij},\alpha_i=\mu_{i.}-\mu\quad(i=1,2,\cdots,r) \tag{8.2.3}$$

$$\mu_{.j}=\frac{1}{r}\sum_{i=1}^{r}\mu_{ij},\beta_j=\mu_{.j}-\mu\quad(j=1,2,\cdots,s) \tag{8.2.4}$$

称 μ 为理论总均值，α_i 为水平 A_i 对试验结果的效应，β_j 为水平 B_j 对试验结果的效应。

易得 $\sum\limits_{i=1}^{r}\alpha_i=0,\ \sum\limits_{j=1}^{s}\beta_j=0$ (8.2.5)

记 $\gamma_{ij}=(\mu_{ij}-\mu)-(\mu_{i.}-\mu)-(\mu_{.j}-\mu)$ (8.2.6)

即 $\gamma_{ij}=(\mu_{ij}-\mu)-\alpha_i-\beta_j$ (8.2.7)

γ_{ij} 称为交互效应。式中 $(\mu_{ij}-\mu)$ 是水平组合 (A_i,B_j) 对试验结果的总效应或称联合效应。交互效应 γ_{ij} 通常设想为一个新因素 $A\times B$ 的效应，称 $A\times B$ 为对试验结果的交互作用。

式 8.2.7 亦可写为

$\mu_{ij}=\mu+\alpha_i+\beta_j+\gamma_{ij}$ (8.2.8)

易证 $\sum\limits_{i=1}^{r}\gamma_{ij}=\sum\limits_{j=1}^{s}\gamma_{ij}=0$

综上，我们有等重复试验有交互作用的两个因素方差分析模型：

$$\begin{cases}X_{ijk}=\mu+\alpha_i+\beta_j+\gamma_{ij}+\varepsilon_{ijk}\quad(i=1,2,\cdots,r;j=1,2,\cdots,s;k=1,2,\cdots,t)\\ \sum\limits_{i=1}^{r}\alpha=0_i,\sum\limits_{j=1}^{s}\beta_j=0,\sum\limits_{i=1}^{r}\gamma_{ij}=\sum\limits_{j=1}^{s}\gamma_{ij}=0\\ rst\text{ 个 }\varepsilon_{ijk}\text{ 相互独立},\varepsilon_{ijk}\sim N(0,\sigma^2)\end{cases} \tag{8.2.9}$$

其中 $\mu,\alpha_i,\beta_j,\gamma_{ij}$ 及 σ^2 都是未知数。

检验假设

$$\begin{cases} H_{01}:\alpha_1=\alpha_2=\cdots=\alpha_r=0 \\ H_{01}:\beta_1=\beta_2=\cdots=\beta_s=0 \\ H_{03}:\gamma_{11}=\gamma_{12}=\cdots=\gamma_{rs}=0 \end{cases} \tag{8.2.10}$$

此假设与假设 $H_0:\mu_{ij}$ 全相等等价。

接下来讨论与单因素方差分析相类似的平方和分解。

$$\begin{cases} \overline{X}=\dfrac{1}{rst}\sum_{i=1}^{r}\sum_{j=1}^{s}\sum_{k=1}^{t}X_{ijk} \\ \overline{X}_{ij\cdot}=\dfrac{1}{t}\sum_{k=1}^{t}X_{ijk} \quad (i=1,2,\cdots,r;j=1,2,\cdots,s) \\ \overline{X}_{i\cdot\cdot}=\dfrac{1}{st}\sum_{j=1}^{s}\sum_{k=1}^{t}X_{ijk} \quad (i=1,2,\cdots,r) \\ X_{\cdot j\cdot}=\dfrac{1}{rt}\sum_{i=1}^{r}\sum_{k=1}^{t}X_{ijk} \quad (j=1,2,\cdots,s) \end{cases} \tag{8.2.11}$$

总偏差平方和(称为总变差)

$$S_T=\sum_{i=1}^{r}\sum_{j=1}^{s}\sum_{k=1}^{t}(X_{ijk}-\overline{X})^2 \tag{8.2.12}$$

定理 1 (平方和分解定理)有交互作用的两个因素方差分析模型中,平方和有恒等式

$$\sum_{i=1}^{r}\sum_{j=1}^{s}\sum_{k=1}^{t}(X_{ijk}-\overline{X})^2=\sum_{i=1}^{r}\sum_{j=1}^{s}\sum_{k=1}^{t}(X_{ijk}-\overline{X}_{ij\cdot})+st\sum_{i=1}^{r}(\overline{X}_{i\cdot\cdot}-\overline{X})^2 \\ +rt\sum_{j=1}^{s}(\overline{X}_{\cdot j\cdot}-\overline{X})^2+t\sum_{i=1}^{r}\sum_{j=1}^{s}(\overline{X}_{ij\cdot}-\overline{X}_{i\cdot\cdot}-\overline{X}_{\cdot j\cdot}+\overline{X})^2 \tag{8.2.13}$$

(证明略)

记 $$S_e=\sum_{i=1}^{r}\sum_{j=1}^{s}\sum_{k=1}^{t}(X_{ijk}-\overline{X}_{ij\cdot})^2 \tag{8.2.14}$$

$$S_A=st\sum_{i=1}^{r}(\overline{X}_{i\cdot\cdot}-\overline{X})^2 \tag{8.2.15}$$

$$S_B=rt\sum_{j=1}^{s}(\overline{X}_{\cdot j\cdot}-\overline{X})^2 \tag{8.2.16}$$

$$S_{A\times B}=t\sum_{i=1}^{r}\sum_{j=1}^{s}(\overline{X}_{ij\cdot}-\overline{X}_{i\cdot\cdot}-X_{\cdot j\cdot}+\overline{X}) \tag{8.2.17}$$

那么定理 1 中的式 8.2.13 可写为

$$S_T=S_e+S_A+S_B+S_{A\times B}$$

S_e 称为误差平方和,S_A,S_B 分别称为因素 A,因素 B 的偏差平方和,$S_{A\times B}$ 称为交互作用 $A\times B$ 的偏差平方和。

定理 2 在有交互作用的两个因素的方差分析模型中,有

$E(S_e)=rs(t-1)\sigma^2$

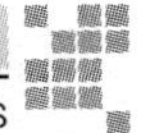

$$E(S_A) = (r-1)\sigma^2 + st\sum_{i=1}^{r}\alpha_i^2$$

$$E(S_B) = (s-1)\sigma^2 + rt\sum_{j=1}^{s}\beta_j^2$$

$$E(S_{A\times B}) = (r-1)(s-1)\sigma^2 + t\sum_{i=1}^{r}\sum_{j=1}^{s}\gamma_{ij}^2$$

(证明略)

记 $\overline{S}_e=\dfrac{S_e}{rs(t-1)}$;$\overline{S}_A=\dfrac{S_A}{r-1}$;$\overline{S}_B=\dfrac{S_B}{s-1}$;$\overline{S}_{A\times B}=\dfrac{S_{A\times B}}{(r-1)(t-1)}$

它们为相应的平方和的均方和。

由定理 2,$\overline{S}_e$ 是 σ^2 的无偏估计量,即 $\hat{\sigma}^2=\dfrac{S_e}{rs(t-1)}=\overline{S}_e$

定理 3 在有交互作用的两个因素的方差分析模型中,有

(1)$\dfrac{S_e}{\sigma^2}\sim\chi^2(rs(t-1))$

(2)假设 H_{01} 成立时,$\dfrac{S_A}{\sigma^2}\sim\chi^2(r-1)$,且 S_A 与 S_e 相互独立,从而

$$F_A=\frac{S_A/(r-1)}{S_e/[rs(t-1)]}\sim F((r-1),rs(t-1))$$

(3)假设 H_{02} 成立时,$\dfrac{S_B}{\sigma^2}\sim\chi^2(s-1)$,且 S_B 与 S_e 相互独立,从而

$$F_B=\frac{S_B/(s-1)}{S_e/[rs(t-1)]}\sim F((s-1),rs(t-1))$$

(4)假设 H_{03} 成立时,$\dfrac{S_{A\times B}}{\sigma^2}\sim\chi^2((r-1)(s-1))$,且 $S_{A\times B}$ 与 S_e 相互独立,从而

$$F_{A\times B}=\frac{S_{A\times B}/[(r-1)(s-1)]}{S_e/[rs(t-1)]}\sim F((r-1)(s-1),rs(t-1))$$

对于给定的显著性水平 α,检验法则是:由样本值计算出 $F_A,F_B,F_{A\times B}$ 的观测值。

若 $F_A\geqslant F_{1-\alpha}((r-1),rs(t-1))$,则拒绝 H_{01},否则接受 H_{01}

若 $F_B\geqslant F_{1-\alpha}((s-1),rs(t-1))$,则拒绝 H_{02},否则接受 H_{02}

若 $F_{A\times B}\geqslant F_{1-\alpha}((r-1)(s-1),rs(t-1))$,则拒绝 H_{03},否则接受 H_{03}

检验过程整理成方差分析表(表 8.2.2)。

表 8.2.2

方差来源	平 方 和	自由度 f	均方和 $\overline{S}$	F 值	显著性
A	$S_A=\dfrac{1}{st}\sum_{i=1}^{r}T_{i\cdot\cdot}^2-\dfrac{T^2}{rst}$	$r-1$	$\dfrac{S_A}{r-1}$	$F_A=\dfrac{\overline{S}_A}{\overline{S}_e}$	
B	$S_B=\dfrac{1}{rt}\sum_{j=1}^{s}T_{\cdot j\cdot}^2-\dfrac{T^2}{rst}$	$s-1$	$\dfrac{S_B}{s-1}$	$F_B=\dfrac{\overline{S}_B}{\overline{S}_e}$	

续表 8.2.2

方差来源	平方和	自由度 f	均方和 $\bar{S}$	F 值	显著性
$A\times B$	$S_{A\times B}=\frac{1}{t}\sum_{i=1}^{r}\sum_{j=1}^{s}T_{ij.}^2-\frac{T^2}{rst}-S_A-S_B$	$(r-1)\times(s-1)$	$\frac{S_{A\times B}}{(r-1)(s-1)}$	$F_{A\times B}=\frac{\bar{S}_{A\times B}}{\bar{S}_e}$	
e	$S_e=S_T-S_A-S_B-S_{A\times B}$	$rs(t-1)$	$\frac{S_e}{rs(t-1)}$		
T	$S_T=\sum_{i=1}^{r}\sum_{j=1}^{s}\sum_{k=1}^{t}X_{ijk}^2-\frac{T^2}{rst}$	$rst-1$			

其中$T_{ij.}=t\bar{X}_{ij.}=\sum_{k=1}^{t}X_{ijk}$

$$T_{i..}=st\,\bar{X}_{i..}=\sum_{j=1}^{s}\sum_{k=1}^{t}X_{ijk}$$

$$T_{.j.}=rt\,\bar{X}_{.j.}=\sum_{i=1}^{r}\sum_{k=1}^{t}X_{ijk}$$

$$T=rst\bar{X}=\sum_{i=1}^{r}\sum_{j=1}^{s}\sum_{k=1}^{t}X_{ijk}=\sum_{i=1}^{r}T_{i..}=\sum_{j=1}^{s}T_{.j.}$$

[例 1] 在化工生产中为了提高得率,选了三种不同浓度,四种不同温度情况做试验。为了考虑浓度与温度的交互作用,在浓度与温度的每一种水平组合下做了两次,其得率数据见表 8.2.3(数据均已减去 75)。

表 8.2.3

	B_1	B_2	B_3	B_4	$T_{i..}$	$T_{i..}^2$
A_1	14,10	11,11	13,9	10,12	90	8 100
A_2	9,7	10,8	7,11	6,10	68	4 624
A_3	5,11	13,14	12,13	14,10	92	8 464
$T_{.j.}$	56	67	65	62	$T=250$	$\sum T_{i..}^2=21\,188$
$T_{.j.}^2$	3 136	4 489	4 225	3 844	$\sum T_{.j.}^2=15\,694$	

试检验不同浓度,不同温度以及它们之间的交互作用对得率有无显著影响。

解:$\frac{T^2}{rst}=\frac{62\,500}{24}=2\,604.17$

$$\sum_{i=1}^{r}\sum_{j=1}^{s}\sum_{k=1}^{t}X_{ijk}^2=2\,752$$

$$\sum_{i=1}^{r}\sum_{j=1}^{s}T_{ij.}^2=5\,374$$

$$S_T=\sum_{i=1}^{r}\sum_{j=1}^{s}\sum_{k=1}^{t}X_{ijk}^2-\frac{T^2}{rst}=2\,752-2\,604.17=147.83$$

$$S_A=\frac{1}{st}\sum_{i=1}^{r}T_{i..}^2-\frac{T^2}{rst}=\frac{21\,188}{8}-2\,604.17=44.33$$

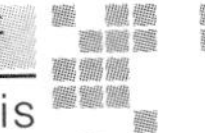

$$S_B=\frac{1}{rt}\sum_{j=1}^{s}T_{\cdot j\cdot}^2-\frac{T^2}{rst}=\frac{15\ 694}{6}-2\ 604.17=11.50$$

$$S_{A\times B}=\frac{1}{t}\sum_{i=1}^{r}\sum_{j=1}^{s}T_{ij\cdot}^2-\frac{T^2}{rst}-S_A-S_B=\frac{5\ 374}{2}-2\ 604.17-44.33-11.50=27$$

$S_e=S_T-S_A-S_B-S_{A\times B}=147.83-44.33-11.50-27=65$

查 F 分布表

$F_{1-0.05}(2,12)=3.89, F_{1-0.05}(3,12)=3.49, F_{1-0.05}(6,12)=3$

$F_{1-0.01}(2,12)=6.93, F_{1-0.01}(3,12)=5.95, F_{1-0.01}(6,12)=4.82$

$F_{1-0.10}(2,12)=2.81, F_{1-0.10}(3,12)=2.61, F_{1-0.10}(6,12)=2.33$

得方差分析表(表 8.2.4)。

表 8.2.4

方差来源	平方和 S	自由度 f	均方和 $\overline{S}$	F 值	显著性
A	44.33	2	22.17	4.09	*
B	11.50	3	3.83	0.71	
$A\times B$	27	6	4.5	0.83	
e	65	12	5.42		
T	147.83	23			

故因素 A 对得率的影响显著,而因素 B 和 $A\times B$ 对得率没有显著影响,即认为因素 B 的各水平效应等于零,因素 A 与 B 无交互作用。

8.2.2 无交互作用的双因素方差分析

无交互作用时,$\gamma_{ij}=(\mu_{ij}-\mu)-\alpha_i-\beta_i=0$,每一水平组合的试验次数可以为 1,即 $t=1$,此时的方差分析模型为

$$\begin{cases}X_{ij}=\mu+\alpha_i+\beta_j+\varepsilon_{ij} \quad (i=1,2,\cdots,r;j=1,2,\cdots,s)\\ \sum_{i=1}^{r}\alpha_i=0,\sum_{j=1}^{s}\beta_j=0;\\ \varepsilon_{ij}\sim N(0,\sigma^2)\text{ 且相互独立}\end{cases}$$

检验假设

$H_{01}:\alpha_1=\alpha_2=\cdots=\alpha_r=0$

$H_{02}:\beta_1=\beta_2=\cdots=\beta_s=0$

定理 1′ (平方和分解定理)

$S_T=S_e+S_A+S_B$

定理 2′ $E(S_e)=rs(t-1)\sigma^2$

$$E(S_A)=(r-1)\sigma^2+st\sum_{i=1}^{r}{\alpha_i}^2$$

$$E(S_B)=(s-1)\sigma^2+rt\sum_{j=1}^{s}\beta_j^2$$

定理 3′ 即是定理 3 中(1)(2)(3)成立,而没有(4)。

对于给定的显著性水平 α,检验法则是:由样本值计算出 F_A,F_B 的观测值。

若 $F_A \geqslant F_{1-\alpha}((r-1)(s-1), rs(t-1))$,则拒绝 H_{01},否则接受 H_{01};

若 $F_B \geqslant F_{1-\alpha}((s-1), (r-1)(s-1))$,则拒绝 H_{02},否则接受 H_{02}。

无交互作用两个因素方差分析见表 8.2.5。

表 8.2.5

方差来源	平方和	自由度	均方和 $\bar{S}$	F 值	显著性
A	$S_A = \frac{1}{S}\sum_{i=1}^{r} T_{i.}^2 - \frac{T^2}{rs}$	$r-1$	$\frac{S_A}{r-1}$	$F_A = \frac{\bar{S}_A}{\bar{S}_e}$	
B	$S_B = \frac{1}{r}\sum_{j=1}^{s} T_{.j}^2 - \frac{T^2}{rs}$	$s-1$	$\frac{S_B}{s-1}$	$F_B = \frac{\bar{S}_B}{\bar{S}_e}$	
e	$S_e = S_T - S_A - S_B$	$(r-1)\times(s-1)$	$\frac{S_e}{(r-1)(s-1)}$		
T	$S_T = \sum_{i=1}^{r}\sum_{j=1}^{s} X_{ij}^2 - \frac{T^2}{rs}$	$rs-1$			

其中:$T_{i.} = S\bar{X}_{i.} = \sum_{j=1}^{s} X_{ij}$

$$T_{.j} = r\bar{X}_{.j} = \sum_{i=1}^{r} X_{ij}$$

$$T = rs\bar{X} = \sum_{i=1}^{r}\sum_{j=1}^{s} X_{ij}$$

[**例 2**] 要试验八台同类机器的性能是否相同,四名工人的技术是否有显著差异,使每位工人在每台机器上操作一个工作日,得到日产量表(表 8.2.6),试问:不同机器的性能是否有显著差异?

表 8.2.6

工人 \ 机器	A_1	A_2	A_3	A_4	A_5	A_6	A_7	A_8	$T_{.j}$	$T_{.j}^2$
B_1	95	95	106	98	102	112	105	95	808	652 864
B_2	95	94	105	97	98	112	103	92	796	633 616
B_3	89	88	87	95	97	101	97	90	744	553 536
B_4	83	84	90	90	88	94	88	80	697	485 809
$T_{i.}$	362	361	388	380	385	419	393	357	$T=3\,045$	$\sum_{j=1}^{4} T_{.j}^2 = 2\,325\,825$
$T_{i.}^2$	131 044	130 321	150 544	144 400	148 225	175 561	154 449	127 449	$\sum_{i=1}^{8} T_{i.}^2 = 1\,161\,993$	

$r=8, s=4, \frac{T^2}{rs}=\frac{3\,045^2}{32}=289\,750.78$

$\sum_{i=1}^{8}\sum_{j=1}^{4}X_{ij}^2=291\,651, \sum_{i=1}^{8}T_{i\cdot}^2=1\,161\,993,\ \sum_{i=1}^{4}T_{\cdot j}^2=2\,325\,825$

$S_T=\sum_{i=1}^{8}\sum_{j=1}^{4}X_{ij}^2-\frac{T^2}{rs}=291\,651-289\,750.78=1\,900.22$

$S_A=\frac{1}{s}\sum_{i=1}^{r}T_{i\cdot}^2-\frac{T^2}{rs}=\frac{1}{4}\times 1\,161\,993-289\,750.78=747.47$

$S_B=\frac{1}{r}\sum_{j=1}^{s}T_{\cdot j}^2-\frac{T^2}{rs}=\frac{1}{8}\times 2\,325\,825-289\,750.78=977.35$

$S_e=S_T-S_A-S_B=175.40$

显著性水平 $\alpha=0.01$，$F_{1-0.01}((s-1),(r-1)(s-1))=F_{1-0.01}(7,21)=3.64$

综上，得方差分析表(表 8.2.7)。

表 8.2.7

方差来源	平方和 S	自由度	均方和 $\bar{S}$	F 值	显著性
A	747.47	7	106.78	12.79	**
B	977.35	3	325.78	39.02	**
e	175.40	21	8.35		
T	1 900.22	31			

所以，不同机器的性能的差异高度显著，不同工人的技术水平有高度显著的差异。

8.3 回归分析

8.3.1 回归分析的基本思想

1. 回归分析的基本思想

在实际问题中，某些变量之间往往是相互依赖、相互制约的，它们之间的关系可以分为两大类：一类是确定性关系，另一类是非确定性关系，称为相关关系。这种关系表现为变量之间有一定的依赖关系。但这种关系不完全确定，因而不能精确的用函数关系表示。例如人的身高和体重之间的关系，一般来说，身高越高，体重越重，但身高相同者，体重不一定相同；人的血压和年龄的关系，一般来说，年龄越大，血压越高，但年龄相同者，血压不一定相同；农作物的亩产量 Y 与气候 x_1、种子 x_2、水利 x_3、施肥量 x_4 之间有关系，但这些条件都相同的时候，亩产量却不一定相同。相关关系中，变量往往是随机变量，也可以部分是随机变量，例如，上面所述中体重、血压、亩产量都是随机变量，也称为不可控变量，而身高、年龄、种子、施肥量这些自变量都是可控变量。回归分析是研究变量间的相关关系的。设 $x_1, x_2, \cdots, x_m$ 与 Y 有相关关系，Y 是随机变量，当 $x_1=x_{10}, x_2=x_{20}, \cdots, x_m=x_{m0}$ 时，因变量 Y 不是取一固定值与其对应，而是一个依赖于 $x_1=x_{10},x_2=x_{20},\cdots,x_m=x_{m0}$ 的随机变量 Y_0 与其对应，Y_0 按其分布取值，如果将它们的相关关系用函数关系近似表示，则可用 $E(Y_0)$ 作为 Y 与 $x_1=x_{10},x_2=x_{20},\cdots,x_m=x_{m0}$ 相对应的数值，那么对于任意的 $x_1,x_2,\cdots,x_m$，我们就以 $E(Y)$ 作为与 $x_1,x_2,\cdots,x_m$ 相对应的 Y 值，并且，$E((Y-c)^2)$ 在 $c=E(Y)$ 时最小，这就表明用 $E(Y)$ 近似表示 Y 数值时，能保证均方误差，$E([Y-E(Y)]^2)$ 最小。

记 $Y-E(Y)=\varepsilon$，则 $Y=E(Y)+\varepsilon$。$E(Y)$ 是 $x_1,x_2,\cdots,x_m$ 的函数，记为 $\bar{y}=E(Y)$，称为 Y 对 $x_1,x_2,\cdots,x_m$ 的回归函数，简称回归（或理论回归方程，简称回归方程）。$x_1,x_2,\cdots,x_m$ 称为回归变量或回归因子。

对于不完全相同的 n 组值 $x_{11},x_{21},\cdots,x_{m1};x_{12},x_{22},\cdots,x_{m2};\cdots;x_{1n},x_{2n},\cdots,x_{mn}$，设 $Y_1,Y_2,\cdots,Y_n$ 是 $x_1,x_2,\cdots,x_n$ 分别取各组值时对 Y 作独立随机试验所得到的随机变量，称 $Y_1,Y_2,\cdots,Y_n$ 是容量为 n 的独立随机样本，而

$$(x_{11},x_{21},\cdots,x_{m1};y_1),(x_{12},x_{22},\cdots,x_{m2};y_2),\cdots,(x_{1n},x_{2n},\cdots,x_{mn};y_n) \tag{8.3.1}$$

作为独立样本的一组观察值，一般说来，回归方程 $\bar{y}=E(Y)$ 中含有待定系数及常数，利用独立样本的观察值可以得到方程 $\bar{y}=E(Y)$ 中待定系数及常数的估计值，从而得到回归方程 $\bar{y}=E(Y)$ 的估计 $\hat{y}$，称 $\hat{y}$ 为 Y 对 $x_1,x_2,\cdots,x_n$ 的经验回归方程（简称回归方程）。对所得到的经验回归方程必须检验，我们最终是要利用经验回归方程进行预测和控制，也就是当自变量 $x_1,x_2,\cdots,x_n$ 取某一组值时，由经验公式算得的值 $\hat{y}$ 即是 Y 的预测值。另一方面要使随机变量 Y 取某一值，由经验回归方程确定 $x_1,x_2,\cdots,x_n$ 应取的一组值。

2. 回归分析的一般步骤

由以上讨论，得到回归分析的一般步骤如下：

(1) 建立有相关关系的变量之间的数学关系式（即经验回归公式）。

(2) 检验所建立的经验公式是否有效。

(3) 利用所得到的经验公式进行预测和控制。

8.3.2 一元线性回归分析

1. 一元线性回归模型

我们称只有一个回归变量 x 的回归问题为一元回归。当 $E(Y)=a+bx,\varepsilon\sim N(0,\sigma^2)$ (a,b,σ^2 为常数）时，称 Y 与 x 之间是一元线性相关关系，此时 $\begin{cases}Y=a+bx+\varepsilon\\ \varepsilon\sim N(0,\sigma^2)\end{cases}$，称为一元线性回归模型，因变量 Y 由两部分组成，一部分是 x 的线性函数 $a+bx$，另一部分 $\varepsilon\sim N(0,\sigma^2)$ 是随机误差，是人们不可控制的。而 $\bar{y}=E(Y)=a+bx$ 是 Y 对 x 的理论回归方程，a,b 为回归系数，$\hat{y}=\hat{a}+\hat{b}x$ 是 Y 对 x 的经验回归方程，$\hat{a},\hat{b}$ 是 a,b 的估计。设 $Y_1,Y_2,\cdots,Y_n$ 为独立样本，$(x_1,y_1),(x_2,y_2),\cdots,(x_n,y_n)$ 是独立样本的观察值，Y 与 x 之间的关系能否用一元正态线性回归来描述，通常根据对具体的实践经验和专业知识可以判断，我们也可以根据观察值 $(x_1,y_1),(x_2,y_2),\cdots,(x_n,y_n)$ 在直角坐标系中的散点图来判断如果散点图中的 n 个点近似地在一条直线上，那么 Y 与 x 之间一般满足线性模型。确定 $\bar{y}=E(Y)=a+bx$ 中回归系数 a,b 的估计值 $\hat{a},\hat{b}$，从而得到经验回归方程，其方法常用的是最小二乘法，即使得偏差 $|y_i-\hat{y}_i|$ 的平方和最小：

$$\sum_{i=1}^{n}(y_i - \hat{y}_i)^2 = \sum_{i=1}^{n}[y_i - (\hat{a} + \hat{b}x)]^2 \text{ 最小} \tag{8.3.2}$$

2. a,b,σ^2 的点估计

根据最小二乘法求线性回归函数 $\hat{y}=a+bx$ 的估计 $\hat{y}=\hat{a}+\hat{b}x$ 就是求使

$$Q(a,b) = \sum_{i=1}^{n}[y_i - (a + bx_i)]^2 \tag{8.3.3}$$

取得最小值的 a,b。这样的 a,b 的值记为 $\hat{a},\hat{b}$，即

$$\sum_{i=1}^{n}[y_i - (\hat{a} + \hat{b}x_i)]^2 = \min_{-\infty<a,b<+\infty}\sum_{i=1}^{n}[y_i - (a + bx_i)]^2 \tag{8.3.4}$$

其中$(x_i,y_i)(i=1,2,\cdots,n)$是样本观察值。

对 $Q(a,b)$分别将 a,b 求一阶偏导数并令其等于零，

$$\begin{cases} \dfrac{\partial Q}{\partial a} = -2\sum_{i=1}^{n}(y_i - a - bx_i) = 0 \\ \dfrac{\partial Q}{\partial b} = -2\sum_{i=1}^{n}(y_i - a - bx_i)x_i = 0 \end{cases} \tag{8.3.5}$$

整理得关于 a,b 的线性方程组

$$\begin{cases} na + n\bar{x}b = n\bar{y} \\ n\bar{x}a + (\sum_{i=1}^{n}x_i^2)b = \sum_{i=1}^{n}x_iy_i \end{cases} \tag{8.3.6}$$

其中 $\bar{x}=\dfrac{1}{n}\sum_{i=1}^{n}x_i$，$\bar{y}=\dfrac{1}{n}\sum_{i=1}^{n}y_i$，以上两个关于 a,b 的方程组都叫做正规方程组。

由于 $x_1,x_2,\cdots,x_n$ 不完全相同，可知正规方程组的系数行列式

$$\begin{vmatrix} n & n\bar{x} \\ n\bar{x} & \sum x_i^2 \end{vmatrix} = n\left(\sum x_i^2 - n\bar{x}^2\right) = n\sum(x_i - \bar{x})^2 \neq 0$$

（这里是将 $\sum_{i=1}^{n}$ 简记为 $\sum$，以下同）

所以正规方程组的唯一解 $\hat{a},\hat{b}$，即使得 $Q(a,b)$最小的 $\hat{a},\hat{b}$：

$$\hat{a}=\bar{y}-\hat{b}\bar{x}$$

$$\hat{b}=\frac{\sum x_iy_i - n\bar{x}\bar{y}}{\sum(x_i-\bar{x})^2} = \frac{\sum(x_i-\bar{x})(y_i-\bar{y})}{\sum(x_i-\bar{x})^2} = \frac{\sum(x_i-\bar{x})y_i}{\sum(x_i-\bar{x})^2} \tag{8.3.7}$$

$\hat{a},\hat{b}$ 分别称为 a,b 的最小二乘估计值，于是 Y 对 x 的经验回归方程

$$\hat{y}=\hat{a}+\hat{b}x \text{ 或 } \hat{y}=\bar{y}+\hat{b}(x-\bar{x})$$

这个方程的图形称为回归直线。显见回归直线通过这样本观察值的散点图的几何中心$(\bar{x},\bar{y})$。

将 $x=x_i$ 代入经验回归方程，得

$$\hat{y}_i=\hat{a}+\hat{b}x_i=\bar{y}+\hat{b}(x_i-\bar{x})$$

$\hat{y}_i$ 是回归值 $\bar{y}_i=a+bx_i$ 的估计值。

为了方便起见，设

$$l_{xx}=\sum(x_i-\bar{x})^2=\sum x_i^2-n\bar{x}^2=\sum(x_i-\bar{x})x_i$$

$$l_{xy}=\sum(x_i-\bar{x})(y_i-\bar{y})=\sum x_iy_i-n\bar{x}\bar{y}=\sum(x_i-\bar{x})y_i \tag{8.3.8}$$

$$l_{yy}=\sum(y_i-\bar{y})^2=\sum y_i{}^2-n\bar{y}^2=\sum(y_i-\bar{y})y_i$$

用这些记号,我们可以将 a,b 的最小二乘估计值的重要公式写成

$$\begin{cases}\hat{a}=\bar{y}-\hat{b}\bar{x}\\ \hat{b}=\dfrac{l_{xy}}{l_{xx}}\end{cases} \tag{8.3.9}$$

[例 1] 合成纤维的强度 Y(单位:kg/mm²)与其拉伸倍数 x 有关,测得试验数据见表 8.3.1。求 Y 对 x 的线性回归方程。

表 8.3.1

x_i	2.0	2.5	2.7	3.5	4.0	4.5	5.2	6.3	7.1	8.0	9.0	10.0
y_i	1.3	2.5	2.5	2.7	3.5	4.2	5.0	6.4	6.3	7.0	8.0	8.1

解:首先根据所给观察数据画出散点图,可以看到 12 个点近似在一条直线上。因此可以假设强度 Y 与倍数 x 有线性关系。

$Y=a+bx+\varepsilon,\quad \varepsilon\sim N(0,\delta^2)$

$\sum x_i=64.8,\sum y_i=57.5,\sum x_iy_i=378,\sum x_i^2=428.18,\sum y_i^2=335.63$

$\bar{x}=\dfrac{1}{12}\sum x_i=5.4,\ \bar{y}=\dfrac{1}{12}\sum y_i=4.7917$

由最小二乘估计值公式,得

$$\hat{b}=\frac{l_{xy}}{l_{xx}}=\frac{\sum x_iy_i-12\overline{xy}}{\sum x_i^2-12\bar{x}^2}=\frac{378-12\times5.4\times4.7917}{428.18-12\times5.4^2}=0.8625$$

$\hat{a}=\bar{y}-\hat{b}\bar{x}=4.8-0.8625\times5.4=0.1342$

所以,所求 Y 对 x 的一元线性回归方程为

$\hat{y}=0.1342+0.8625x$ 或 $\hat{y}=4.8+0.8625(x-5.4)$

对于一元线性回归模型 $\begin{cases}Y=a+bx+\varepsilon\\ \varepsilon\sim N(0,\sigma^2)\end{cases}$

有 $E([Y-(a+bx)]^2)=E(\varepsilon^2)=D(\varepsilon)+[E(\varepsilon)]^2=\sigma^2$ (8.3.10)

这表明 σ^2 越小,以 $\hat{y}=E(Y)=a+bx$ 作为 Y 的近似导致的均方误差 $E([Y-(a+bx)]^2)$ 越小,以 $E(Y)=a+bx$ 去研究变量 Y 与 x 的关系越有效,因而我们有必要利用样本去估计 σ^2。

记 $S_e=\sum_{i=1}^{n}(Y_i-\hat{a}-\hat{b}x_i)^2=\sum_{i=1}^{n}(Y_i-\hat{y}_i)^2$

那么
$$\begin{aligned}S_e&=\sum[Y_i-\bar{Y}-\hat{b}(x_i-\bar{x})]^2\\&=\sum(Y_i-\bar{Y})^2-2\hat{b}\sum(x_i-\bar{x})(Y_i-\bar{Y})+\hat{b}^2\sum(x_i-\bar{x})^2\\&=\sum(Y_i-\bar{Y})^2-2\hat{b}\hat{b}l_{xx}+\hat{b}^2l_{xx}\\&=\sum(Y_i-\bar{Y})^2-\hat{b}^2l_{xx}\end{aligned}$$

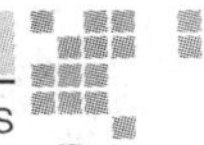

可以证明 $E(S_e)=(n-2)\sigma^2$，也就有

$$E\left(\frac{S_e}{n-2}\right)=\sigma^2 \tag{8.3.11}$$

所以 $\frac{S_e}{n-2}$ 是 σ^2 的无偏估计量。$\hat{\sigma}^2=\frac{S_e}{n-2}$，且 σ^2 的无偏估计值 $\hat{\sigma}^2=\frac{S_e}{n-2}=\frac{l_{yy}-\hat{b}^2 l_{xx}}{n-2}$

称 $y_i-\hat{y}_i=y_i-\hat{a}-\hat{b}x_i$ 为 x_i 处的残差，而 $S_e=\sum_{i=1}^{n}(y_i-\hat{y}_i)^2=l_{yy}-\hat{b}^2 l_{xx}$ 称为残差平方和。残差平方和 S_e 越小，均方误差越小。

［**例 2**］　（续例 1）求例 1 中 σ^2 的无偏估计。

解：$S_e=l_{yy}-\hat{b}^2 l_{xx}=\left(\sum y_i^2-n\bar{y}^2\right)-\hat{b}^2\left(\sum x_i^2-n\bar{x}^2\right)$

$$=(335.63-12\times 4.7917^2)-0.8625^2\times(428.18-12\times 5.4^2)=1.8872$$

$$\hat{\sigma}^2=\frac{S_e}{12-2}=0.1887$$

8.3.3　线性回归效果的显著性检验

不管 Y 与 x 是否存在线性相关关系，利用最小二乘法总可以求出 Y 对 x 的线性回归方程 $\hat{y}=\hat{a}+\hat{b}x$，但是，如果 Y 与 x 不存在线性相关关系，那么所求得的回归方程就没有意义。因此我们首先须判断 Y 与 x 之间的关系是否满足一元线性回归模型。在具体的问题中，通过观察值 $(x_1,y_1),(x_2,y_2),\cdots,(x_n,y_n)$ 的散点图只能做一个粗略的判断，一般地我们是根据观察值 $(x_1,y_1),(x_2,y_2),\cdots,(x_n,y_n)$ 进行统计检验。下面介绍统计检验的一般方法。

由 $Y=a+bx+\varepsilon,\varepsilon\sim(0,\sigma^2)$ 可知，当 $|b|$ 越大，Y 随 x 的变化而变化的趋势就越明显。当 $|b|$ 越小，Y 随 x 变化而变化的趋势越不明显。特别地当 $b=0$ 时，就认为 Y 与 x 之间不存在线性相关关系。这样，判断 Y 与 x 是否满足线性模型就转化为在显著性水平 α 下，检验假设 $H_0:b=0;H_1:b\neq 0$ 是否成立。若拒绝 H_0，则认为 Y 与 x 之间存在线性相关关系，若接受 H_0 则认为 Y 与 x 之间的关系不能用一元线性回归模型来表示，这时有如下几种可能形式：

(1) x 与 Y 没有显著影响，应该去掉自变量 x。

(2) x 与 Y 有显著影响，但这种影响不能用线性相关关系来表示，应作非线性回归。

(3) 除 x 外，还有其他不可忽略的变量对 Y 也有显著影响，这时应考虑多元线性回归。

1. *F* 检验法

考虑平方和分解（并利用式 8.3.4）

$$S_T=l_{yy}=\sum(y_i-\bar{y})^2=\sum[(y_i-\hat{y}_i)+(\hat{y}_i-\bar{y})]^2$$
$$=\sum(y_i-\hat{y}_i)^2+\sum(\hat{y}_i-\bar{y})^2$$

记 $\sum(\hat{y}_i-\bar{y})^2=S_R$，$\sum(\hat{y}_i-\hat{y}_i)^2=S_e$，于是得一元线性回归模型中的平方和分解公式：

$$S_T=S_e+S_R$$

S_T 称为总偏差平方和，它表示 $y_1,y_2,\cdots,y_n$ 与其平均值 $\bar{y}$ 的偏差 $(y_i-\bar{y})$ 的平方和，S_T 越大，数值 $y_1,y_2,\cdots,y_n$ 越分散，波动越大。

$\hat{y}_i=\hat{a}+\hat{b}x_i$是回归直线$\hat{y}=\hat{a}+\hat{b}x$上横坐标为$x_i$的点的纵坐标，且

$$\frac{1}{n}\sum\hat{y}_i=\frac{1}{n}\sum(\hat{a}+\hat{b}x_i)=\hat{a}+\hat{b}\overline{x}=\overline{y}-\hat{b}\overline{x}+\hat{b}\overline{x}=\overline{y}$$

所以$\hat{y}_1,\hat{y}_2,\cdots,\hat{y}_n$的平均值也是$\overline{y}$。

$$\begin{aligned}S_R&=\sum(\hat{y}_i-\overline{y})^2=\sum(\hat{a}+\hat{b}x_i-\overline{y})^2\\&=\sum[\overline{y}+\hat{b}(x_i-\overline{x})-\overline{y}]^2=\hat{b}^2\sum(x_i-\overline{x})^2\\&=\hat{b}^2l_{xx}\end{aligned}$$

故S_R描述$\hat{y}_1,\hat{y}_2,\cdots,\hat{y}_n$的分散性，且此分散性来源于$x_1,x_2\cdots,x_n$的分散性，$S_R$与$\hat{b}$的平方成正比。我们称$S_R$为回归平方和。

总偏差平方和S_T给定后，S_R越大，S_e就越小，表示x对Y的线性影响就越显著；S_R越小，S_e就越大，表示x对Y的线性影响就不显著。所以，$\frac{S_R}{S_e}$的比值反映了x对Y的线性影响的显著性。

定理1 在一元线性模型中，

(1)$\frac{S_e}{\sigma^2}\sim\chi^2(n-2)$

(2)当$H_0:b=0$为真时，有$\frac{S_R}{\sigma^2}\sim\chi^2(1)$，且$S_e$与$S_R$相互独立。

于是在显著性水平α下，为了检验Y与x是否存在线性相关关系，即检验假设$H_0:b=0$；$H_1:b\neq0$，我们有

$$\frac{S_R/\sigma^2}{S_e/[(n-2)\sigma^2]}=\frac{(n-2)S_R}{S_e}=F\sim F(1,n-2)$$

由分位数的定义$P\left\{\frac{(n-2)S_R}{S_e}\geqslant F_{1-\alpha}(1,n-2)\right\}=\alpha$，于是，线性回归效果显著性的$F$检验法则：

若$F\geqslant F_{1-\alpha}(1,n-2)$，则拒绝$H_0$，此时称为线性回归效果显著；

若$F<F_{1-\alpha}(1,n-2)$，则接受H_0，此时称为线性回归效果不显著。

2. r检验法

为检验Y与x之间是否有线性相关性，也可用统计量(称为相关系数)

$$r=\frac{l_{xy}}{\sqrt{l_{xx}l_{yy}}}=\hat{b}\sqrt{\frac{l_{xx}}{l_{yy}}}$$

进行检验。

$$r^2=\hat{b}^2\frac{l_{xx}}{l_{yy}}=\frac{S_R}{l_{yy}}=1-\frac{S_e}{l_{yy}}$$

于是$S_R=r^2l_{yy}$

$S_e=l_{yy}-S_R=l_{yy}(1-r^2)$

因为$S_e\geqslant0$，所以$0\leqslant r^2\leqslant1$从而$0\leqslant|r|\leqslant1$

(1)当$r=0$时，有$\hat{b}=0,\hat{y}=\hat{a}+\hat{b}x=\hat{a}$，此时$Y$与$x$之间不存在线性相关关系。

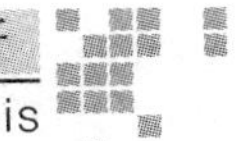

(2)当 $|r|=1$ 时，$S_e=\sum_{i=1}^{n}(y_i-\hat{y}_i)^2=0$，此时，$n$ 个观察点 $(x_1,y_1),(x_2,y_2),\cdots,(x_n,y_n)$ 都在回归直线 $\hat{y}=\hat{a}+\hat{b}x$ 上，Y 与 x 之间存在着确定的线性函数关系。

(3)$0<|r|<1$ 时，Y 与 x 之间存在着一定的线性相关关系 $|r|$ 越接近 1，S_R 越大，Y 与 x 的线性相关程度就越密切，$|r|$ 越接近 0，Y 与 x 的线性相关程度就越小。

故在显著性水平 α 下，检验 Y 与 x 的线性相关关系，即检验假设

$H_0:b=0;H_1:b\neq 0$

检测法则为

若 $|r|\geqslant r_\alpha$，则拒绝 H_0；若 $|r|<r_\alpha$，则接受 H_0

其中 r_α 是相关系数 r 的临界值(见附表 7)。

[例 3] 分别用 F 检验法和 r 检测法，检测例 1 的线性回归效果是否显著($\alpha=0.05$)。

解: $l_{xx}=78.26, l_{yy}=60.1092, l_{xy}=67.4978$

$S_R=\hat{b}^2 l_{xx}=0.8625^2\times 78.26=58.2181$

$S_e=S_T-S_R=l_{yy}-S_R=60.1092-58.2181=1.8911$

(1)F 检测法

$$F=\frac{(n-2)S_R}{S_e}=\frac{(12-2)\times 58.2181}{1.8911}=307.8531$$

查表的 $F_{1-\alpha}(1,n-2)=F_{1-0.05}(1,10)=4.96$

因为 $F=307.8531>4.96=F_{1-\alpha}(1,n-2)$，所以应该拒绝 H_0，即认为例 1 的线性回归效果显著，或者说例 1 所得的线性回归方程是有意义的。

(2)r 检验法

$$r^2=\frac{S_R}{l_{yy}}=\frac{58.2181}{60.1092}=0.9685$$

$|r|=0.9841$

$n=12, \alpha=0.05$，查表得 $r_\alpha=0.5760<0.9841=|r|$

由检验法则，拒绝 H_0，与 F 检测法结果一致。

8.3.4 利用回归分析进行预测和控制

1. 预测

如果检验的结论是拒绝“$H_0:b=0$”，则模型 $Y=a+bx+\varepsilon, \varepsilon\sim N(0,\sigma^2)$ 与实际观测相符。利用回归方程 $\hat{y}=\hat{a}+\hat{b}x$ 可以进行预测和控制。所谓预测就是对固定的 x 值预测它所对应的 Y 的取值。

设 x_0 是 x 的某一固定值，用 $\hat{y}_0=\hat{a}+\hat{b}x_0$ 作为 $Y_0=a+bx_0+\varepsilon_0$ 的预测值，即 $\hat{Y}_0=\hat{y}_0$。

对于给定的 x_0 及置信度为 $1-\alpha(0<\alpha<1)$，找到 $\hat{y}_*(x)$ 与 $\hat{y}^*(x)$ 使得当 $x=x_0$ 时，有

$$P\{\hat{y}_*(x_0)<Y_0<\hat{y}^*(x_0)\}=1-\alpha$$

也就是说，对于任意给定的 x_0，区间 $(\hat{y}_*(x_0),\hat{y}^*(x_0))$ 就是 Y_0 的 $1-\alpha$ 预测区间。为求预测

区间，我们首先有下面的定理。

定理 2 在一元线性模型中，假定 $x=x_0$ 时的因变量 Y_0，而 $Y_0,Y_1,\cdots,Y_n$ 相对独立，则

$$\frac{Y_0-\hat{y}_0}{\sqrt{\frac{S_e}{n-2}}\sqrt{1+\frac{1}{n}+\frac{(x_0-\overline{x})^2}{l_{xx}}}}\sim t(n-2)$$

于是 $P\left\{\frac{|Y_0-\hat{y}_0|}{\sqrt{\frac{S_e}{n-2}}\sqrt{1+\frac{1}{n}+\frac{(x_0-\overline{x})^2}{l_{xx}}}}<t_{1-\frac{\alpha}{2}}(n-2)\right\}=1-\alpha$

即 $P\{\hat{y}_0-\delta(x_0)<Y_0<\hat{y}_0+\delta(x_0)\}=1-\alpha$

其中 $\delta(x_0)=t_{1-\frac{\alpha}{2}}(n-2)\sqrt{\frac{S_e}{n-2}}\sqrt{1+\frac{1}{n}+\frac{(x_0-\overline{x})^2}{l_{xx}}}$

由于 x_0 的任意性，对于任意的 x，它所对应的 $Y=a+bx+\varepsilon$ 的 $1-\alpha$ 的预测区间为

$(\hat{y}-\delta(x),\hat{y}+\delta(x))$

其中 $\delta(x)=t_{1-\frac{\alpha}{2}}(n-2)\sqrt{\frac{S_e}{n-2}}\sqrt{1+\frac{1}{n}+\frac{(x-\overline{x})^2}{l_{xx}}}$

也就是说，夹在两条二曲线 $\hat{y}_*(x)=\hat{y}-\delta(x)$，$\hat{y}^*(x)=\hat{y}+\delta(x)$ 之间的部分，就是 $Y=a+bx+\varepsilon$ 的 $1-\alpha$ 预测带。这个预测带以概率 $1-\alpha$ 包含 Y 的值。

2. 控制

所谓控制，就是利用回归方程 $\hat{y}=\hat{a}+\hat{b}x$，控制回归变量 x 的取值范围，以便把 $Y=a+bx+\varepsilon$ 的取值控制在指定的范围。控制问题可以看成是预测的反问题。

假定我们需要把 $Y=a+bx+\varepsilon$ 的值以不小于 $(1-\alpha)$ 的置信度控制在区间 (y',y'') 之内，其中 $-\infty<y'<y''<+\infty$。

Y 的 $(1-\alpha)$ 预测区间为 $(\hat{y}-\delta(x),\hat{y}+\delta(x))$，即

$P\{\hat{y}-\delta(x)<Y<\hat{y}+\delta(x)\}=1-\alpha$

其中 $\delta(x)=t_{1-\frac{\alpha}{2}}(n-2)\sqrt{\frac{S_e}{n-2}}\sqrt{1+\frac{1}{n}+\frac{(x-\overline{x})^2}{l_{xx}}}$

因为 $P\{y'<Y<y''\}\geqslant 1-\alpha$

所以 $y'\leqslant\hat{y}-\delta(x)$ 及 $\hat{y}+\delta(x)\leqslant y''$

故 $y'+\delta(x)\leqslant\hat{y}\leqslant y''-\delta(x)$

令 $G(y',y'')=\{x:y'+\delta(x)\leqslant\hat{y}\leqslant y''-\delta(x)\}$

称 x 的集合 $G(y',y'')$ 为回归变量 x 的控制域。为使 $Y=a+bx+\varepsilon$ 的取值以不小于 $(1-\alpha)$ 的置信度控制在 (y',y'') 之内，只要把 x 控制在 $x\in G(y',y'')$ 即可。

如果 $y'+\delta(x)=\hat{y}$ 和 $y''-\delta(x)=\hat{y}$ 分别有解 x' 和 x''，则 $G(y',y'')=[x',x'']$，见图 8.3.1。

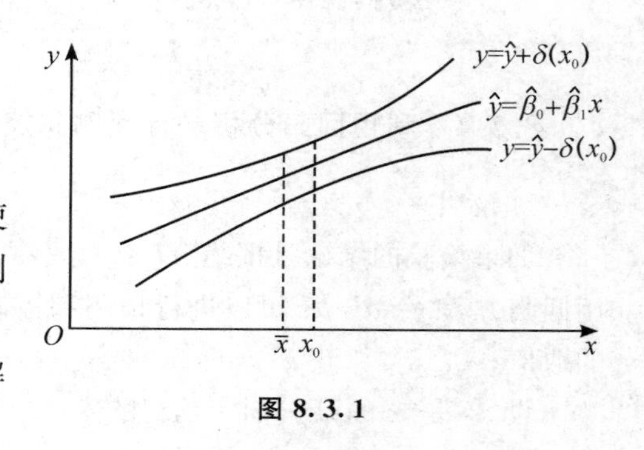

图 8.3.1

［**例 4**］（续例 1）预测拉伸倍数为 6.7 时，合成纤维的强度范围($1-\alpha=95\%$)。

解：回归方程为 $\hat{y}=0.1342+0.8625x$

$x_0=6.7$ 代入回归方程，得

$\hat{y}_0=0.1342+0.8625\times6.7=5.9130$

$\hat{\sigma}^2=S_e/(12-2)=\dfrac{1.8872}{10}=0.1887$

$$\delta(x_0)=\sqrt{\frac{S_e}{(n-2)}}\,t_{1-\frac{\alpha}{2}}(n-2)\sqrt{1+\frac{1}{n}+\frac{(x_0-\bar{x})^2}{l_{xx}}}$$

$$=\sqrt{0.1887}\times2.2281\sqrt{1+\frac{1}{12}+\frac{(6.7-5.4)^2}{78.26}}$$

$$=1.0174$$

所以，拉伸倍数为 6.7 时，合成纤维的强度为 Y_0 的预测区间为

$(5.9130-1.0174, 5.9130+1.0174)=(4.8956, 6.9304)$

即拉伸倍数为 6.7 时以 0.95 的概率预测合成纤维的强度为 4.8956～6.9304 kg/mm^2。

8.3.5　一元非线性回归分析简介

常见的一元非线性回归模型的回归函数有：

双曲线函数模型 $\dfrac{1}{y}=a+\dfrac{b}{x}$

对数函数模型 $y=a+b\ln x$

幂函数模型 $y=ax^b$

指数函数模型 $y=ae^{bx}$ 或 $y=ae^{\frac{b}{x}}$

S 曲线函数模型 $y=\dfrac{1}{a+be^{-x}}$

模型中 a，b 都是未知参数。

实际中，选择合适的模型类型作回归，从而得到回归方程是很重要的事情，也是一件不容易的事情，通常要靠专业知识，如果专业上也不清楚，可根据散点图去选择几种形状相近的曲线类型进行回归，然后比较它们的 S_e，R^2。S_e 越小模型越好；R^2 越大模型越好。以上所述五种函数的曲线模型见图 8.3.2 至图 8.3.6，供根据散点图选择模型时使用。

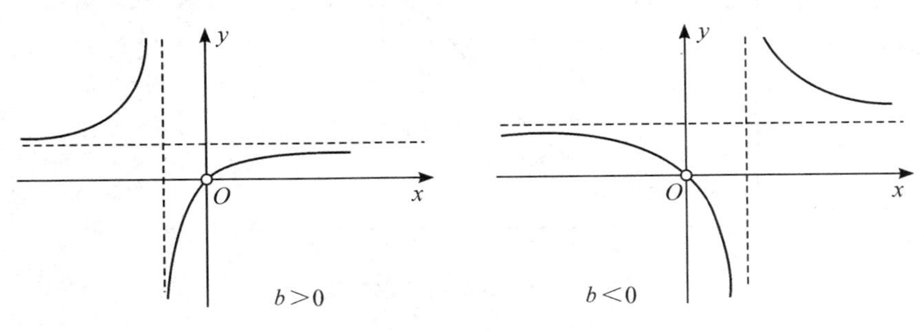

图 8.3.2　双曲线函数模型

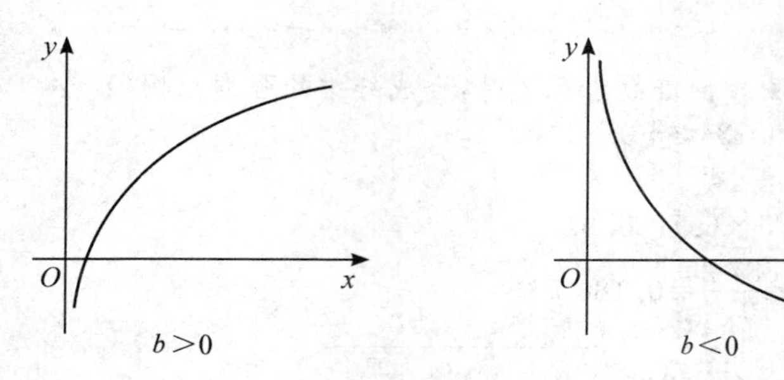

图 8.3.3　对数函数模型

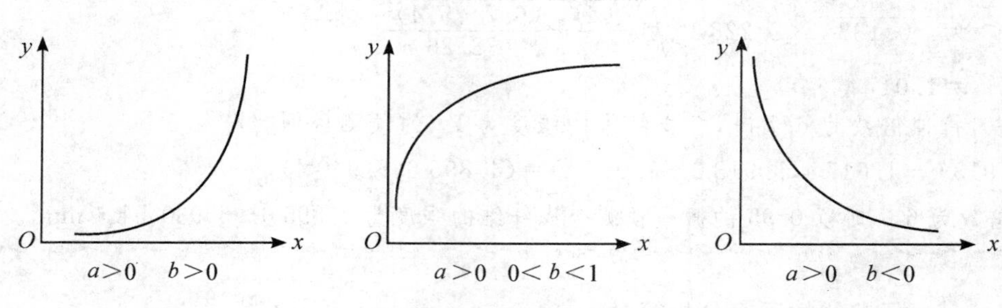

图 8.3.4　幂函数模型

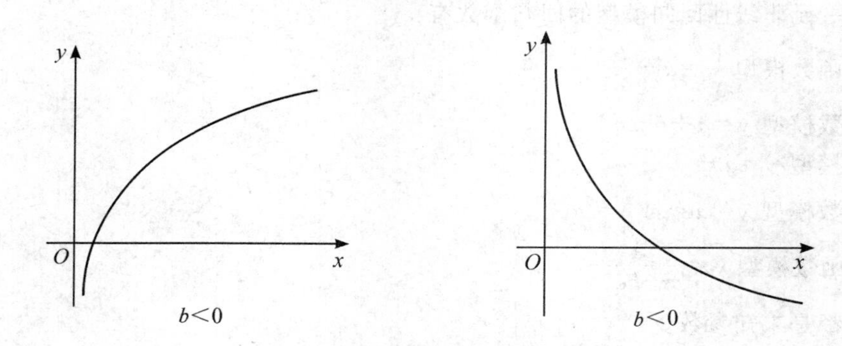

图 8.3.5　指数函数模型

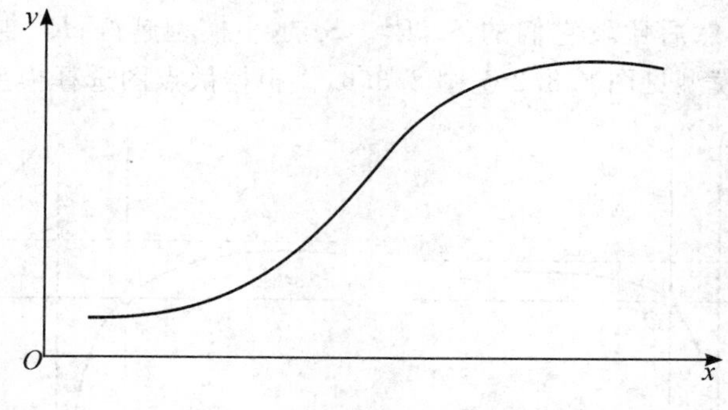

图 8.3.6　S 曲线函数模型

[例5]　在彩色显影中，形成染料光学密度Y与析出银的光学密度x之间有一定关系，通过11次试验得到的数据见表8.3.2。

表8.3.2

x	0.05	0.06	0.07	0.10	0.14	0.20	0.25	0.31	0.38	0.43	0.47
y	0.10	0.14	0.23	0.37	0.59	0.79	1.00	1.12	1.19	1.25	1.29

画出它的散点图如图8.3.8，将散点图与以上图形对照，可知用指数曲线$y=ae^{\frac{b}{x}}(b<0)$作为Y关于x的回归曲线是合理的，将方程两边取对数$\ln y=\ln a+\frac{b}{x}$，因此要求回归方程$y=ae^{\frac{b}{x}}$ $(b<0)$。令$Y=\ln y, A=\ln a, t=\frac{1}{x}$，则得$Y=A+bt$。

根据数据所作的变换，将数据改造如表8.3.3所示。

表8.3.3

x	0.05	0.06	0.07	0.10	0.14	0.20	0.25	0.31	0.38	0.43	0.47
y	0.10	0.14	0.23	0.37	0.59	0.79	1.00	1.12	1.19	1.25	1.29
$t=\frac{1}{x}$	20	16.666 7	14.285 7	10	7.142 9	5	4	3.225 8	2.631 6	2.325 6	2.127 7
$Y=\ln y$	−2.302 6	−1.966 1	−1.469 7	−0.994 3	−0.527 6	−0.235 7	0	0.113 3	0.174 0	0.223 1	0.254 6

$$\bar{t}=\frac{1}{11}\sum t_i=\frac{1}{11}\times 87.406\,0=7.946\,0$$

$$\bar{Y}=\frac{1}{11}\sum Y_i=\frac{1}{11}\times(-6.731\,0)=-0.611\,9$$

$$\sum(t_i-\bar{t})^2=\sum t_i^2-11\bar{t}^2=406.619\,7$$

$$\sum(t_i-\bar{t})(Y_i-\bar{Y})=\sum t_iY_i-11t\bar{Y}=-59.338\,5$$

故 $$\hat{b}=\frac{\sum(t_i-\bar{t})(Y_i-\bar{Y})}{\sum(t_i-\bar{t})^2}=\frac{-59.338\,5}{406.619\,7}=-0.145\,9$$

$\hat{a}=\bar{Y}-\hat{b}\bar{t}=0.547\,4$

$\hat{a}=e^{\hat{a}}=1.728\,8$

所求的回归方程为$\hat{y}=1.728\,8e^{-\frac{0.145\,9}{x}}$

$$S_e=\sum(y_i-\hat{y}_i)^2=0.006$$

从而 $F=\dfrac{S_R/m}{S_e/(n-m-1)}$

[例6]　某公司在15个地区的某种商品的销售Y(单位：罗，1罗=12打)和各地区人口数x_1(单位：千人)，以及平均每户总收入x_2(单位：元)的统计资料见表8.3.4。

表 8.3.4

地区	x_{i1}	x_{i2}	y_i	地区	x_{i1}	x_{i2}	y_i
1	274	2 450	162	9	195	2 137	116
2	180	3 254	120	10	53	2 560	55
3	375	3 802	223	11	430	4 020	252
4	205	2 838	131	12	375	4 427	232
5	86	2 347	67	13	236	2 660	144
6	265	3 782	169	14	157	2 088	103
7	98	3 008	81	15	370	2 605	212
8	330	2 450	192				

求:(1)Y 对 $x_1,x_2,\cdots,x_m$ 的回归方程;(2)对所得到的回归方程进行显著性检验。

解:$\bar{x}_1=\frac{1}{15}\sum x_{i1}=241.733\,3\quad \bar{x}_2=\frac{1}{15}\sum x_{i2}=2\,961.866\,7$

$$\bar{y}=\frac{1}{15}\sum y_i=150.6$$

$$\sum x_{i1}^2=1\,067\,614\ ,\ l_{11}=\sum x_{i1}^2-15\bar{x}_1^2=191\,088.933\,3$$

$$\sum x_{i2}^2=139\,063\,428\ ,\ l_{22}=\sum x_{i2}^2-15\bar{x}_2^2=7\,473\,615.734$$

$$\sum x_{i1}x_{i2}=11\,419\,181,l_{12}=l_{21}=\sum x_{i1}x_{i2}-15\bar{x}_1\bar{x}_2=679\,452.613\,6$$

$$\sum x_{i1}y_i=647\,107,l_{1y}=\sum x_{i1}y_i-15\bar{x}_1\bar{y}=101\,031.407\,5$$

$$\sum x_{i2}y_i=7\,096\,619\ ,\ l_{2y}=\sum x_{i2}y_i-15\bar{x}_2\bar{y}=405\,762.199\,3$$

于是,得正规方程组

$$\begin{cases}191\,088.933\,3\hat{b}_1+679\,452.613\,6\hat{b}_2=101\,031.407\,5\\679\,452.613\,6\hat{b}_1+7\,473\,615.734\hat{b}_2=405\,762.199\,3\end{cases}$$

解得 $\hat{b}_1=0.496,\hat{b}_2=0.009\,2$

而 $\hat{b}_0=\bar{y}-\hat{b}_1\bar{x}_1-\bar{b}_2\bar{x}_2=3.451$

故所求的回归方程为

$$\hat{y}=3.451+0.496x_1+0.009\,2x_2$$

又 $\sum y_i^2=394\,107$

$$S_T=l_{yy}=\sum y_i^2-15\bar{y}^2=53\,901.6$$

$$S_R=\hat{b}_1l_{1y}+\hat{b}_2l_{2y}=0.496\times101\,031.407\,5+0.009\,2\times405\,762.199\,3=53\,844.590\,4$$

$$S_e=S_T-S_R=57.009\,6$$

于是,检验统计量 F 的观察值

$$F=\frac{S_R/2}{S_e/(15-2-1)}=5\,666.897\,2$$

如果给定显著性水平 $\alpha=0.01$,查 F 分布表得

$$F_{1-\alpha}(m,n-m-1)=F_{1-0.01}(2,12)=6.93$$

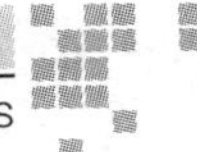

因为 $F=5\ 666.897\ 2>6.93=F_{1-0.01}(2,12)$，所以拒绝 H_0，也就是说人口和平均每户总收数对某种商品的销售额的线性影响在 $\alpha=0.01$ 水平下是显著的。

二维码 8.1 知识点介绍

二维码 8.2 教学基本要求与重点

二维码 8.3 典型例题

第 8 章习题

1. 现有某种型号的电池三批，它们分别是甲、乙、丙三个厂生产的，为评论其质量，各随机抽取五只电池为样品，经试验得其寿命(单位：h)见下表。

工厂	寿　命				
甲	40	48	38	42	45
乙	26	34	30	28	32
丙	39	40	43	50	50

试在显著性水平 $\alpha=0.05$ 下，检验甲、乙、丙三厂生产的电池的平均寿命有无显著差异。求 $\mu_1-\mu_2$，$\mu_1-\mu_3$，$\mu_2-\mu_3$ 的 95%置信区间。

2. 将抗生素注入人体会产生抗生素与血浆蛋白质结合的现象，以致减小了药效。下表列出了五种常用的抗生素注入牛的体内时，抗生素与血浆蛋白质结合的百分比。试在 $\alpha=0.05$ 下检验这些百分比的均值有无显著差异。并求均值差 $\mu_1-\mu_2$，$\mu_1-\mu_3$，$\mu_1-\mu_4$，$\mu_1-\mu_5$ 的置信水平为 95%置信区间。

青霉素	四环素	链霉素	红霉素	氯霉素
29.6	27.3	5.8	21.6	29.2
24.3	32.6	6.2	17.4	32.8
28.5	30.8	11.0	18.3	25.0
32.0	34.8	8.3	19.0	24.2

3. 下表列出了随机选取的，用于计算器的四种类型的电路的响应时间(以 ms 计)，试考察各种类型的电路响应时间有无显著差异。求 $\mu_1-\mu_2$，$\mu_1-\mu_3$，$\mu_1-\mu_4$ 的 95%置信区间。

类型Ⅰ	类型Ⅱ	类型Ⅲ	类型Ⅳ
19	20	16	18
15	40	17	22
22	21	15	19
20	33	18	
18	27	26	

4. 下表给出某种化工过程在三种浓度、四种温度下的得率的数据。试在水平 $\alpha=0.05$ 下检验：在不同浓度下得率的均值有无显著差异；在不同温度下得率的均值是否有显著差异；交互作用的效应是否显著。

浓度/%(因素 A) \ 温度/℃ (因素 B)	10	24	38	52
2	14 10	11 11	13 9	10 12
4	9 7	10 8	7 11	6 10
6	5 11	13 14	12 13	14 10

5. 在某种橡胶的配方中，考虑试用三种不同的促进剂和四种不同的氧化锌，同样的配方各试验了两次，测得他们的拉力如下表。试问：促进剂、氯化锌以及它们的交互作用对拉伸力的影响是否显著。

促进剂 \ 氧化剂	B_1	B_2	B_3	B_4
A_1	31,33	34,36	35,36	39,38
A_2	34,33	36,37	37,39	38,41
A_3	35,37	37,38	39,40	42,44

6. 某厂对生产的高速钢铣刀进行淬火工艺试验，考察等温温度、淬火温度两因素对硬度的影响。等温温度、淬火温度(单位：℃)各取三个水平：

等温温度　$A_1=280, A_2=300, A_3=320$

淬火温度　$B_1=1\,210, B_2=1\,235, B_3=1\,250$

试验后测得的平均硬度值如下表(数据已减去 66)。

	B_1	B_2	B_3
A_1	−2	0	2
A_2	0	2	1
A_3	−1	1	2

试问：(1)不同的等温温度对铣刀的平均硬度的影响是否显著？(2)不同的淬火温度对铣刀的平均硬度的影响是否显著？

7. 设 $\hat{y}_i=\hat{a}+\hat{b}x_i$，其中 $\hat{a}=\bar{y}-\hat{b}\bar{x}$，证明：

(1) $\sum(y_i-\hat{y}_i)=0$；(2) $\sum(y_i-\hat{y}_i)x_i=0$；(3) $\sum(y_i-\hat{y}_i)(\hat{y}_i-\bar{y})=0$

8. 假设 X 是一个可控变量，Y 是一随机变量，服从正态分布，现在不同的 X 值下，分别

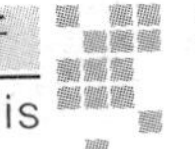

对 Y 进行观测，得如下数据：

X	0.25	0.37	0.44	0.55	0.60	0.62	0.68	0.70	0.73
Y	2.57	2.31	2.12	1.92	1.75	1.71	1.60	1.51	1.50
X	0.75	0.82	0.84	0.87	0.88	0.90	0.95	1.00	
Y	1.41	1.33	1.31	1.25	1.20	1.19	1.15	1.00	

(1)假设 x 和 Y 之间有线性关系，求 Y 对 x 的经验回归方程，并求 $\sigma^2=D(Y)$ 的无偏估计；(2)求回归系数 a,b 和 σ^2 的 0.95 置信区间；(3)检验 x 和 Y 之间的线性回归方程是否显著。$(\alpha=0.05)$

9. 在某种产品的表面进行腐蚀刻线试验，得到腐蚀深度 Y 与腐蚀时间 x 对应的一组数据如下：

x_i/s	5	10	15	20	30	40	50	60	70	90	120
y_i/μm	6	10	10	13	16	17	19	23	25	29	46

(1)求 Y 对 x 的线性回归方程，并问腐蚀时间每增加 1 s，腐蚀深度增加多少？(2)检验线性回归效果的显著性$(\alpha=0.01)$；(3)求回归系数 b 的区间估计$(1-\alpha=0.99)$及 σ^2 的无偏估计。(4)求 $x=80$ 时，Y_0 的预测值及预测区间。$(\alpha=0.01)$

10. 混凝土的抗压强度 x(单位：kg/cm^2)较易测定，其抗剪强度 Y(单位：kg/cm^2)不易测定，工程中希望能由 x 计算 Y，以便应用，现在测得一批对应数据如下：

x	141	152	168	182	195	204	223	254	277
y	23.1	24.2	27.2	27.8	28.7	31.4	32.5	34.8	36.2

分别按 (1) $y=a+b\sqrt{x}$；(2) $y=a+b\ln x$；(3) $y=ax^b$ 建立 Y 对 x 的回归方程，并用 $r^2=1-\dfrac{S_e}{l_{yy}}$ 指出哪一种相关最大。

11. 从电工理论分析知道，电容器串联一个电阻放电时，电压 U(单位：V)和放电时间 t(单位：s)的关系为 $U=u_0\mathrm{e}^{-at}$，试定出未知参数 u_0 和 $a(a>0)$ 的估计值。11 组试验数据如下：

t	0	1	2	3	4	5	6	7	8	9	10
U	100	75	55	40	30	20	15	10	10	5	5

12. 某化工厂研究硝化得率 Y 与硝化温度 x_1、硝化液中的硝酸浓度 x_2 之间的统计关系，进行十次试验，得试验数据如下：

x_{i1}/℃	16.15	19.7	15.5	21.4	20.8	16.6	23.1	14.5	21.3	16.4
x_{i2}/%	93.4	90.8	86.7	83.5	92.1	94.9	89.6	88.1	87.3	83.4
y_i/%	90.92	91.13	87.95	88.57	90.44	89.87	91.03	88.03	89.93	85.58

(1)试求 Y 对 x_1x_2 的回归平面方程；(2)对线性回归方程进行显著性检验。$(\alpha=0.05)$

13. 某种商品的需求量 Y，消费者的平均收入 x_1 以及商品价格 x_2 的统计数据如下：

X	0.25	0.37	0.44	0.55	0.60	0.62	0.68	0.70	0.73
Y	2.57	2.31	2.12	1.92	1.75	1.71	1.60	1.51	1.50
X	0.75	0.82	0.84	0.87	0.88	0.90	0.95	1.00	
Y	1.41	1.33	1.31	1.25	1.20	1.19	1.15	1.00	

(1)假设 X 和 Y 之间有线性关系，求 Y 对 X 的经验回归方程，并求 $\sigma^2=D(Y)$ 的无偏估计；(2)检验 X 和 Y 之间的线性回归方程是否显著。($\alpha=0.05$)

二维码 8.4　习题答案

二维码 8.5　补充习题及参考答案

Chapter 9 第 9 章

数学建模介绍与数学实验*

Introduction to Mathematical Modeling and Mathematics Experiments

9.1 数学建模与随机模型介绍

9.1.1 数学建模介绍

数学模型一般是实际事物的一种数学简化。它常常是以某种意义上接近实际事物的抽象形式存在的,但它和真实的事物有着本质的区别。要描述一个实际现象可以有很多种方式,但是为了使描述更具科学性、逻辑性、客观性和可重复性,人们采用一种普遍认为比较严格的语言来描述各种现象,这种语言就是数学。使用数学语言描述的事物就称为数学模型。有时候我们需要做一些实验,但这些实验往往用抽象出来了的数学模型作为实际物体的代替而进行相应的实验,实验本身也是实际操作的一种理论替代。

数学建模就是用数学语言描述实际现象的过程。这里的实际现象既包括具体的自然现象也包括抽象的现象。这里的描述不但包括外在形态、内在机制的描述,也包括预测、试验和解释实际现象等内容。

数学是研究现实世界数量关系和空间形式的科学,应用数学去解决各类实际问题时,建立数学模型是十分关键的一步,同时也是十分困难的一步。建立教学模型的过程,是把错综复杂的实际问题简化、抽象为合理的数学结构的过程。要通过调查、收集数据资料,观察和研究实际对象的固有特征和内在规律,抓住问题的主要矛盾,建立起反映实际问题的数量关系,然后利用数学的理论和方法去分析和解决问题。这就需要深厚扎实的数学基础,敏锐的洞察力和想象力,对实际问题的浓厚兴趣和广博的知识面。数学建模是联系数学与实际问题的桥梁,是数学在各个领域广泛应用的媒介,是数学科学技术转化的主要途径,数学建模在科学技术发展中的重要作用越来越受到数学界和工程界的普遍重视,它已成为现代科技工作者必备的重要能力之一。为了适应科学技术发展的需要和培养高质量、高层次科技人才,数学建模已经在大学教育中逐步开展,国内外越来越多的大学正在进行数学建模课程的教学和参加开放性的数学建模竞赛,将数学建模教学和竞赛作为高等院校的教学改革和培养高层次的科技人才的重要方面,现在许多院校正在将数学建模与教学改革相结合,努力探索更有效的数学建模教学法和培养面向21世纪的人才的新思路,与我国高校的其他数学类课程相比,数学建模具有难度大、涉及面广、形式灵活,对教师和学生要求高等特点,数学建模的教学本身是一个不断探索、不断创新、不断完善和提高的过程。

9.1.2 随机模型介绍

在实际生活中,往往会遇到一些随机出现的事件,如物资的"供需"不协调问题;还有一些需根据出现的数据来归类,从而确定某一事件的归属问题(见本书8.1)。解决这些问题的数学工具就是概率统计的知识,下面就分类介绍怎样利用它们来建模。

1. 随机性存贮模型

[例1] 需求为离散型随机变量的存贮模型(报童问题)

一报童每天从邮局订购一种报纸,沿街叫卖。已知每100份报纸报童卖出可获利7元。如果当天卖不掉,第二天削价可以全部卖出,但这时报童每100份报纸要赔4元。报童每天售出的报纸数 x 是一随机变量,概率分布表见表9.1.1。

问:报童每天定购多少份报纸最佳?

表 9.1.1

售出报纸数 x/百份	0	1	2	3	4	5
概率 $P(x)$	0.05	0.1	0.25	0.35	0.15	0.1

解:设每天订购 Q 百份报纸,则收益函数为

$$y(t)=\begin{cases}7x+(-4)(Q-x), & x\leqslant Q\\ 7Q, & x>Q\end{cases}$$

利润的期望为

$$E(y(x))=\sum_{x=0}^{Q}(11x-4Q)P(x)+7Q\sum_{x=Q+1}^{5}P(x)$$

分别求出 $Q=0,Q=1,Q=2,Q=3,Q=4,Q=5$ 时的利润期望。

$Q=0$

$E(y(x))=0$

$Q=1$

$E(y(x))=(-4\times0.05+7\times0.1)+7\times(0.25+0.35+0.15+0.1)=6.45$

$Q=2$

$E(y(x))=(-8\times0.05+3\times0.1+14\times0.25)+14\times(0.35+0.15+0.1)=11.8$

$Q=3$

$E(y(x))=(-12\times0.05-1\times0.1+10\times0.25+21\times0.35)+21\times(0.15+0.1)=14.4$

$Q=4$

$E(y(x))=(-16\times0.05-5\times0.1+6\times0.25+17\times0.35+28\times0.15)+28\times0.1=13.15$

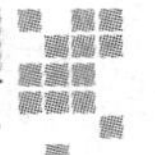

$Q=5$

$E(y(x))=-20\times0.05-9\times0.1+2\times0.25+13\times0.35+24\times0.15+35\times0.1=10.25$

由计算结果可知，当报童每天订购300份报纸时，可获得最大利润。

上面是利用最大利润来决定报童的订购计划，也可以通过求损失最小期望值来决定计划(请读者练习)。

[例2] 需求为连续型随机变量的存贮模型(物资存贮策略)

一煤炭供应部门煤的进价为65元/t，零售价为70元/t。若当年卖不出去，则第二年削价20%处理掉，如供应短缺，有关部门每吨罚款10元，已知顾客对煤炭年需求量x服从均匀分布，分布函数为

$$F(x)=\begin{cases}0, & x\leqslant 20\,000\\ \dfrac{x-20\,000}{60\,000}, & 20\,000<x\leqslant 80\,000\\ 0, & x>80\,000\end{cases}$$

求一年煤炭最优存贮策略。

解：设贮存的煤炭量为Q，则供应部门的收益值为

$$y(x)=\begin{cases}70x+56(Q-x)-65Q\\ 70Q-10(x-Q)-65Q\end{cases}=\begin{cases}14x-9Q, x\leqslant Q\\ 15Q-10x, x>Q\end{cases}$$

设$p(x)$为顾客对煤炭需求x的分布密度函数，显然

$$\int_0^{+\infty}p(x)\mathrm{d}x=1$$

则供应部门的期望值为

$$g(Q)=E(y(x))=\int_0^{+\infty}y(x)p(x)\mathrm{d}x$$
$$=\int_0^{Q}(14x-9Q)p(x)\mathrm{d}x+\int_Q^{+\infty}(15Q-10x)p(x)\mathrm{d}x$$

两边对Q求导，再令$\dfrac{\mathrm{d}g(Q)}{\mathrm{d}Q}=0$，则得

$$\int_0^{Q}p(x)\mathrm{d}x=\frac{15}{24}=0.625$$

即 $$\frac{Q-20\,000}{60\,000}=0.625$$

$Q=57\,500$

所以，煤炭供应部门的最佳方案是一年存贮57 500 t煤。

2.随机人口模型

[例3] 确定性的人口模型都是在已知初始人口并且给出了出生率、死亡率等数据后，可以确切地预测未来人口。但是事实上，一个人的出生和死亡应该说是随机事件，无法准确预测。之所以能用确定性模型描述人口的发展，是因为考察的是一个国家或地区的数量很大的人口，用对总数而言的平均生育率、死亡率代替出生、死亡的概率，将人口作为连续变量

处理。如果研究对象是一个自然村落或一个家族的人口,数量不大,需作为离散型随机变量看待时,就要利用随机人口模型来描述其变化过程了。

时刻 t 的人口用随机变量 $X(t)$ 表示,$X(t)$ 只取整数值。记 $P_n(t)$ 为 $X(t)=n$ 的概率,$n=0,1,2,\cdots$ 下面要在对出生和死亡的概率做出适当假设的基础上,寻求 $P_n(t)$ 的变化规律,并由此得出人口 $X(t)$ 的期望和方差,用它们在随机意义下描述人口的发展状况。

模型假设 若 $X(t)=n$,对人口在 t 到 $t+\Delta t$ 的出生和死亡作如下假设(Δt 很小):

(1)出生一人的概率与 Δt 成正比,记作 $b_n\Delta t$;出生二人及二人以上的概率为 $o(\Delta t)$(Δt 的高阶无穷小)。

(2)死亡一人的概率与 Δt 成正比,记作 $d_n\Delta t$;死亡二人及二人以上的概率为 $o(\Delta t)$。

(3)出生与死亡是相互独立的随机事件。

(4)进一步设 b_n 与 d_n 均与 n 成正比,记 $b_n=\lambda n, d_n=\mu n$,λ 和 μ 分别是单位时间内 $n=1$ 时一个人出生和死亡的概率。

建模与求解 为了得到 $P_n(t)$ 的方程,考察随机事件 $X_n(t+\Delta t)=n$。将它分解为以下一些互不相容的事件之和,并根据假设(1)~(3),可以得到这些事件的概率:

(1)$X(t)=n-1$,且 Δt 内出生 1 人,概率为 $P_{n-1}(t)b_{n-1}\Delta t$

(2)$X(t)=n+1$,且 Δt 内死亡 1 人,概率为 $P_{n+1}(t)b_{n+1}\Delta t$

(3)$X(t)=n$,且 Δt 内没有人死亡或出生,概率为 $P_n(t)(1-b_n\Delta t-d_n\Delta t)$

(4)$X(t)=n-k(k\geqslant 2)$,Δt 内出生 k 人,或 $X(t)=n+k(k\geqslant 2)$,Δt 内死亡 k 人,或 $X(t)=n$,Δt 内出生且死亡 k 人($k\geqslant 1$),这些事件的概率均为 $o(\Delta t)$

按照全概率公式有

$$P_n(t+\Delta t)=P_{n-1}(t)b_{n-1}\Delta t+P_{n+1}(t)d_{n-1}\Delta t+P_n(t)(1-b_n\Delta t-d_n\Delta t)+o(\Delta t) \tag{9.1.1}$$

由此可得关于 $P_n(t)$ 的微分方程:

$$\frac{\mathrm{d}P_n}{\mathrm{d}t}=b_{n-1}P_{n-1}(t)+d_{n+1}P_{n+1}(t)-(b_n+d_n)P_n(t) \tag{9.1.2}$$

特别地,在假设(4)下方程为

$$\frac{\mathrm{d}P_n}{\mathrm{d}t}=\lambda(n-1)P_{n-1}(t)+\mu(n+1)P_{n+1}(t)-(\lambda+\mu)nP_n(t) \tag{9.1.3}$$

若初始时刻($t=0$)人口为确定数量 n_0,则 $P_n(t)$ 的初始条件为

$$P_n(0)=\begin{cases}1, n=n_0\\0, n\neq n_0\end{cases} \tag{9.1.4}$$

式 9.1.3 是对于 n 的一组递推方程,在条件 9.1.4 下的求解过程非常复杂,并且没有简单的结果。幸而,通常人们对于式 9.1.3 的解 $P_n(t)$ 并不关心,感兴趣的只是 $X(t)$ 的期望 $E(X(t))$(以下简记为 $E(t)$)和方差 $D(t)$,而它们可由式 9.1.3 和式 9.1.4 直接得到。因为按照期望的定义

$$E(t)=\sum_{n=1}^{\infty}nP_n(t) \tag{9.1.5}$$

对式 9.1.5 求导并将式 9.1.3 代入得

$$\frac{\mathrm{d}E}{\mathrm{d}t}=\lambda\sum_{n=1}^{\infty}n(n-1)P_{n-1}(t)+\mu\sum_{n=1}^{\infty}n(n+1)P_{n+1}(t)-(\lambda+\mu)\sum_{n=1}^{\infty}n^2P_n(t) \tag{9.1.6}$$

注意到

$$\sum_{n=1}^{\infty} n(n-1)P_{n-1}(t) = \sum_{k=1}^{\infty} k(k+1)P_k(t), \sum_{n=1}^{\infty} n(n+1)P_{n+1}(t) = \sum_{k=1}^{\infty} k(k-1)P_k(t)$$

代入式 9.1.6 并利用式 9.1.5,则有

$$\frac{dE}{dt} = (\lambda-\mu)\sum_{n=1}^{\infty} nP_n(t) = (\lambda-\mu)E(t) \tag{9.1.7}$$

由式 9.1.4 可以写出 $E(t)$的初始条件

$$E(0)=n_0 \tag{9.1.8}$$

显然,方程 9.1.7 在条件 9.1.8 下的解为

$$E(t)=n_0 e^{rt}, r=\lambda-\mu \tag{9.1.9}$$

从含义上看,随机性模型 9.1.9 中出生概率 λ 与死亡概率 μ 之差 r 可称净增长率,人口的期望值 $E(t)$呈指数增长。在人口数量很多的情况下如果将 r 视为平均意义上的净增长率,那么 $E(t)$就可以看成确定模型 $x(t)=x_0 e^{rt}$ 中的总数 $x(t)$了。

对于方差 $D(t)$,按照定义

$$D(t) = \sum_{n=1}^{\infty} n^2 P_n(t) - E^2(t) \tag{9.1.10}$$

用类似求 $E(t)$的方法可以推出

$$D(t) = n_0 \frac{\lambda+\mu}{\lambda-\mu} e^{(\lambda-\mu)t}[e^{(\lambda-\mu)t}-1] \tag{9.1.11}$$

$D(t)$的大小表示了 $X(t)$在期望值 $E(t)$附近的波动范围。式 9.1.11 说明这个范围不仅随着时间的延续和净增长率 $r=\lambda-\mu$ 的增加而变大,而且即使当 r 不变时,它也随着 λ 和μ 的上升而增长。这就是说,当出生和死亡频繁出现时,人口的波动范围变大。

3. 传送系统的效率

[例 4] 在机械化生产车间里你可以看到这样的情景:排列整齐的工作台旁工人们紧张地生产同一种产品,在工作台上方一条传送带在运转,带上设置着若干钩子。工人们将产品挂在经过他上方的钩子上带走。

模型分析 当生产进入稳态后,为保证生产系统的周期性运转,应假定工人们的生产周期相同,即每人作完一件产品后,要么恰有空钩经过他的工作台,使他可将产品挂上运走,要么没有空钩经过,迫使他放下这件产品并立即投入下件产品的生产。可以用一个周期内传送带运走的产品数占产品总数的比例,作为衡量传送带效率的数量指标。人们生产周期虽然相同,但稳态下每人生产完一件产品的时刻不会一致,可以认为是随机的,并且在一个周期内任一时刻的可能性相同。

模型假设

(1)n 个工作台均匀排列,n 个工人生产相互独立,生产周期是常数。

(2)生产进入稳态,每人生产完一件产品的时刻在一个周期内是等可能的。

(3)一周期内 m 个均匀排列的挂钩通过每一工作台的上方,到达第一个工作台的挂钩都是空的。

(4)每人在生产完一件产品时都能且只能触到一只挂钩,若这只挂钩是空的,则可将产品挂上运走;若该钩非空,则这件产品被放下,退出运送系统。

模型建立 定义传送带效率为一周期内运走的产品数(记作 s,待定)与生产总数 n(已知)之比,记作 $D=\frac{s}{n}$,若求出一周期内每只挂钩非空的概率 p,则 $s=mp$。为确定 s,从工人考虑还是从挂钩考虑,哪个方便?如何求概率呢?

设每只挂钩为空的概率为 q,则 $p=1-q$

设每只挂钩不被一工人触到的概率为 r,则 $q=r^n$

设每只挂钩被一工人触到的概率为 u,则 $r=1-u$,一周期内有 m 个挂钩通过每一工作台的上方 $u=\frac{1}{m}$, $p=1-\left(1-\frac{1}{m}\right)^n$,$D=\frac{mp}{n}=\frac{m}{n}\left[1-\left(1-\frac{1}{m}\right)^n\right]$

模型解释 传送带效率(一周期内运走产品数与生产总数之比)即 $D=\frac{m}{n}\left[1-\left(1-\frac{1}{m}\right)^n\right]$

若(一周期运行的)挂钩数 m 远大于工作台数 n,则只取 $\left(1-\frac{1}{m}\right)^n$ 展开式的前三项,则有

$$D\approx\frac{m}{n}\left[1-\left(1-\frac{n}{m}+\frac{n(n-1)}{2m^2}\right)\right]=1-\frac{n-1}{2m}$$

如果将一周期内未运走产品数与生产总数之比记作 E,$E=1-D$,当 n 远大于 1 时,$E\approx\frac{n}{2m}$~E 与 n 成正比,与 m 成反比。当 $n=10$,$m=40$ 时,$D\approx87.5\%$,而精确值为$D=89.4\%$。

9.2 Matlab 介绍

Matlab是一门计算机编程语言,取名来源于 Matrix Laboratory,意为"矩阵实验室"。是由美国 Math Works 公司开发的集数值计算、符号计算和图形可视化三大基本功能于一体的,功能强大、操作简单的语言。是国际公认的优秀数学应用软件之一,它非常直观,提供了大量的函数,而且工具箱越来越多,使其越来越受到人们的喜爱,应用范围也越来越广泛。

现在,Matlab 已经发展成为适合多学科的大型软件,在世界各高校,Matlab 已经成为线性代数、数值分析、数理统计、优化方法、自动控制、数字信号处理、动态系统仿真等高级课程的基本教学工具。特别是最近几年,Matlab 在我国大学生数学建模竞赛中的应用,为参赛者在有限的时间内准确、有效地解决问题提供了有力的保证。

概括地讲,整个 Matlab 系统由两部分组成,即 Matlab 内核及辅助工具箱,两者的调用构成了 Matlab 的强大功能。Matlab 语言以数组为基本数据单位,包括控制流语句、函数、数据结构、输入输出及面向对象等特点的高级语言,它具有以下主要特点:

(1)运算符和库函数极其丰富,语言简洁,编程效率高,Matlab 除了提供和 C 语言一样

的运算符号外，还提供广泛的矩阵和向量运算符。利用其运算符号和库函数可使其程序相当简短，两三行语句就可实现几十行甚至几百行 C 或 FORTRAN 的程序功能。

(2)既具有结构化的控制语句(如 for 循环、while 循环、break 语句、if 语句和 switch 语句)，又有面向对象的编程特性。

(3)图形功能强大。它既包括对二维和三维数据可视化、图像处理、动画制作等高层次的绘图命令，也包括可以修改图形及编制完整图形界面的、低层次的绘图命令。

(4)功能强大的工具箱。工具箱可分为两类：功能性工具箱和学科性工具箱。功能性工具箱主要用来扩充其符号计算功能、图示建模仿真功能、文字处理功能以及与硬件实时交互的功能。而学科性工具箱是专业性比较强的，如优化工具箱、统计工具箱、控制工具箱、小波工具箱、图像处理工具箱、通信工具箱等。

(5)易于扩充。除内部函数外，所有 Matlab 的核心文件和工具箱文件都是可读可改的源文件，用户可修改源文件和加入自己的文件。

9.2.1 Matlab 的安装与启动

1. Matlab 的安装

Matlab 的安装非常简单，这里以 Windows 版本 6 为例。运行 setup 后，输入正确的序列号，选择好安装路径和安装的模块，几乎是一直回车就可以了。这里有一点要注意的是，由于不同操作系统设置，可能会出现一些意外错误，而且越高版本的 Matlab 对计算机系统的要求也越高，如 6.1 版本要求至少 64M 内存，最好 128M。所以根据自身情况选择适合的版本安装，最好还要在操作系统初安装后就安装，避免出现意外。要应用 Matlab 6，首先必须在计算机上安装 Matlab 6 应用软件，随着软件功能的不断完善，Matlab 对计算机系统配置的要求越来越高。下面给出安装和运行 Matlab 6 所需要的计算机系统配置。

◆ Matlab 6 对硬件的要求

CPU 要求：Pentium Ⅱ，Pentium Ⅲ，AMD Athlon 或者更高。

光驱：8 倍速以上。

内存：至少 64MB，但推荐 128MB 以上。

硬盘：视安装方式不同要求不统一，但至少留 1GB 用于安装(安装后未必有 1GB)。

显卡：8 位。

◆ Matlab 6 对软件的要求

Windows95，Window98，Windows NT 或 Windows2000。

Word97 或 word2000 等，用于使用 Matlab Notebook。

Adobe Acrobat Reader 用于阅读 Matlab 的 PDF 的帮助信息。

Matlab 6 的安装和其他应用软件类似，可按照安装向导进行安装，这里不再赘述。

2. Matlab 的启动和退出

与常规的应用软件相同，Matlab 的启动也有多种方式，首先常用的方法就是双击桌面的 Matlab 图标，也可以在开始菜单的程序选项中选择 Matlab 组件中的快捷方式，当然也可以在 Matlab 的安装路径的子目录中选择可执行文件“Matlab. exe”。

启动 Matlab 后，将打开一个 Matlab 的欢迎界面，随后打开 Matlab 的桌面系统(desktop)如图 9.2.1 所示。

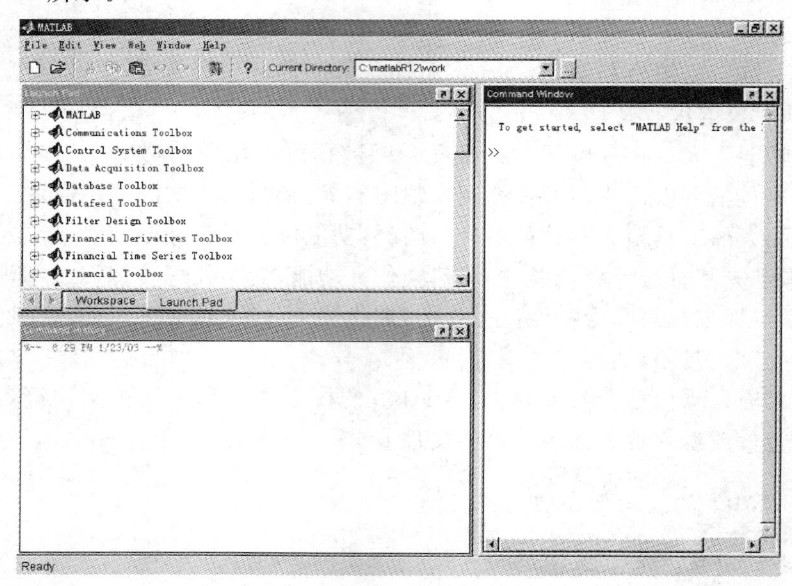

图 9.2.1

9.2.2　运行

Matlab 启动后显示的窗口称为命令窗口,提示符为“≫”。一般可以在命令窗口中直接进行简单的算术运算和函数调用。如果重复输入一组表达式或计算复杂,则可以定义程序文件来执行达到目的。程序文件扩展名为“.m”,以文本文件形式保存。有两种方式运行程序文件:一是直接在 Matlab 命令窗口输入文件名,二是选择 File→Open 打开 m 文件,弹出的窗口为 Matlab 编辑器。这时可选择它的 Debug 菜单的 Run 子菜单运行。

9.2.3　帮助文件

完善的帮助系统是任何应用软件必要的组成部分。Matlab 提供了相当丰富的帮助信息,同时也提供了获得帮助的方法。首先,可以通过桌面平台的[Help]菜单来获得帮助,也可以通过工具栏的帮助选项获得帮助。此外,Matlab 也提供了在命令窗口中的获得帮助的多种方法,在命令窗口中获得 Matlab 帮助的命令及说明列于表 9.2.1 中。其调用格式为:

命令+指定参数

表 9.2.1

命令	说明
doc	在帮助浏览器中显示指定函数的参考信息
help	在命令窗口中显示 M 文件帮助
helpbrowser	打开帮助浏览器,无参数
helpwin	打开帮助浏览器,并且见初始界面置于 Matlab 函数的 M 文件帮助信息
lookfor	在命令窗口中显示具有指定参数特征函数的 M 文件帮助
web	显示指定的网络页面,默认为 Matlab 帮助浏览器

例如：

```
≫help sin
  SIN Sine
  SIN(X) is the sine of the elements of X
Overloaded methods
  Help sym/sin.m
```

另外也可以通过在组件平台中调用演示模型(demo)来获得特殊帮助。

9.2.4　Matlab 的数据类型

Matlab 的数据类型主要包括数字、字符串、矩阵、单元型数据及结构型数据等，限于篇幅我们将重点介绍其中几个常用类型。

1. 变量与常量

变量是任何程序设计语言的基本要素之一，Matlab 语言当然也不例外。与常规的程序设计语言不同的 Matlab 并不要求事先对所使用的变量进行声明，也不需要指定变量类型，Matlab 语言会自动依据所赋予变量的值或对变量所进行的操作来识别变量的类型。在赋值过程中如果赋值变量已存在时，Matlab 语言将使用新值代替旧值，并以新值类型代替旧值类型。

◆ 在 Matlab 语言中变量的命名应遵循的规则

(1)变量名区分大小写。

(2)变量名长度不超 31 位，第 31 个字符之后的字符将被 Matlab 语言所忽略。

(3)变量名以字母开头，可以是字母、数字、下划线组成，但不能使用标点。

与其他的程序设计语言相同，在 Matlab 语言中也存在变量作用域的问题。在未加特殊说明的情况下，Matlab 语言将所识别的一切变量视为局部变量，即仅在其使用的M 文件内有效。若要将变量定义为全局变量，则应当对变量进行说明，即在该变量前加关键字 global。一般来说全局变量均用大写的英文字符表示。

Matlab 语言本身也具有一些预定义的变量，这些特殊的变量称为常量。表 9.2.2 给出了 Matlab 语言中经常使用的一些常量值。

表 9.2.2

常 量	表 示 数 值
pi	圆周率
eps	浮点运算的相对精度
inf	正无穷大
NaN	表示不定值
realmax	最大的浮点数
i, j	虚数单位

在 Matlab 语言中，定义变量时应避免与常量名重复，以防改变这些常量的值，如果已改变了某外常量的值，可以通过“clear＋常量名”命令恢复该常量的初始设定值(当然，也可通过重新启动 Matlab 系统来恢复这些常量值)。

◆ 数字变量的运算及显示格式

Matlab 是以矩阵为基本运算单元的，而构成数值矩阵的基本单元是数字。为了更好地学习和掌握矩阵的运算，首先对数字的基本知识作简单的介绍。

对于简单的数字运算，可以直接在命令窗口中以平常惯用的形式输入，如计算 2 和 3 的乘积再加 1 时，可以直接输入：

```
≫ 1+2*3
    ans=
        7
```

这里“ans”是指当前的计算结果，若计算时用户没有对表达式设定变量，系统就自动赋当前结果给“ans”变量。用户也可以输入：

```
≫ a=1+2*3
    a=
        7
```

此时系统就把计算结果赋给指定的变量 a 了。

Matlab 语言中数值有多种显示形式，在缺省情况下，若数据为整数，则就以整数表示；若数据为实数，则以保留小数点后四位的精度近似表示。Matlab 语言提供了 10 种数据显示格式，常用的有下述几种格式：

short　　小数点后 4 位(系统默认值)
long　　小数点后 14 位
short e　　5 位指数形式
long e　　15 位指数形式

Matlab 语言还提供了复数的表达和运算功能。在 Matlab 语言中，复数的基本单位表示为 i 或 j。在表达简单数数值时虚部的数值与 i,j 之间可以不使用乘号，但是如果是表达式，则必须使用乘号以识别虚部符号。

2. 字符串

字符和字符串运算是各种高级语言必不可少的部分，Matlab 中的字符串是其进行符号运算表达式的基本构成单元。

在 Matlab 中，字符串和字符数组基本上是等价的；所有的字符串都用单引号进行输入或赋值(当然也可以用函数 char 来生成)。字符串的每个字符(包括空格)都是字符数组的一个元素。例如：

```
≫ s'matrix laboratory';
   s=
      matrix laboratory
≫ size(s)                          % size 查看数组的维数
   ans=
        1    17
```

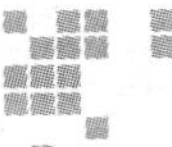

另外，由于 Matlab 对字符串的操作与 C 语言几乎完全相同这里不再赘述。

3. 矩阵及其运算

矩阵是 Matlab 数据存储的基本单元，而矩阵的运算是 Matlab 语言的核心，在 Matlab 语言系统中几乎一切运算均是以对矩阵的操作为基础的。下面重点介绍矩阵的生成和矩阵的基本运算。

◆ 矩阵的生成

(1)直接输入法　从键盘上直接输入矩阵是最方便、最常用的创建数值矩阵的方法，尤其适合较小的简单矩阵。

(2)外部文件读入法　Matlab 语言也允许用户调用在 Matlab 环境之外定义的矩阵。可以利用任意的文本编辑器编辑所要使用的矩阵，矩阵元素之间以特定分断符分开，并按行列布置。

(3)特殊矩阵的生成　对于一些比较特殊的矩阵(单位阵、矩阵中含 1 或 0 较多)，由于其具有特殊的结构，Matlab 提供了一些函数用于生成这些矩阵。常用的有下面几个：

zeros(m)	生成 m 阶全 0 矩阵
eye(m)	生成 m 阶单位矩阵
ones(m)	生成 m 阶全 1 矩阵
rand(m)	生成 m 阶均匀分布的随机阵
randn(m)	生成 m 阶正态分布的随机矩阵

◆ 矩阵的基本数学运算

矩阵的基本数学运算包括矩阵的四则运算、与常数的运算、逆运算、行列式运算、秩运算、特征值运算等基本函数运算，这里进行简单介绍。

(1)四则运算　矩阵的加、减、乘运算符分别为"+，−，*"，用法与数字运算几乎相同，但计算时要满足其数学要求(如同型矩阵才可以加减)。

在 Matlab 中矩阵的除法有两种形式：左除"\"和右除"/"。在传统的 Matlab 算法中，右除是先计算矩阵的逆再相乘，而左除则不需要计算逆矩阵直接进行除运算。通常右除要快一点，但左除可避免被除矩阵的奇异性所带来的麻烦。在 Matlab6 中两者的区别不太大。

(2)与常数的运算　常数与矩阵的运算即是同该矩阵的每一元素进行运算。但需注意进行数除时，常数通常只能做除数。

(3)基本函数运算　矩阵的函数运算是矩阵运算中最实用的部分，常用的主要有以下几个：

det(a)	求矩阵 a 的行列式
eig(a)	求矩阵 a 的特征值
inv(a)或 a^(−1)	求矩阵 a 的逆矩阵
rank(a)	求矩阵 a 的秩
trace(a)	求矩阵 a 的迹(对角线元素之和)

9.2.5 Matlab 中运算符和特殊字符的说明

在 Matlab 语言中运算符包括算术运算符、关系运算符和逻辑运算符等三种。

Matlab 语言中的算术运算符见表 9.2.3。

其中算术加、减、乘及乘方与传统意义的加、减、乘及乘方相类似，用法也基本相同。而点乘、点乘方等运算则有其特殊的一面，点运算是指操作元素点对点的运算，也就是说矩阵内元素对元素之间的运算，点运算要求参与运算的变量在结构上必须是相似的。

逻辑运算是 Matlab 中数组运算所特有的一种运算形式，也是几乎所有的高级语言普遍适用的一种运算。Matlab 语言中的逻辑关系运算符的功能及用法见表 9.2.4。

表 9.2.3

符号	用途说明
+	算术加
−	算术减
*	算术相乘
.*	点乘，详细说明 help arith
^	算术乘方
.^	点乘方
\	算术左除，详细说明 help slash
/	算术右除
.\点左除	点左除
./点右除	点右除

表 9.2.4

运算符	功能	函数名
==	等于	eq
~=	不等于	ne
<	小于	lt
>	大于	gt
<=	小于等于	le
>=	大于等于	ge
&	逻辑与	and
|	逻辑或	or
~	逻辑非	not

9.3 数学实验

数学实验与数学建模是目前本科生数学教学中的重要形式和内容。数学实验与数学建模对于提高学生的整体素质具有一定的重要性。数学实验有很多平台，既可以直接利用计算机语言，比如 C 语言，PASCAL 语言，也可以利用专门的数学软件，如 Matlab，Maple，Mathematical 等，下面采用的是计算机系统 Mathematical 作为数学实验的软件平台。

9.3.1 课内实验

学习目标：

(1)会用 Mathematica 求概率、均值与方差。

(2)能进行常用分布的计算。

(3)会用 Mathematica 进行期望和方差的区间估计。

(4)会用 Mathematica 进行回归分析。

概率统计是最需要使用计算机的领域，过去依靠计算器进行统计计算，由于计算机的普及得以升级换代。本节介绍 Mathematica 自带的统计程序包，其中有实现常用统计计算的各种外部函数。

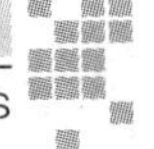

1. 样本的数字特征

◆ 一元的情况

Mathematica 的内部没有数理统计方面的功能，但是带有功能强大的数理统计外部程序，由多个程序文件组成。它们在标准扩展程序包集的 Statistic 程序包子集中，位于目录下。

D:\Mathematica\4. 0\AddOns\StandardPackages\Statistics

通过查看 Help，可以找到包含所需外部函数的程序文件名。

在程序文件 DescriptiveStatistics. m 中，含有实现一元数理统计基本计算的函数，常用的有

Sample Range[data]	求表 data 中数据的极差(最大数减最小数)
Median[data]	求中值
Mean[data]	求平均值 $\frac{1}{n}\sum_{i=1}^{n}x_i$
Variance[data]	求方差(无偏估计) $\frac{1}{n-1}\sum_{i=1}^{n}(x_i-\bar{x})^2$
Standard Deviation[data]	求标准差(无偏估计) $\sqrt{\frac{1}{n-1}\sum_{i=1}^{n}(x_i-\bar{x})^2}$
Variance MLE[data]	求方差 $\frac{1}{n}\sum_{i=1}^{n}(x_i-\bar{x})^2$
Standard Deviation MLE[data]	求标准差 $\sqrt{\frac{1}{n}\sum_{i=1}^{n}(x_i-\bar{x})^2}$

实际上程序文件中的函数很多，这里只列出了最常用的函数，其他计算函数可以通过 Help 浏览。

[例 1] 给出一组样本值：

6.5 3.8 6.6 5.7 6.0 6.4 5.3

计算样本个数、最大值、最小值、均值、方差、标准差等。

解:
```
In[1]:= << Statistics'DescriptiveStatistics'
In[2]:= data = {6.5,3.8,6.6,5.7,6.0,6.4,5.3};
In[3]:=Length[data]
Out[3]=7
In[4]:=Min[data]
Out[4]= 3.8
In[5]:=Max[data]
Out[5]= 6.6
In[6]:=SampleRange[data]
Out[6]= 2.8
In[7]:=Median[data]
```

```
Out[7]= 6
In[8]:=Mean[data]
Out[8]= 5.757 14
In[9]:=Variance[data]
Out[9]= 0.962 857
In[10]:=StandardDeviation[data]
Out[10]= 0.981 253
In[11]:=VarianceMLE[data]
Out[11]= 0.825 306
In[12]:= StandardDeviationMLE[data]
Out[12]= 0.908 464
```

说明：此例中，In[1]首先调入程序文件，求数据个数、最大值和最小值使用内部函数。

◆ 多元的情况

在程序文件 Multi Descriptive Statistics. m 中，含有实现多元数理统计基本计算的函数，常用的有

Sample Range[data]	求表 data 中数据的极差
Median[data]	求中值
Mean[data]	求平均值
Variance[data]	求方差(无偏估计)
Standard Deviation[data]	求标准差(无偏估计)
Variance MLE[data]	求方差
Standard Deviation MLE[data]	求标准差
Covariance[xlist,ylist]	求 x,y 的协方差(无偏估计) $\frac{1}{n-1}\sum_{i=1}^{n}(x_i-\bar{x})(y_i-\bar{y})$
Covariance MLE[xlist,ylist]	求 x,y 的协方差 $\frac{1}{n}\sum_{i=1}^{n}(x_i-\bar{x})(y_i-\bar{y})$
Correlation[xlist,ylist]	求 x,y 的相关系数 $\frac{\sum_{i=1}^{n}(x_i-\bar{x})(y_i-\bar{y})}{\sqrt{\sum_{i=1}^{n}(x_i-\bar{x})^2\sum_{i=1}^{n}(y_i-\bar{y})^2}}$

实际上程序文件中的函数很多，这里只列出了最常用的函数，其他计算函数可以通过 Help 浏览。

[例 2] 给出四个样本值：

{1.1,2.0,3.2} {1.3,2.2,3.1} {1.15,2.05,3.35} {1.22,2.31,3.33}

计算样本个数、均值、方差、标准差等。

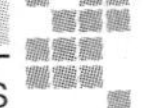

解:
```
In[1]:= << Statistics 'MultiDescriptiveStatistics'
In[2]:= data = {{1.1,2.0,3.2},{1.3,2.2,3.1},
               {1.15,2.05,3.35},{1.22,2.31,3.33}};
        Length[data]
Out[3]=4
In[4]:=SampleRange[data]
Out[4]= {0.2,0.31,0.25}
In[5]:=Median[data]
Out[5]= {1.185,2.125,3.265}
In[6]:=Mean[data]
Out[6]= {1.192 5,2.14,3.245}
In[7]:=Variance[data]
Out[7]= {0.007 558 33,0.020 066 7,0.013 766 7}
In[8]:=VarianceMLE[data]
Out[8]= {0.005 668 75,0.015 05,0.010 325}
In[9]:=CentralMoment[data,2]
Out[9]= {0.005 668 75,0.015 05,0.010 325}
In[10]:=x=data[[All,1]];y=data[[All,2]];
        z=data[[All,3]];
In[11]:=Covariance[x,y]
Out[11]=0.009 3
In[12]:=Covariance[z,z]
Out[12]=0.013 766 7
In[13]:=CovarianceMLE[y,y]
Out[13]=0.015 05
In[14]:=Correlation[y,z]
Out[14]=0.052 143 5
In[15]:=Correlation[x,x]
Out[15]=1.
```

2.常用分布的计算

在计算机出现以前,统计计算总是依赖一堆函数表。使用本节介绍的函数可以取代查表,为实现各种统计计算的自动化做好了底层准备工作。

◆ 离散分布

程序文件 DiscreteDistributions.m 中,含有用于离散分布计算的函数。其中常用的离散分布有

Bernoulli Distribution[p]	贝努利分布
Binomial Distribution[n,p]	二项分布
Geometric Distribution[p]	几何分布

Hypergeometric Distribution[n,M,N]　　超几何分布
Poisson Distribution[λ]　　泊松分布
Discrete Uniform Distribution[n]　　离散的均匀分布
Negative Binomial Distribution[n,p]　　负二项分布

以上函数中的参数,既可以是数值的,也可以是符号的。使用这些函数只能按用户给出的参数建立一个表达式,并不能返回任何其他结果。真正进行计算的是下面的求值函数,它们使用以上的分布表达式作为一个参数。

常用的求值函数有

Domain[dist]　　求 dist 的定义域
PDF[dist,x]　　求点 x 处的分布 dist 的密度值
CDF[dist,x]　　求点 x 处的分布函数值
Quantile[dist,q]　　求 x,使 CDF[dist,x]达到 q
Mean[dist]　　求分布 dist 的期望
Variance[dist]　　求方差
Standard Deviation[dist]　　求标准差
Expected Value[f,dist,x]　　求 $E(f(x))$
Characteristic Function[dist,t]　　求特征函数 $\Phi(t)$
Random[dist]　　求具有分布 dist 的伪随机数
Random Array[dist,dims]　　求维数为 dims 的伪随机数的数组

[例 3] 观察下面二项分布的各种基本计算。

```
In[1]:= << Statistics 'DiscreteDistributions'
In[2]:= b=BinomialDistribution[n,p]
Out[2]=BinomialDistribution[n,p]
In[3]:=Mean[b]
Out[3]=np
In[4]:=Variance[b]
Out[4]= n(1-p)p
In[5]:=CharacteristicFunction[b,t]
Out[5]= (1-p+e^(it) p)^n
In[6]:=b=BinomialDistribution[10,0.3]
Out[6]= BinomialDistribution[10,0.3]
In[7]:=Domain[b]
Out[7]= {0,1,2,3,4,5,6,7,8,9,10}
In[8]:=PDF[b,4]
Out[8]= 0.200 121
In[9]:=CDF[b,3.9]
Out[9]= 0.649 611
```

```
In[10]:=CDF[b,4]
Out[10]= 0.849 732
In[11]:=Variance[b]
Out[11]= 2.1
```

说明：此例中，首先调入程序文件。In[2]用 b 表示具有符号参数的二项分布，这一步只是为了后面输入时方便，并非必需的，也可以使用嵌套省略这一步。In[3]～In[5]进行的是符号运算，可以得到期望、方差等的一般公式。这是本程序与一般统计软件的不同之处，充分体现了 Mathematica 的特色。接下来给出具体的参数值，进行数值计算，这些计算取代了查表。

以下是一些更广泛、深入的例子。

[例 4]　观察下面离散分布的各种计算。

```
In[1]:= << Statistics`DiscreteDistributions`
In[2]:= h=HypergeometricDistribution[n,M,N];
        Mean[h]
```

$$\text{Out[3]}=\frac{\text{Mn}}{\text{N}}$$

```
In[4]:=Variance[h]
```

$$\text{Out[4]}=\frac{\text{Mn}\left(1-\frac{\text{M}}{\text{N}}\right)(-\text{n}+\text{N})}{(-1+\text{N})\text{N}}$$

```
In[5]:= p=PoissonDistribution[5];
        PDF[p,2]
```

$$\text{Out[6]}=\frac{25}{2e^5}$$

```
In[7]:=N[%]
Out[7]=0.084 224 3
In[8]:=PDF[p,20]//N
```

$$\text{Out[8]}=2.641\ 21\times10^{-7}$$

```
In[9]:=N[CDF[p,20],20]
Out[9]=0.999 999 918 907 495 401 12
In[10]:=ExpectedValue[x^2,p,x]
Out[10]=30
In[11]:=RandomArray[p,{2,10}]
Out[11]={{3,4,6,10,2,5,7,2,5,5},
         {4,3,2,11,5,4,2,2,4,6}}
```

说明：此例中，超几何分布的参数按我国教科书的习惯来表示，这里求出的期望和方差公式就与教科书上的相同了。In[5]中给出的参数是准确数 5，Mathematica 在下面进行的仍是符号计算，得到准确结果。如果参数改为 5.0，则计算结果就都是近似值了。In[10]是求 $E(X^2)$，Expected Value 是一个很有用的函数，务必注意。

除了以上介绍的内容外，还有些不常用的函数本书没有列出，有兴趣的读者可以浏览Help。

◆ 连续分布

程序文件 Continuous Distributions. m 中，含有用于连续分布计算的函数。其中常见的连续分布有：

Normal Distribution[μ,σ]	正态分布
Uniform Distribution[min,max]	均匀分布
Exponential Distribution[λ]	指数分布
Student T Distribution[n]	t 分布
Chi Square Distribution[n]	χ^2 分布

常用的求值函数与离散分布相同，这里不再列出。

[例 5] 计算：(1)$X\sim N(0,1)$，求 $P\{X\leqslant 1.96\}$，$P\{X\leqslant -1.96\}$，$P\{-1<X\leqslant 2\}$；(2)$X\sim N(8,0.5)$，求 $P\{X\leqslant 10\}$，$P\{7<X\leqslant 9\}$。

解：

```
In[1]:= << Statistics`ContinuousDistributions`
In[2]:= n=NormalDistribution[0,1];
In[3]:=CDF[n,1.96]
Out[3]=0.975 002
In[4]:=CDF[n,-1.96]
Out[4]=0.024 997 9
In[5]:=CDF[n,2.]- CDF[n,-1.]
Out[5]= 0.818 595
In[6]:= n=NormalDistribution[8,0.5];
In[7]:=CDF[n,10]
Out[7]=0.999 968
In[8]:=CDF[n,9]- CDF[n,7]
Out[8]=0.954 5
```

说明：此例中，由于 In[2]没有使用小数点，这时在 In[5]中需要使用小数点才能得到近似值，否则得到符号解。反之，由于 In[6]使用了小数点，后面的计算则不必再使用小数点了。如果使用人工查表的方法求 In[7]，还需要首先转换成标准正态分布，这里就显得方便了。

3. 区间估计

◆ 总体数学期望的区间估计

程序文件 Confidence Intervals. m 中，含有用于总体参数区间估计的函数。其中用于总体数学期望的区间估计的函数是：

MeanCI[data,KnownVariance→var]
已知方差 var,由数据表 data 求总体数学期望的置信区间(基于正态分布)。

MeanCI[data]
由数据表 data 求总体数学期望的置信区间(方差未知、基于 t 分布)。

其中参数 Known Variance 也可以改为 Known Standard Deviation,即已知标准差。

以上两个函数由样本数据表 data 直接求置信区间。但有时已知的是样本平均值$\overline{x}$,这时改用以下函数:

NormalCI[mean,sd]
标准差 σ 已知,且 $sd=\frac{\sigma}{\sqrt{n}}$,由样本平均值 mean 求总体数学期望的置信区间(基于正态分布)。

StudentTCI[mean,se,dof]
用于方差未知,由样本平均值 mean 求总体数学期望的置信区间(基于 t 分布),其中,$se=\frac{S}{\sqrt{n}}$,而 dof 是自由度(等于 $n-1$)。

以上函数都有可选参数:

ConfidenceLevel 置信度,默认值为 0.95。

[例 6] 已知某炼铁厂的铁水含碳量(单位:%)服从正态分布,现测得五炉铁水的含碳量分别是:4.28,4.4,4.42,4.35,4.37。如果已知标准差为 $\sigma=0.108$,求铁水平均含碳量的置信区间(置信度为 0.95)。

解:
```
In[1]:= << Statistics`ConfidenceIntervals`
In[2]:= data={4.28,4.4,4.42,4.35,4.37};
        MeanCI[data,KnownVariance →0.108^2]
Out[3]={4.269 34,4.458 66}
```

[例 7] 假定新生男婴的体重服从正态分布,随机抽取 12 名男婴,测得体重(单位:g)分别是

3 100 2 520 3 000 3 000 3 600 3 160 3 560 3 320 2 880 2 600 3 400 2 540

试求新生男婴平均体重的置信区间(置信度为 0.95)。

解:
```
In[4]:= data={3 100,2 520,3 000,3 000,3 600,3 160,3 560,3 320,
             2 880,2 600,3 400,2 540};
        MeanCI[data]
Out[5]={2 818.2,3 295.13}
```

[例 8] 在例 6 中如果改为已知测得五炉铁水的含碳量的平均值是 4.484,其余条件不变,再求铁水平均含碳量的置信区间(置信度为 0.95)。

解:
```
In[6]:=NormalCI[4.484,0.108 /√9]
Out[6]={4.413 44,4.554 56}
```

对总体方差进行区间估计的函数是

VarianceCI[data]

由数据表 data 求总体方差的置信区间(基于 χ^2 分布)

ChiSquareCI[variance,dof]

由无偏估计样本方差 variance,求总体方差的置信区间,其中 dof 是自由度(等于 $n-1$)。

[例 9] 试求例 7 新生男婴体重方差的置信区间(置信度为 0.95)。

解:
```
In[1]:= << Statistics`ConfidenceIntervals`
In[2]:= VarianceCI[{3 100,2 520,3 000,3 000,3 600,3 160,3 560,
                    3 320,2 880,2 600,3 400,2 540}]
Out[2]={70 687.2,406 072.}
```

[例 10] 设炮弹速度服从正态分布,取九发炮弹测得无偏估计样本方差 $S^2=11(\mathrm{m/s})^2$,求炮弹速度方差的置信区间(置信度为 0.9)。

解:
```
In[3]:= ChiSquareCI[11,8,ConfidenceLevel→0.9]
Out[3]={5.674 74,32.203 3}
```

4. 回归分析

对于线性回归,如果只想得到回归方程,只要使用函数 Fit 就行了。

[例 11] 已知某种商品的价格与日销售量的数据:

价格/元	1.0	2.0	2.0	2.3	2.5	2.6	2.8	3.0	3.3	3.5
销量/斤	5.0	3.5	3.0	2.7	2.4	2.5	2.0	1.5	1.2	1.2

试求线性回归方程,再求价格为 4 时的日销售量。

解:
```
In[1]:=data{{1.0,5.0},{2.0,3.5},{2.0,3.0},{2.3,2.7},
            {2.5,2.4},{ 2.6,2.5},{2.8,2.0},{3.0,1.5},
            {3.3,1.2},{3.5,1.2}};
        Fit[data,{1,x},x]
Out[2]=6.438 28-1.575 31x
In[3]:=% 2 / . x→4
Out[3]=0.137 029
```

以上函数虽然能用最小二乘法求出回归方程,但是没有相关性检验。

程序文件 LinearRegression. m 中含有实现多元线性回归的专用函数,具体调用格式为:

Regress[data,funs,vars]

由表 data 的数据,求由基函数表 funs 中函数的线性组合构成的回归方程,其中 funs 中函数的自变量由表 vars 给出。

其中表 data 的一般形式为 $\{\{x_{11},x_{21},\cdots,y_1\},\{x_{12},x_{22},\cdots,y_2\},\cdots\}$,表 funs 的一般形式为 $\{f_1,f_2,\cdots\}$,而表 vars 的一般形式为 $\{x_1,x_2,\cdots\}$,其实这里的表示法与函数 Fit 相同,具体表示式的例子可以参看前面的例子,这里不再重复。

9.3.2 综合实验

[例 12] 绘制 χ^2 分布在 n 分别为 1,5,15 时的分布密度函数图。

解:

```
In[1]:= << Statistics 'ContinuousDistributions'
  In[2]:=Plot[{PDF[ChiSquareDistribution[1],x],
            PDF[ChiSquareDistribution[5],x],
            PDF[ChiSquareDistribution[15],x]},{x,0,30},
            PlotRange→{0,0.2}]
```

得到 χ^2 分布的分布密度图(图 9.3.1)。

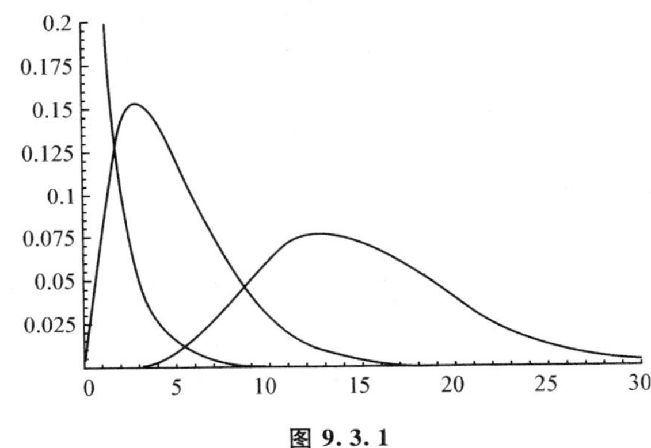

图 9.3.1

说明:此例中的绘图语句使用了函数嵌套,其中的函数名较长,最好自制统计函数模板。因为这些统计计算都可以是符号的,所以能用于查询各种公式。以下是一个实例。

```
In[1]: = << Statistics'ContinuousDistributions'
In[2]: = PDF[NormalDistribution[0,1],x]
```

Out[2] = $\dfrac{e^{-\frac{x^2}{2}}}{\sqrt{2\pi}}$

```
In[3]: = n = NormalDistribution[μ,σ];
      Mean[n]
```

Out[4] = μ

```
In[5]: = Variance[n]
```

Out[5] = σ^2

```
In[6]: = e = ExponentialDistribution[λ];
      Mean[e]
```

Out[7] = $\dfrac{1}{\lambda}$

```
In[8]: = Variance[e]
```

Out[8] = $\dfrac{1}{\lambda^2}$

```
In[9]: = ExpectedValue[x^2,e,x]
```

Out[9] = $\frac{2}{\lambda^2}$

[例 13] 铅的比重测量值服从正态分布，测量 16 次算出 $\bar{x}=2.705$，$S=0.029$。试求铅的比重的置信区间(置信度为 0.95)。

解:
```
In[7]:=StudentTCI[2.705,0.029/Sqrt[16],15]
Out[7]={2.689 55,2.720 45}
```

当调入程序文件 Confidence Intervals. m 时，为了计算各种统计量，这个程序会自动调入程序文件 Descriptive Statistics. m。因此，也可以首先由数据计算函数 Student TCI 的各个参数，如下所示：

```
In[1]:= << Statistics'ConfidenceIntervals'
In[2]:= data={2.1,1.2,0.7,1.0,1.1,3.2,3.2,3.3,2.1,0.3}
      m=Mean[data]
Out[3]=1.82
In[4]:= se=StandardErrorOfSampleMean[data]
Out[4]=0.354 275
In[5]:=StudentTCI[m,se,Length[data]-1,ConfidenceLevel→0.9]
Out[5]={1.170 57,2.469 43}
```

说明：此例中，In[4]利用数据直接求出 se，而不是像教科书上先求 S，In[5]示范了设置置信度为 0.9 的方法。

[例 14] 使用 Regress 重解例 11。

解:数据已经在解例 11 时输入，这里使用 Regress 继续求解。

```
In[4]:= << Statistics'LinearRegression'
In[5]:=Regress[data,{1, x},x ]
Out[5]={ParameterTable→
```

	Estimate	SE	TStat	PValue
1	6.438 28	0.236 494	27.223 9	$3.571\ 35\times10^{-9}$
x	−1.575 31	0.091 175 4	−17.277 8	$1.282\ 17\times10^{-7}$

```
RSquared→0.973 901,AdjustedRSquared→0.970 639
EstimatedVariance→0.039 735 9,ANOVATable→
```

	DF	SumOfSq	MeanSq	FRatio	PValue
Model	1	11.862 1	11.862 1	298.524	$1.282\ 17\times10^{-7}$
Error	8	0.317 887	0.039 735 9		
Total	9	12.18			

以上生成回归分析报告表，这与我国教材所讲的步骤一致。

一般教科书上讨论的非线性拟合与非线性回归，都是经过变换能线性化的。在 Mathematica 的 Statistics 程序包子集中，有直接解决非线性问题的程序文件 Nonlinear Fit. m，其

中含有实现多元非线性拟合与非线性回归的专用函数：Nonlinear Fit 和 Nonlinear Regress。函数的参数和用法与线性的情况有许多是相似的。

二维码 9.1　知识点介绍

二维码 9.2　教学基本要求与重点

二维码 9.3　典型例题

第9章习题

1. 设 $y''(x)-y(x)\sin x=0, y(0)=1, y'(0)=0$，用数值解法算出 $y(1)=$________，你用的方法是________，调用的 Matlab 命令是________，算法精度为________。

2. 设总体 $X\sim N(\mu,\sigma^2)$，σ 未知，现用一容量 $n=25$ 的样本 x 对 μ 作区间估计。若已算出样本均值 $\bar{x}=16.4$，样本方差 $S^2=5.4$，作估计时你用的随机变量是________，这个随机变量服从的分布是________，在显著性水平 0.05 下 μ 的置信区间为________。若已知样本 $x=(x_1,x_2,\cdots,x_n)$，对 μ 作区间估计，调用的 Matlab 命令是________。

3. 小型火箭初始质量为 1 200 kg，其中包括 900 kg 燃料。火箭竖直向上发射时燃料以 15 kg/s 的速率燃烧掉，由此产生 4 万 N 的恒定推力。当燃料用尽时引擎关闭。设火箭上升的整个过程中，空气阻力与速度平方成正比，比例系数记作 k。火箭升空过程的数学模型为

$$m\ddot{x}=-k\dot{x}^2+T-mg, 0\leqslant t\leqslant t_1, x(0)=\dot{x}(0)=0$$

其中 $x(t)$ 为火箭在时刻 t 的高度，$m=1\,200-15t$ 为火箭在时刻 t 的质量，T(=3 万 N)为推力，g (=9.8 m/s)为重力加速度，t_1(=900÷15=60 s)为引擎关闭时刻。

今测得一组数据如下(t 为时间(s)，x 为高度(m)，v 为速度(m/s))：

t	10	11	12	13	14	15	16	17	18	19	20
x	1 070	1 270	1 480	1 700	1 910	2 140	2 360	2 600	2 830	3 070	3 310
v	190	200	210	216	225	228	231	234	239	240	246

现有两种估计比例系数 k 的方法：(1)用每一个数据(t,x,v)计算一个 k 的估计值(共 11 个)，再用它们来估计 k；(2)用这组数据拟合一个 k。

请你分别用这两种方法给出 k 的估计值，对方法进行评价，并且回答，能否认为空气阻力系数 $k=0.5$(说明理由)。

二维码 9.4　习题答案

附录

Appendix

附表 1　几种常见的概率分布表

概率分布	概率与密度函数 $p(x)$	数学期望	方差	图形
贝努里分布 两点分布	$p_k=\begin{cases}q,k=0\\p,k=1\end{cases}$ $0<p<1,q=1-p$	p	pq	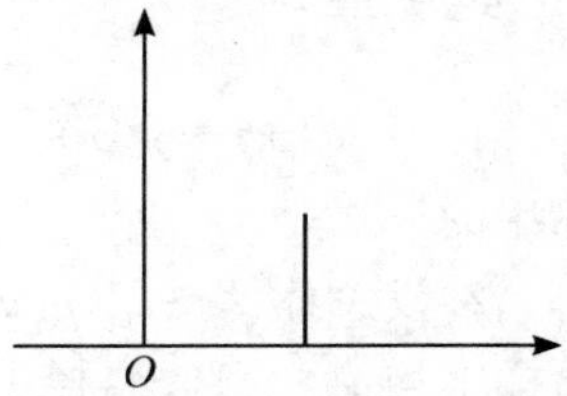
二项分布 $b(k,n,p)$	$b(k,n,p)=\binom{n}{k}p^kq^{n-k}$ $k=0,1,\cdots,n$ $0<p<1,q=1-p$	np	npq	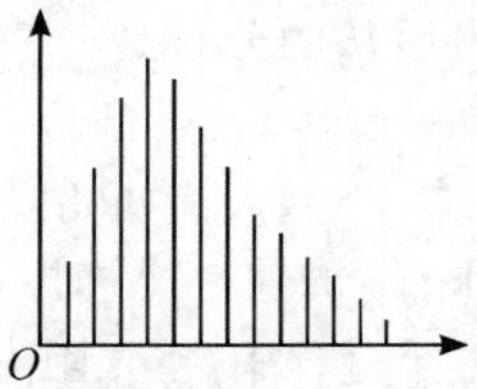
泊松分布 $p(k,\lambda)$	$p(k,\lambda)=\frac{\lambda^k}{k!}e^{-\lambda},\lambda>0$ $k=0,1,2,\cdots,n$	λ	λ	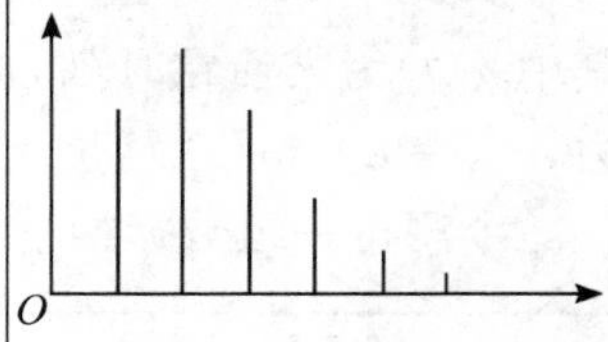
几何分布 $g(k,p)$	$g(k,p)=q^{k-1}p$ $k=1,2,\cdots,n$ $0<p<1,q=1-p$	$\frac{1}{p}$	$\frac{q}{p^2}$	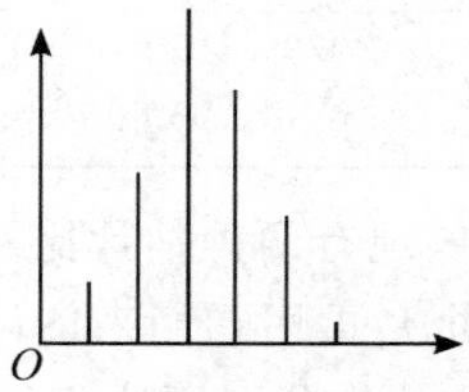
正态分布 高斯分布 $N(\alpha,\sigma^2)$	$p(x)=\frac{1}{\sqrt{2\pi}\sigma}e^{-(x-a)^2/2a^2}$ $-\infty<x<+\infty$, $\alpha,\sigma>0$,常数	α	σ^2	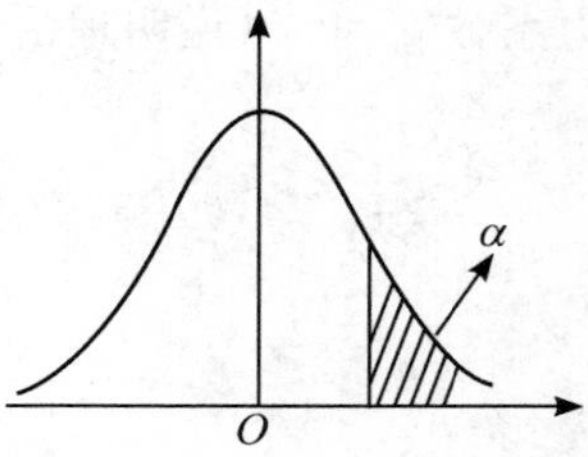

续附表 1

概率分布	概率与密度函数 $p(x)$	数学期望	方差	图形
均匀分布 $U[a,b]$	$p(x)=\begin{cases}\frac{1}{b-a}, a\leqslant x\leqslant b\\ 0, \text{其他}\end{cases}$ $a<b$,常数	$\frac{a+b}{2}$	$\frac{(b-a)^2}{12}$	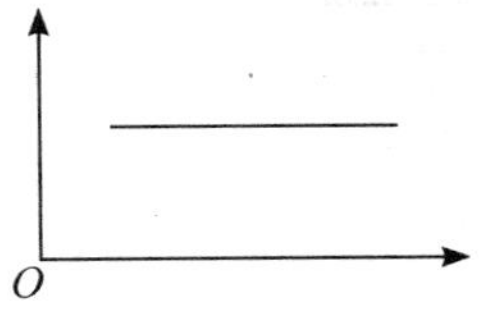
指数分布	$p(x)=\begin{cases}\lambda e^{-\lambda x}, x\geqslant 0\\ 0, x<0\end{cases}$ $\lambda>0$,常数	$\frac{1}{\lambda}$	$\frac{1}{\lambda^2}$	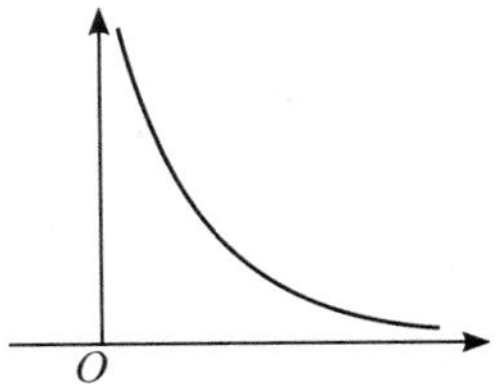
χ^2 分布	$p(x)=\begin{cases}\frac{1}{2^{\frac{n}{2}}\Gamma\left(\frac{n}{2}\right)}x^{\frac{n}{2}}e^{-\frac{x}{2}}, x\geqslant 0\\ 0, x<0\end{cases}$ n 正整数	n	$2n$	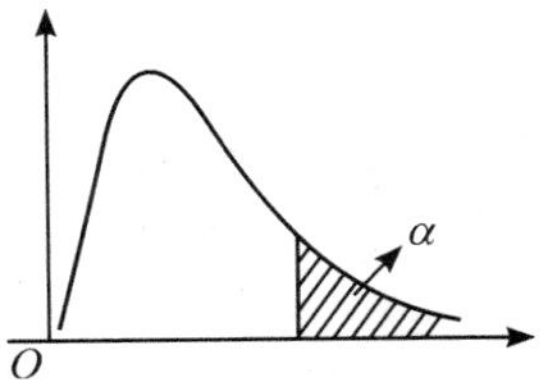
Γ 分布	$p(x)=\begin{cases}\frac{\lambda^r}{\Gamma(r)}x^{r-1}e^{-\lambda x}, x\geqslant 0\\ 0, x<0\end{cases}$ $r>0, \lambda>0$ 常数	$r\lambda^1$	$r\lambda^{-2}$	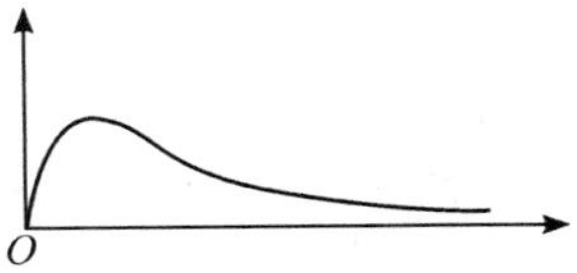
t 分布	$p(x)=\frac{\Gamma\left(\frac{n+1}{2}\right)}{\sqrt{n\pi}\Gamma\left(\frac{n}{2}\right)}\left(1+\frac{x^2}{n}\right)^{-\frac{x+1}{2}}$ $-\infty<x<\infty$, n 正整数	0 $(n>1)$	$\frac{n}{n-2}$ $(n>2)$	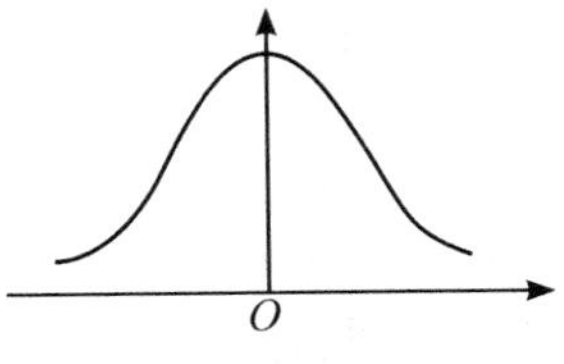
F 分布	$p(x)=\begin{cases}\frac{\Gamma\left(\frac{k_1+k_2}{2}\right)}{\Gamma\left(\frac{k_1}{2}\right)\Gamma\left(\frac{k_2}{2}\right)}k_1^{\frac{k_1}{2}}k_2^{\frac{k_2}{2}}\cdot\\ \frac{x^{\frac{k_1}{2}-1}}{(k_2+k_1x)^{\frac{k_1+k_2}{2}}}, x\geqslant 0\\ 0, x<0\end{cases}$ k_1, k_2 正整数	$\frac{k_2}{k_2-2}$ $(k_2>2)$	$\frac{2k_2^2(k_1+k_2-2)}{k_1(k_2-2)^2(k_2-4)}$ $(k_2>4)$	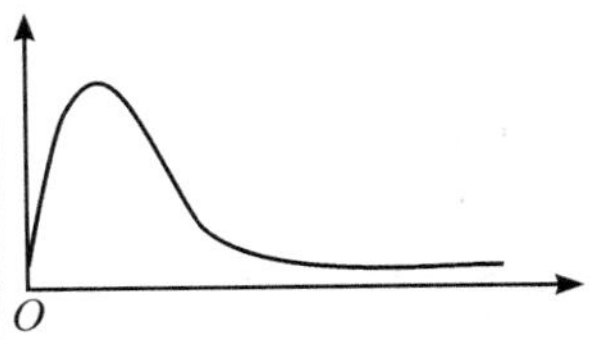

附表 2　标准正态分布表

$$\Phi(x)=\int_{-\infty}^{x}\frac{1}{\sqrt{2\pi}}\mathrm{e}^{-\frac{t^2}{2}}\mathrm{d}t=P(X\leqslant x)$$

x	0.00	0.01	0.02	0.03	0.04	0.05	0.06	0.07	0.08	0.09
0.0	0.500 0	0.504 0	0.508 0	0.512 0	0.516 0	0.519 9	0.523 9	0.527 9	0.531 9	0.535 9
0.1	0.539 8	0.543 8	0.547 8	0.551 7	0.555 7	0.559 6	0.563 6	0.567 5	0.571 4	0.575 3
0.2	0.579 3	0.583 2	0.587 1	0.591 0	0.594 8	0.598 7	0.602 6	0.606 4	0.610 3	0.614 1
0.3	0.617 9	0.621 7	0.625 5	0.629 3	0.633 1	0.636 8	0.640 4	0.644 3	0.648 0	0.651 7
0.4	0.655 4	0.659 1	0.662 8	0.666 4	0.670 0	0.673 6	0.677 2	0.680 8	0.684 4	0.687 9
0.5	0.691 5	0.695 0	0.698 5	0.701 9	0.705 4	0.708 8	0.712 3	0.715 7	0.719 0	0.722 4
0.6	0.725 7	0.729 1	0.732 4	0.735 7	0.738 9	0.742 2	0.745 4	0.748 6	0.751 7	0.754 9
0.7	0.758 0	0.761 1	0.764 2	0.767 3	0.770 3	0.773 4	0.776 4	0.779 4	0.782 3	0.785 2
0.8	0.788 1	0.791 0	0.793 9	0.796 7	0.799 5	0.802 3	0.805 1	0.807 8	0.810 6	0.813 3
0.9	0.815 9	0.818 6	0.821 2	0.823 8	0.826 4	0.828 9	0.835 5	0.834 0	0.836 5	0.838 9
1.0	0.841 3	0.843 8	0.846 1	0.848 5	0.850 8	0.853 1	0.855 4	0.857 7	0.859 9	0.862 1
1.1	0.864 3	0.866 5	0.868 6	0.870 8	0.872 9	0.874 9	0.877 0	0.879 0	0.881 0	0.883 0
1.2	0.884 9	0.886 9	0.888 8	0.890 7	0.892 5	0.894 4	0.896 2	0.898 0	0.899 7	0.901 5
1.3	0.903 2	0.904 9	0.906 6	0.908 2	0.909 9	0.911 5	0.913 1	0.914 7	0.916 2	0.917 7
1.4	0.919 2	0.920 7	0.922 2	0.923 6	0.925 1	0.926 5	0.927 9	0.929 2	0.930 6	0.931 9
1.5	0.933 2	0.934 5	0.935 7	0.937 0	0.938 2	0.939 4	0.940 6	0.941 8	0.943 0	0.944 1
1.6	0.945 2	0.946 3	0.947 4	0.948 4	0.949 5	0.950 5	0.951 5	0.952 5	0.953 5	0.953 5
1.7	0.955 4	0.956 4	0.957 3	0.958 2	0.959 1	0.959 9	0.960 8	0.961 6	0.962 5	0.963 3
1.8	0.964 1	0.964 8	0.965 6	0.966 4	0.967 2	0.967 8	0.968 6	0.969 3	0.970 0	0.970 6
1.9	0.971 3	0.971 9	0.972 6	0.973 2	0.973 8	0.974 4	0.975 0	0.975 6	0.976 2	0.976 7
2.0	0.977 2	0.977 8	0.978 3	0.978 8	0.979 3	0.979 8	0.980 3	0.980 8	0.981 2	0.981 7
2.1	0.982 1	0.982 6	0.983 0	0.983 4	0.983 8	0.984 2	0.984 6	0.985 0	0.985 4	0.985 7
2.2	0.986 1	0.986 4	0.986 8	0.987 1	0.987 4	0.987 8	0.988 1	0.988 4	0.988 7	0.989 0
2.3	0.989 3	0.989 6	0.989 8	0.990 1	0.990 4	0.990 6	0.990 9	0.991 1	0.991 3	0.991 6
2.4	0.991 8	0.992 0	0.992 2	0.992 5	0.992 7	0.992 9	0.993 1	0.993 2	0.993 4	0.993 6
2.5	0.993 8	0.994 0	0.994 1	0.994 3	0.994 5	0.994 6	0.994 8	0.994 9	0.995 1	0.995 2
2.6	0.995 3	0.995 5	0.995 6	0.995 7	0.995 9	0.996 0	0.996 1	0.996 2	0.996 3	0.996 4
2.7	0.996 5	0.996 6	0.996 7	0.996 8	0.996 9	0.997 0	0.997 1	0.997 2	0.997 3	0.997 4
2.8	0.997 4	0.997 5	0.997 6	0.997 7	0.997 7	0.997 8	0.997 9	0.997 9	0.998 0	0.998 1
2.9	0.998 1	0.998 2	0.998 2	0.998 3	0.998 4	0.998 4	0.998 5	0.998 5	0.998 6	0.998 6
3	0.998 7	0.999 0	0.999 3	0.999 5	0.999 7	0.999 8	0.999 8	0.999 9	0.999 9	1.000 0

附表 3 t 分布表

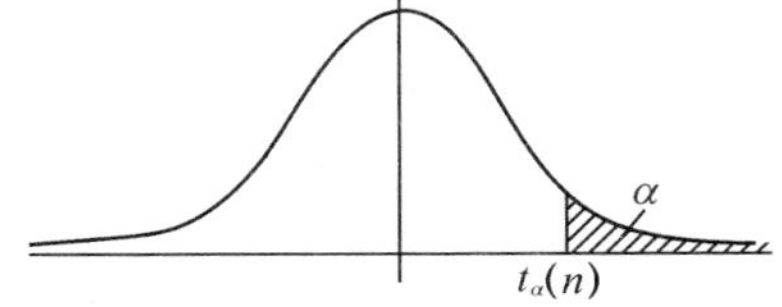

$P\{t(n)>t_{\alpha}(n)\}=\alpha$

n	0.25	0.1	0.05	0.025	0.01	0.005	0.002 5	0.001	0.000 5
1	1	3.078	6.314	12.706	31.821	63.657	127.321	318.309	636.619
2	0.816	1.886	2.92	4.303	6.965	9.925	14.089	22.327	31.599
3	0.765	1.638	2.353	3.182	4.541	5.841	7.453	10.215	12.924
4	0.741	1.533	2.132	2.776	3.747	4.604	5.598	7.173	8.61
5	0.727	1.476	2.015	2.571	3.365	4.032	4.773	5.893	6.869
6	0.718	1.44	1.943	2.447	3.143	3.707	4.317	5.208	5.959
7	0.711	1.415	1.895	2.365	2.998	3.499	4.029	4.785	5.408
8	0.706	1.397	1.86	2.306	2.896	3.355	3.833	4.501	5.041
9	0.703	1.383	1.833	2.262	2.821	3.25	3.69	4.297	4.781
10	0.7	1.372	1.812	2.228	2.764	3.169	3.581	4.144	4.587
11	0.697	1.363	1.796	2.201	2.718	3.106	3.497	4.025	4.437
12	0.695	1.356	1.782	2.179	2.681	3.055	3.428	3.93	4.318
13	0.694	1.35	1.771	2.16	2.65	3.012	3.372	3.852	4.221
14	0.692	1.345	1.761	2.145	2.624	2.977	3.326	3.787	4.14
15	0.691	1.341	1.753	2.131	2.602	2.947	3.286	3.733	4.073
16	0.69	1.337	1.746	2.12	2.583	2.921	3.252	3.686	4.015
17	0.689	1.333	1.74	2.11	2.567	2.898	3.222	3.646	3.965
18	0.688	1.33	1.734	2.101	2.552	2.878	3.197	3.61	3.922
19	0.688	1.328	1.729	2.093	2.539	2.861	3.174	3.579	3.883
20	0.687	1.325	1.725	2.086	2.528	2.845	3.153	3.552	3.85
21	0.686	1.323	1.721	2.08	2.518	2.831	3.135	3.527	3.819
22	0.686	1.321	1.717	2.074	2.508	2.819	3.119	3.505	3.792
23	0.685	1.319	1.714	2.069	2.5	2.807	3.104	3.485	3.768
24	0.685	1.318	1.711	2.064	2.492	2.797	3.091	3.467	3.745
25	0.684	1.316	1.708	2.06	2.485	2.787	3.078	3.45	3.725
26	0.684	1.315	1.706	2.056	2.479	2.779	3.067	3.435	3.707
27	0.684	1.314	1.703	2.052	2.473	2.771	3.057	3.421	3.69
28	0.683	1.313	1.701	2.048	2.467	2.763	3.047	3.408	3.674
29	0.683	1.311	1.699	2.045	2.462	2.756	3.038	3.396	3.659
30	0.683	1.31	1.697	2.042	2.457	2.75	3.03	3.385	3.646
31	0.682	1.309	1.696	2.04	2.453	2.744	3.022	3.375	3.633
32	0.682	1.309	1.694	2.037	2.449	2.738	3.015	3.365	3.622
33	0.682	1.308	1.692	2.035	2.445	2.733	3.008	3.356	3.611
34	0.682	1.307	1.091	2.032	2.441	2.728	3.002	3.348	3.601
35	0.682	1.306	1.69	2.03	2.438	2.724	2.996	3.34	3.591
36	0.681	1.306	1.688	2.028	2.434	2.719	2.99	3.333	3.582
37	0.681	1.305	1.687	2.026	2.431	2.715	2.985	3.326	3.574
38	0.681	1.304	1.686	2.024	2.429	2.712	2.98	3.319	3.566
39	0.681	1.304	1.685	2.023	2.426	2.708	2.976	3.313	3.558
40	0.681	1.303	1.684	2.021	2.423	2.704	2.971	3.307	3.551
50	0.679	1.299	1.676	2.009	2.403	2.678	2.937	3.261	3.496
60	0.679	1.296	1.671	2	2.39	2.66	2.915	3.232	3.46
70	0.678	1.294	1.667	1.994	2.381	2.648	2.899	3.211	3.436
80	0.678	1.292	1.664	1.99	2.374	2.639	2.887	3.195	3.416
90	0.677	1.291	1.662	1.987	2.368	2.632	2.878	3.183	3.402
100	0.677	1.29	1.66	1.984	2.364	2.626	2.871	3.174	3.39
200	0.676	1.286	1.653	1.972	2.345	2.601	2.839	3.131	3.34
500	0.675	1.283	1.648	1.965	2.334	2.586	2.82	3.107	3.31
1 000	0.675	1.282	1.646	1.962	2.33	2.581	2.813	3.098	3.3
∞	0.674 5	1.281 6	1.644 9	1.96	2.326 3	2.575 8	2.807	3.090 2	3.290 5

附表 4　卡方分布表

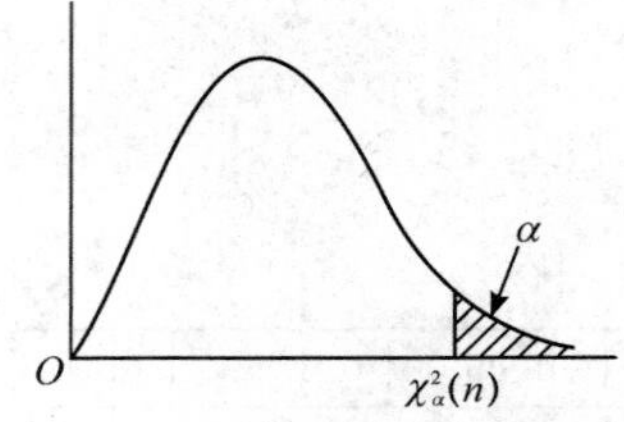

$P\{\chi^2(n)>\chi_\alpha(n)\}=\alpha$

n	p					
	0.995	0.99	0.975	0.95	0.9	0.75
1	…	…	…	…	0.02	0.1
2	0.01	0.02	0.02	0.1	0.21	0.58
3	0.07	0.11	0.22	0.35	0.58	1.21
4	0.21	0.3	0.48	0.71	1.06	1.92
5	0.41	0.55	0.83	1.15	1.61	2.67
6	0.68	0.87	1.24	1.64	2.2	3.45
7	0.99	1.24	1.69	2.17	2.83	4.25
8	1.34	1.65	2.18	2.73	3.4	5.07
9	1.73	2.09	2.7	3.33	4.17	5.9
10	2.16	2.56	3.25	3.94	4.87	6.74
11	2.6	3.05	3.82	4.57	5.58	7.58
12	3.07	3.57	4.4	5.23	6.3	8.44
13	3.57	4.11	5.01	5.89	7.04	9.3
14	4.07	4.66	5.63	6.57	7.79	10.17
15	4.6	5.23	6.27	7.26	8.55	11.04
16	5.14	5.81	6.91	7.96	9.31	11.91
17	5.7	6.41	7.56	8.67	10.09	12.79
18	6.26	7.01	8.23	9.39	10.86	13.68
19	6.84	7.63	8.91	10.12	11.65	14.56
20	7.43	8.26	9.59	10.85	12.44	15.45
21	8.03	8.9	10.28	11.59	13.24	16.34
22	8.64	9.54	10.98	12.34	14.04	17.24
23	9.26	10.2	11.69	13.09	14.85	18.14
24	9.89	10.86	12.4	13.85	15.66	19.04
25	10.52	11.52	13.12	14.61	16.47	19.94
26	11.16	12.2	13.84	15.38	17.29	20.84
27	11.81	12.88	14.57	16.15	18.11	21.75
28	12.46	13.56	15.31	16.93	18.94	22.66
29	13.12	14.26	16.05	17.71	19.77	23.57
30	13.79	14.95	16.79	18.49	20.6	24.48
40	20.71	22.16	24.43	26.51	29.05	33.66
50	27.99	29.71	32.36	34.76	37.69	42.94
60	35.53	37.48	40.48	43.19	46.46	52.29
70	43.28	45.44	48.76	51.74	55.33	61.7
80	51.17	53.54	57.15	60.39	64.28	71.14
90	59.2	61.75	65.65	69.13	73.29	80.62
100	67.33	70.06	74.22	77.93	82.36	90.13

续附表 4

n	p					
	0.25	0.1	0.05	0.025	0.01	0.005
1	1.32	2.71	3.84	5.02	6.63	7.88
2	2.77	4.61	5.99	7.38	9.21	10.6
3	4.11	6.25	7.81	9.35	11.34	12.84
4	5.39	7.78	9.49	11.14	13.28	14.86
5	6.63	9.24	11.07	12.83	15.09	16.75
6	7.84	10.64	12.59	14.45	16.81	18.55
7	9.04	12.02	14.07	16.01	18.48	20.28
8	10.22	13.36	15.51	17.53	20.09	21.96
9	11.39	14.68	16.92	19.02	21.67	23.59
10	12.55	15.99	18.31	20.48	23.21	25.19
11	13.7	17.28	19.68	21.92	24.72	26.76
12	14.85	18.55	21.03	23.34	26.22	28.3
13	15.98	19.81	22.36	24.74	27.69	29.82
14	17.12	21.06	23.68	26.12	29.14	31.32
15	18.25	22.31	25	27.49	30.58	32.8
16	19.37	23.54	26.3	28.85	32	34.27
17	20.49	24.77	27.59	30.19	33.41	35.72
18	21.6	25.99	28.87	31.53	34.81	37.16
19	22.72	27.2	30.14	32.85	36.19	38.58
20	23.83	28.41	31.41	34.17	37.57	40
21	24.93	29.62	32.67	35.48	38.93	41.4
22	26.04	30.81	33.92	36.78	40.29	42.8
23	27.14	32.01	35.17	38.08	41.64	44.18
24	28.24	33.2	36.42	39.36	42.98	45.56
25	29.34	34.38	37.65	40.65	44.31	46.93
26	30.43	35.56	38.89	41.92	45.64	48.29
27	31.53	36.74	40.11	43.19	46.96	49.64
28	32.62	37.92	41.34	44.46	48.28	50.99
29	33.71	39.09	42.56	45.72	49.59	52.34
30	34.8	40.26	43.77	46.98	50.89	53.67
40	45.62	51.8	55.76	59.34	63.69	66.77
50	56.33	63.17	67.5	71.42	76.15	79.49
60	66.98	74.4	79.08	83.3	88.38	91.95
70	77.58	85.53	90.53	95.02	100.42	104.22
80	88.13	96.58	101.88	106.63	112.33	116.32
90	98.64	107.56	113.14	118.14	124.12	128.3
100	109.14	118.5	124.34	129.56	135.81	140.17

附表 5 F 分布临界值表

$P(F(n_1,n_2)>F_\alpha(n_1,n_2))=\alpha$

$\alpha=0.01$

k_2 \ k_1	1	2	3	4	5	6	8	12	24	∞
1	4 052	4 999	5 403	5 625	5 764	5 859	5 981	6 106	6 234	6 366
2	98.49	99.01	99.17	99.25	99.30	99.33	99.36	99.42	99.46	99.50
3	34.12	30.81	29.46	28.71	28.24	27.91	27.49	27.05	26.60	26.12
4	21.20	18.00	16.69	15.98	15.52	15.21	14.80	14.37	13.93	13.46
5	16.26	13.27	12.06	11.39	10.97	10.67	10.29	9.89	9.47	9.02
6	13.74	10.92	9.78	9.15	8.75	8.47	8.10	7.72	7.31	6.88
7	12.25	9.55	8.45	7.85	7.46	7.19	6.84	6.47	6.07	5.65
8	11.26	8.65	7.59	7.01	6.63	6.37	6.03	5.67	5.28	4.86
9	10.56	8.02	6.99	6.42	6.06	5.80	5.47	5.11	4.73	4.31
10	10.04	7.56	6.55	5.99	5.64	5.39	5.06	4.71	4.33	3.91
11	9.65	7.20	6.22	5.67	5.32	5.07	4.74	4.40	4.02	3.60
12	9.33	6.93	5.95	5.41	5.06	4.82	4.50	4.16	3.78	3.36
13	9.07	6.70	5.74	5.20	4.86	4.62	4.30	3.96	3.59	3.16
14	8.86	6.51	5.56	5.03	4.69	4.46	4.14	3.80	3.43	3.00
15	8.68	6.36	5.42	4.89	4.56	4.32	4.00	3.67	3.29	2.87
16	8.53	6.23	5.29	4.77	4.44	4.20	3.89	3.55	3.18	2.75
17	8.40	6.11	5.18	4.67	4.34	4.10	3.79	3.45	3.08	2.65
18	8.28	6.01	5.09	4.58	4.25	4.01	3.71	3.37	3.00	2.57
19	8.18	5.93	5.01	4.50	4.17	3.94	3.63	3.30	2.92	2.49
20	8.10	5.85	4.94	4.43	4.10	3.87	3.56	3.23	2.86	2.42
21	8.02	5.78	4.87	4.37	4.04	3.81	3.51	3.17	2.80	2.36
22	7.94	5.72	4.82	4.31	3.99	3.76	3.45	3.12	2.75	2.31
23	7.88	5.66	4.76	4.26	3.94	3.71	3.41	3.07	2.70	2.26
24	7.82	5.61	4.72	4.22	3.90	3.67	3.36	3.03	2.66	2.21
25	7.77	5.57	4.68	4.18	3.86	3.63	3.32	2.99	2.62	2.17
26	7.72	5.53	4.64	4.14	3.82	3.59	3.29	2.96	2.58	2.13
27	7.68	5.49	4.60	4.11	3.78	3.56	3.26	2.93	2.55	2.10
28	7.64	5.45	4.57	4.07	3.75	3.53	3.23	2.90	2.52	2.06
29	7.60	5.42	4.54	4.04	3.73	3.50	3.20	2.87	2.49	2.03
30	7.56	5.39	4.51	4.02	3.70	3.47	3.17	2.84	2.47	2.01
40	7.31	5.18	4.31	3.83	3.51	3.29	2.99	2.66	2.29	1.80
60	7.08	4.98	4.13	3.65	3.34	3.12	2.82	2.50	2.12	1.60
120	6.85	4.79	3.95	3.48	3.17	2.96	2.66	2.34	1.95	1.38
∞	6.64	4.60	3.78	3.32	3.02	2.80	2.51	2.18	1.79	1.00

续附表 5　　$\alpha=0.025$

k_2 \ k_1	1	2	3	4	5	6	8	12	24	∞
1	647.8	799.5	864.2	899.6	921.8	937.1	956.7	976.7	997.2	1 018
2	38.51	39.00	39.17	39.25	39.30	39.33	39.37	39.41	39.46	39.50
3	17.44	16.04	15.44	15.10	14.88	14.73	14.54	14.34	14.12	13.90
4	12.22	10.65	9.98	9.60	9.36	9.20	8.98	8.75	8.51	8.26
5	10.01	8.43	7.76	7.39	7.15	6.98	6.76	6.52	6.28	6.02
6	8.81	7.26	6.60	6.23	5.99	5.82	5.60	5.37	5.12	4.85
7	8.07	6.54	5.89	5.52	5.29	5.12	4.90	4.67	4.42	4.14
8	7.57	6.06	5.42	5.05	4.82	4.65	4.43	4.20	3.95	3.67
9	7.21	5.71	5.08	4.72	4.48	4.32	4.10	3.87	3.61	3.33
10	6.94	5.46	4.83	4.47	4.24	4.07	3.85	3.62	3.37	3.08
11	6.72	5.26	4.63	4.28	4.04	3.88	3.66	3.43	3.17	2.88
12	6.55	5.10	4.47	4.12	3.89	3.73	3.51	3.28	3.02	2.72
13	6.41	4.97	4.35	4.00	3.77	3.60	3.39	3.15	2.89	2.60
14	6.30	4.86	4.24	3.89	3.66	3.50	3.29	3.05	2.79	2.49
15	6.20	4.77	4.15	3.80	3.58	3.41	3.20	2.96	2.70	2.40
16	6.12	4.69	4.08	3.73	3.50	3.34	3.12	2.89	2.63	2.32
17	6.04	4.62	4.01	3.66	3.44	3.28	3.06	2.82	2.56	2.25
18	5.98	4.56	3.95	3.61	3.38	3.22	3.01	2.77	2.50	2.19
19	5.92	4.51	3.90	3.56	3.33	3.17	2.96	2.72	2.45	2.13
20	5.87	4.46	3.86	3.51	3.29	3.13	2.91	2.68	2.41	2.09
21	5.83	4.42	3.82	3.48	3.25	3.09	2.87	2.64	2.37	2.04
22	5.79	4.38	3.78	3.44	3.22	3.05	2.84	2.60	2.33	2.00
23	5.75	4.35	3.75	3.41	3.18	3.02	2.81	2.57	2.30	1.97
24	5.72	4.32	3.72	3.38	3.15	2.99	2.78	2.54	2.27	1.94
25	5.69	4.29	3.69	3.35	3.13	2.97	2.75	2.51	2.24	1.91
26	5.66	4.27	3.67	3.33	3.10	2.94	2.73	2.49	2.22	1.88
27	5.63	4.24	3.65	3.31	3.08	2.92	2.71	2.47	2.19	1.85
28	5.61	4.22	3.63	3.29	3.06	2.90	2.69	2.45	2.17	1.83
29	5.59	4.20	3.61	3.27	3.04	2.88	2.67	2.43	2.15	1.81
30	5.57	4.18	3.59	3.25	3.03	2.87	2.65	2.41	2.14	1.79
40	5.42	4.05	3.46	3.13	2.90	2.74	2.53	2.29	2.01	1.64
60	5.29	3.93	3.34	3.01	2.79	2.63	2.41	2.17	1.88	1.48
120	5.15	3.80	3.23	2.89	2.67	2.52	2.30	2.05	1.76	1.31
∞	5.02	3.69	3.12	2.79	2.57	2.41	2.19	1.94	1.64	1.00

续附表 5

$\alpha=0.005$

k_2 \ k_1	1	2	3	4	5	6	8	12	24	∞
1	161.4	199.5	215.7	224.6	230.2	234.0	238.9	243.9	249.0	254.3
2	18.51	19.00	19.16	19.25	19.30	19.33	19.37	19.41	19.45	19.50
3	10.13	9.55	9.28	9.12	9.01	8.94	8.84	8.74	8.64	8.53
4	7.71	6.94	6.59	6.39	6.26	6.16	6.04	5.91	5.77	5.63
5	6.61	5.79	5.41	5.19	5.05	4.95	4.82	4.68	4.53	4.36
6	5.99	5.14	4.76	4.53	4.39	4.28	4.15	4.00	3.84	3.67
7	5.59	4.74	4.35	4.12	3.97	3.87	3.73	3.57	3.41	3.23
8	5.32	4.46	4.07	3.84	3.69	3.58	3.44	3.28	3.12	2.93
9	5.12	4.26	3.86	3.63	3.48	3.37	3.23	3.07	2.90	2.71
10	4.96	4.10	3.71	3.48	3.33	3.22	3.07	2.91	2.74	2.54
11	4.84	3.98	3.59	3.36	3.20	3.09	2.95	2.79	2.61	2.40
12	4.75	3.88	3.49	3.26	3.11	3.00	2.85	2.69	2.50	2.30
13	4.67	3.80	3.41	3.18	3.02	2.92	2.77	2.60	2.42	2.21
14	4.60	3.74	3.34	3.11	2.96	2.85	2.70	2.53	2.35	2.13
15	4.54	3.68	3.29	3.06	2.90	2.79	2.64	2.48	2.29	2.07
16	4.49	3.63	3.24	3.01	2.85	2.74	2.59	2.42	2.24	2.01
17	4.45	3.59	3.20	2.96	2.81	2.70	2.55	2.38	2.19	1.96
18	4.41	3.55	3.16	2.93	2.77	2.66	2.51	2.34	2.15	1.92
19	4.38	3.52	3.13	2.90	2.74	2.63	2.48	2.31	2.11	1.88
20	4.35	3.49	3.10	2.87	2.71	2.60	2.45	2.28	2.08	1.84
21	4.32	3.47	3.07	2.84	2.68	2.57	2.42	2.25	2.05	1.81
22	4.30	3.44	3.05	2.82	2.66	2.55	2.40	2.23	2.03	1.78
23	4.28	3.42	3.03	2.80	2.64	2.53	2.38	2.20	2.00	1.76
24	4.26	3.40	3.01	2.78	2.62	2.51	2.36	2.18	1.98	1.73
25	4.24	3.38	2.99	2.76	2.60	2.49	2.34	2.16	1.96	1.71
26	4.22	3.37	2.98	2.74	2.59	2.47	2.32	2.15	1.95	1.69
27	4.21	3.35	2.96	2.73	2.57	2.46	2.30	2.13	1.93	1.67
28	4.20	3.34	2.95	2.71	2.56	2.44	2.29	2.12	1.91	1.65
29	4.18	3.33	2.93	2.70	2.54	2.43	2.28	2.10	1.90	1.64
30	4.17	3.32	2.92	2.69	2.53	2.42	2.27	2.09	1.89	1.62
40	4.08	3.23	2.84	2.61	2.45	2.34	2.18	2.00	1.79	1.51
60	4.00	3.15	2.76	2.52	2.37	2.25	2.10	1.92	1.70	1.39
120	3.92	3.07	2.68	2.45	2.29	2.17	2.02	1.83	1.61	1.25
∞	3.84	2.99	2.60	2.37	2.21	2.09	1.94	1.75	1.52	1.00

续附表 5

$\alpha=0.10$

k_2 \ k_1	1	2	3	4	5	6	8	12	24	∞
1	39.86	49.50	53.59	55.83	57.24	58.20	59.44	60.71	62.00	63.33
2	8.53	9.00	9.16	9.24	9.29	9.33	9.37	9.41	9.45	9.49
3	5.54	5.46	5.36	5.32	5.31	5.28	5.25	5.22	5.18	5.13
4	4.54	4.32	4.19	4.11	4.05	4.01	3.95	3.90	3.83	3.76
5	4.06	3.78	3.62	3.52	3.45	3.40	3.34	3.27	3.19	3.10
6	3.78	3.46	3.29	3.18	3.11	3.05	2.98	2.90	2.82	2.72
7	3.59	3.26	3.07	2.96	2.88	2.83	2.75	2.67	2.58	2.47
8	3.46	3.11	2.92	2.81	2.73	2.67	2.59	2.50	2.40	2.29
9	3.36	3.01	2.81	2.69	2.61	2.55	2.47	2.38	2.28	2.16
10	3.29	2.92	2.73	2.61	2.52	2.46	2.38	2.28	2.18	2.06
11	3.23	2.86	2.66	2.54	2.45	2.39	2.30	2.21	2.10	1.97
12	3.18	2.81	2.61	2.48	2.39	2.33	2.24	2.15	2.04	1.90
13	3.14	2.76	2.56	2.43	2.35	2.28	2.20	2.10	1.98	1.85
14	3.10	2.73	2.52	2.39	2.31	2.24	2.15	2.05	1.94	1.80
15	3.07	2.70	2.49	2.36	2.27	2.21	2.12	2.02	1.90	1.76
16	3.05	2.67	2.46	2.33	2.24	2.18	2.09	1.99	1.87	1.72
17	3.03	2.64	2.44	2.31	2.22	2.15	2.06	1.96	1.84	1.69
18	3.01	2.62	2.42	2.29	2.20	2.13	2.04	1.93	1.81	1.66
19	2.99	2.61	2.40	2.27	2.18	2.11	2.02	1.91	1.79	1.63
20	2.97	2.59	2.38	2.25	2.16	2.09	2.00	1.89	1.77	1.61
21	2.96	2.57	2.36	2.23	2.14	2.08	1.98	1.87	1.75	1.59
22	2.95	2.56	2.35	2.22	2.13	2.06	1.97	1.86	1.73	1.57
23	2.94	2.55	2.34	2.21	2.11	2.05	1.95	1.84	1.72	1.55
24	2.93	2.54	2.33	2.19	2.10	2.04	1.94	1.83	1.70	1.53
25	2.92	2.53	2.32	2.18	2.09	2.02	1.93	1.82	1.69	1.52
26	2.91	2.52	2.31	2.17	2.08	2.01	1.92	1.81	1.68	1.50
27	2.90	2.51	2.30	2.17	2.07	2.00	1.91	1.80	1.67	1.49
28	2.89	2.50	2.29	2.16	2.06	2.00	1.90	1.79	1.66	1.48
29	2.89	2.50	2.28	2.15	2.06	1.99	1.89	1.78	1.65	1.47
30	2.88	2.49	2.28	2.14	2.05	1.98	1.88	1.77	1.64	1.46
40	2.84	2.44	2.23	2.09	2.00	1.93	1.83	1.71	1.57	1.38
60	2.79	2.39	2.18	2.04	1.95	1.87	1.77	1.66	1.51	1.29
120	2.75	2.35	2.13	1.99	1.90	1.82	1.72	1.60	1.45	1.19
∞	2.71	2.30	2.08	1.94	1.85	1.17	1.67	1.55	1.38	1.00

附表 6　泊松分布数值表

$$1-F(x-1)=\sum_{k=x}^{\infty}\frac{\lambda^k}{k!}\mathrm{e}^{-\lambda}$$

x	$\lambda=0.2$	$\lambda=0.3$	$\lambda=0.4$	$\lambda=0.5$	$\lambda=0.6$	$\lambda=0.7$	$\lambda=0.8$	$\lambda=0.9$	$\lambda=1.0$	$\lambda=1.2$
0	1. 000 000 0	1. 000 000 0	1. 000 000 0	1. 000 000	1. 000 000	1. 000 000	1. 000 000	1. 000 000	1. 000 000	1. 000 000
1	0. 181 269 2	0. 259 181 8	0. 329 680 0	0. 393 469	0. 451 188	0. 503 415	0. 550 671	0. 593 430	0. 632 121	0. 698 806
2	0. 017 523 1	0. 036 936 3	0. 061 551 9	0. 090 204	0. 121 901	0. 155 805	0. 191 208	0. 227 518	0. 264 241	0. 337 373
3	0. 001 148 5	0. 003 599 5	0. 007 926 3	0. 014 388	0. 023 115	0. 034 142	0. 047 423	0. 062 857	0. 080 301	0. 120 513
4	0. 000 056 8	0. 000 265 8	0. 000 776 3	0. 001 752	0. 003 385	0. 005 753	0. 009 080	0. 013 459	0. 018 988	0. 033 769
5	0. 000 002 3	0. 000 015 8	0. 000 061 2	0. 000 172	0. 000 394	0. 000 786	0. 001 411	0. 002 344	0. 003 660	0. 007 746
6	0. 000 000 1	0. 000 000 8	0. 000 004 0	0. 000 014	0. 000 039	0. 000 090	0. 000 184	0. 000 343	0. 000 594	0. 001 500
7			0. 000 000 2	0. 000 001	0. 000 003	0. 000 009	0. 000 021	0. 000 043	0. 000 083	0. 000 251
8						0. 000 001	0. 000 002	0. 000 005	0. 000 010	0. 000 037
9									0. 000 001	0. 000 005
10										0. 000 001

x	$\lambda=1.4$	$\lambda=1.6$	$\lambda=1.8$	$\lambda=2.0$	$\lambda=2.5$	$\lambda=3.0$	$\lambda=3.5$	$\lambda=4.0$	$\lambda=4.5$	$\lambda=5.0$
0	1. 000 000	1. 000 000	1. 000 000	1. 000 000	1. 000 000	1. 000 000	1. 000 000	1. 000 000	1. 000 000	1. 000 000
1	0. 753 403	0. 789 103	0. 834 701	0. 864 665	0. 917 915	0. 950 213	0. 969 803	0. 981 684	0. 988 891	0. 993 262
2	0. 408 167	0. 47 506 9	0. 537 163	0. 593 994	0. 712 703	0. 800 852	0. 864 112	0. 908 422	0. 938 901	0. 959 572
3	0. 166 502	0. 216 642	0. 269 379	0. 323 324	0. 456 187	0. 576 810	0. 679 153	0. 761 897	0. 826 422	0. 875 348
4	0. 053 725	0. 078 313	0. 108 708	0. 142 877	0. 242 424	0. 352 768	0. 463 367	0. 566 530	0. 657 704	0. 734 974
5	0. 014 253	0. 023 682	0. 036 407	0. 052 653	0. 108 822	0. 184 737	0. 274 555	0. 371 163	0. 467 896	0. 559 507
6	0. 003 201	0. 006 040	0. 010 378	0. 016 564	0. 042 021	0. 083 918	0. 142 386	0. 214 870	0. 297 070	0. 384 039
7	0. 000 622	0. 001 336	0. 002 569	0. 004 534	0. 014 187	0. 033 509	0. 065 288	0. 110 674	0. 168 949	0. 237 817
8	0. 000 107	0. 000 260	0. 000 562	0. 001 097	0. 004 247	0. 011 905	0. 026 739	0. 051 134	0. 086 586	0. 133 372
9	0. 000 016	0. 000 045	0. 000 110	0. 000 237	0. 001 140	0. 003 803	0. 009 874	0. 021 363	0. 040 257	0. 068 094
10	0. 000 002	0. 000 007	0. 000 019	0. 000 046	0. 000 277	0. 001 102	0. 003 315	0. 008 132	0. 017 093	0. 031 828
11		0. 000 001	0. 000 003	0. 000 008	0. 000 062	0. 000 292	0. 001 019	0. 002 840	0. 000 669	0. 013 695
12				0. 000 001	0. 000 013	0. 000 071	0. 000 289	0. 000 915	0. 002 404	0. 005 453
13					0. 000 002	0. 000 016	0. 000 076	0. 000 274	0. 000 805	0. 002 019
14						0. 000 003	0. 000 019	0. 000 076	0. 000 252	0. 000 698
15						0. 000 001	0. 000 004	0. 000 020	0. 000 074	0. 000 226
16							0. 000 001	0. 000 005	0. 000 020	0. 000 069
17								0. 000 001	0. 000 005	0. 000 020
18									0. 000 001	0. 000 005
19										0. 000 001

附表 7　r 界值表

	P(2)：	0.50	0.20	0.10	0.05	0.02	0.01	0.005	0.002	0.001
	P(1)：	0.20	0.10	0.05	0.025	0.01	0.005	0.002 5	0.001	0.000 5
1		0.707	0.951	0.988	0.997	1.000	1.000	1.000	1.000	1.000
2		0.500	0.800	0.900	0.950	0.980	0.990	0.995	0.998	0.999
3		0.404	0.687	0.805	0.878	0.934	0.959	0.974	0.986	0.991
4		0.347	0.603	0.729	0.811	0.882	0.917	0.942	0.963	0.937
5		0.309	0.551	0.669	0.755	0.833	0.875	0.906	0.935	0.951
6		0.281	0.507	0.621	0.707	0.789	0.834	0.870	0.905	0.925
7		0.260	0.472	0.582	0.666	0.750	0.798	0.836	0.875	0.898
8		0.242	0.443	0.549	0.632	0.715	0.765	0.805	0.847	0.872
9		0.228	0.419	0.521	0.602	0.685	0.735	0.776	0.820	0.847
10		0.216	0.398	0.497	0.576	0.658	0.708	0.750	0.795	0.823
11		0.206	0.380	0.476	0.553	0.634	0.684	0.726	0.772	0.801
12		0.197	0.365	0.457	0.532	0.612	0.661	0.703	0.750	0.780
13		0.189	0.351	0.441	0.514	0.592	0.641	0.683	0.730	0.760
14		0.182	0.338	0.426	0.497	0.574	0.623	0.664	0.711	0.742
15		0.176	0.327	0.412	0.482	0.558	0.606	0.647	0.694	0.725
16		0.170	0.317	0.400	0.468	0.542	0.590	0.631	0.678	0.708
17		0.165	0.308	0.389	0.456	0.529	0.575	0.616	0.622	0.693
18		0.160	0.299	0.378	0.444	0.515	0.561	0.602	0.648	0.679
19		0.156	0.291	0.369	0.433	0.503	0.549	0.589	0.635	0.665
20		0.152	0.284	0.360	0.423	0.492	0.537	0.576	0.622	0.652
21		0.148	0.277	0.352	0.413	0.482	0.526	0.565	0.610	0.640
22		0.145	0.271	0.344	0.404	0.472	0.515	0.554	0.599	0.629
23		0.141	0.265	0.337	0.396	0.462	0.505	0.543	0.588	0.618
24		0.138	0.260	0.330	0.388	0.453	0.496	0.534	0.578	0.607
25		0.136	0.255	0.323	0.381	0.445	0.487	0.524	0.568	0.597
26		0.133	0.250	0.317	0.374	0.437	0.479	0.515	0.559	0.588
27		0.131	0.245	0.311	0.367	0.430	0.471	0.507	0.550	0.579
28		0.128	0.241	0.306	0.361	0.423	0.463	0.499	0.541	0.570
29		0.126	0.237	0.301	0.355	0.416	0.456	0.491	0.533	0.562
30		0.124	0.233	0.296	0.349	0.409	0.449	0.484	0.526	0.554
31		0.122	0.229	0.291	0.344	0.403	0.442	0.477	0.518	0.546
32		0.120	0.226	0.287	0.339	0.397	0.436	0.470	0.511	0.539
33		0.118	0.222	0.283	0.334	0.392	0.430	0.464	0.504	0.532
34		0.116	0.219	0.279	0.329	0.386	0.424	0.458	0.498	0.525
35		0.115	0.216	0.275	0.325	0.381	0.418	0.452	0.492	0.519
36		0.113	0.213	0.271	0.320	0.376	0.413	0.446	0.486	0.513
37		0.111	0.210	0.267	0.316	0.371	0.408	0.441	0.480	0.507
38		0.110	0.207	0.264	0.312	0.367	0.403	0.435	0.474	0.501
39		0.108	0.204	0.261	0.308	0.362	0.398	0.430	0.469	0.495
40		0.107	0.202	0.257	0.304	0.358	0.393	0.425	0.463	0.490
41		0.106	0.199	0.254	0.301	0.354	0.389	0.420	0.458	0.484
42		0.104	0.197	0.251	0.297	0.350	0.384	0.416	0.453	0.479
43		0.103	0.195	0.248	0.294	0.346	0.380	0.411	0.449	0.474
44		0.102	0.192	0.246	0.291	0.342	0.376	0.407	0.444	0.469
45		0.101	0.190	0.243	0.288	0.338	0.372	0.403	0.439	0.465
46		0.100	0.188	0.240	0.285	0.335	0.368	0.399	0.435	0.460
47		0.099	0.186	0.238	0.282	0.331	0.365	0.395	0.431	0.456
48		0.098	0.184	0.235	0.270	0.328	0.361	0.391	0.427	0.451
49		0.097	0.182	0.233	0.276	0.325	0.358	0.387	0.423	0.447
50		0.096	0.181	0.231	0.273	0.322	0.354	0.384	0.419	0.443

习题参考答案

Answers

第1章

1. $\Omega=\{$(正,1)(正,2)(正,3)(正,4)(正,5)(正,6)(反,1)(反,2)(反,3)(反,4)(反,5)(反,6)$\}$

2. (1)$A\cap\bar{B}\cap\bar{C}$　(2)$A\cap B\cap C$

(3)$(A\cup B\cap\bar{C})\cup(A\cup C\cap\bar{B})\cup(B\cup C\cap\bar{A})$　(4)$\overline{AB\cup BC\cup AC}$

3. (1)64　(2)36

4. (1)A与C,B与C互不相容

(2)B与C对立

5. (1)$\frac{7}{15}$　(2)$\frac{1}{15}$　(3)$\frac{7}{15}$　(4)$\frac{3}{10}$

6. $\frac{1}{5}$;$\frac{3}{5}$

7. (1)$p+q$　(2)$1-p$　(3)$1-q$

(4)q　(5)p　(6)$1-p-q$

8. (1)$\frac{12}{25}$　(2)$\frac{13}{25}$

9. $\frac{25}{36}$

10. (1)$\frac{1}{3}$　(2)$\frac{36}{125}$

11. 0.25

12. 0.973

13. 假设男女人数相同 0.047 6

14. (1) 0.32　(2) 0.58

15. (1)4/5　(2)7/15　(3)17/60

(4)1/20

16. (1)0.051 2　(2)0.993 3

17. 0.36;6

第2章

1. (1)$C=\frac{1}{42}$　(2)$P\{X\geqslant 2\}=\frac{9}{14}$

(3)$F(x)=\begin{cases}0, x<0\\ \frac{1}{7}, 0\leqslant x<1\\ \frac{5}{14}, 1\leqslant x<2\\ \frac{5}{7}, 2\leqslant x<3\\ 1, x\geqslant 3\end{cases}$

2.

X	0	1	2
P	$\frac{3}{28}$	$\frac{15}{28}$	$\frac{10}{28}$

$F(x)=\begin{cases}0, x<0\\ \frac{3}{28}, 0\leqslant x<1\\ \frac{18}{28}, 1\leqslant x<2\\ 1, x\geqslant 2\end{cases}$

3.

X	1	2	3
P	$\frac{6}{10}$	$\frac{3}{10}$	$\frac{1}{10}$

4.

X	1	2	3
P	0.2	0.6	0.2

5. $P(X=4)=\frac{2}{3}e^{-2}$

6.(1)$a=\frac{1}{2}$　(2)$P\{0<X<1\}=0$

(3)$P\{-1<X<1.5\}=\frac{3}{8}$

(4) $F(x)=\begin{cases}0, x<1\\ \frac{x^2}{2}-\frac{x}{2}, 1\leqslant x<2\\ 1, x\geqslant 2\end{cases}$

7.(1)$A=\frac{1}{2}, B=\frac{1}{\pi}$

(2)$f(x)=\frac{2}{\pi(4+x^2)}$

(3)$P\{1<X<2\}=\frac{1}{4}-\frac{1}{\pi}\arctan\frac{1}{2}$

(4)$x=2\tan\frac{\pi}{3}=2\sqrt{3}$

8.(1)$F(x)=\begin{cases}0, x\leqslant 0\\ x^4, 0<x<1\\ 1, x\geqslant 1\end{cases}$

(2)$a=\frac{1}{\sqrt[4]{2}}$

9.(1)$P\{X<2.44\}=0.8051$

(2)$P\{X>-1.5\}=0.5517$

(3)$P\{|X|<4\}=0.6678$

(4)$P\{-5<X<2\}=0.6147$

(5)$P\{|X-1|>1\}=0.8253$

10.$\mu=3.252, \sigma=2.64, P\{X>0\}=0.8907$

11.(1)

X	−3	−1	1	3
P	0.1	0.3	0.2	0.4

(2)

X	0	1	4
P	0.3	0.3	0.4

(3)

X	−1	0	1	8
P	0.1	0.3	0.2	0.4

12.$f_Y(y)=F'_Y(y)=\begin{cases}\frac{2}{9}y, 0<y<3\\ 0, 其他\end{cases}$

13.

X	1	2	3	4	5
P	0.9	0.09	0.009	0.0009	0.0001

14.(1)

X	1	2	3	4
P	$\frac{10}{13}$	$\frac{10}{12}\times\frac{3}{13}$	$\frac{10}{11}\times\frac{2}{12}\times\frac{3}{13}$	$\frac{1}{11}\times\frac{2}{12}\times\frac{3}{13}$

(2)

X	1	2	…	k	…
P	$\frac{10}{13}$	$\frac{3}{13}\cdot\frac{10}{13}$		$\left(\frac{3}{13}\right)^{k-1}\cdot\frac{3}{13}$	…

(3)

X	1	2	3	4
P	$\frac{10}{13}$	$\frac{3}{13}\cdot\frac{11}{13}$	$\frac{3}{13}\cdot\frac{2}{13}\cdot\frac{12}{13}$	$1\cdot\frac{1}{13}\cdot\frac{2}{13}\cdot\frac{3}{13}$

15.(1)$c=\frac{1}{\pi}$

(2)$P\left\{-\frac{1}{2}<X<\frac{1}{2}\right\}=\frac{1}{3}$

16.

(1) $F(x)=\begin{cases}0, x\leqslant -1\\ \frac{x}{\pi}\sqrt{1-x^2}+\frac{1}{\pi}\arcsin x\\ +\frac{1}{2}, -1<x<1\\ 1, x\geqslant 1\end{cases}$

(2) $F(x)=\begin{cases}0, x<0\\ \frac{x^2}{2}, 0\leqslant x<1\\ -\frac{x^2}{2}+2x-1, 1\leqslant x<2\\ 1, x\geqslant 2\end{cases}$

17.(1) $P\{|X|<30\}=0.4931$

(2)P(至少有一次误差的绝对值不超过 30)$=0.88$

18.(1) $P=\frac{8}{27}$

(150 h 内三只元件没有一只损坏)

(2)$P=\frac{1}{27}$

(150 h 内三只元件全部损坏)

(3) $P=\frac{4}{9}$

(150 h 内三只元件只有一只损坏)

19. $F(x)=\begin{cases}0, x<\frac{25\pi}{4}\\ \sqrt{\frac{4x}{\pi}}-5, \frac{25\pi}{4}\leqslant x\leqslant 9\pi\\ 1, x>9\pi\end{cases}$

密度 $\varphi(x)=F'(x)=\begin{cases}\frac{1}{\sqrt{\pi x}}, & \frac{25\pi}{4}\leqslant x\leqslant 9\pi\\ 0, & 其他\end{cases}$

第3章

1. (1)

X \ Y	1	2	3	4
1	$\frac{1}{4}$	0	0	0
2	$\frac{1}{8}$	$\frac{1}{8}$	0	0
3	$\frac{1}{12}$	$\frac{1}{12}$	$\frac{1}{12}$	0
4	$\frac{1}{16}$	$\frac{1}{16}$	$\frac{1}{16}$	$\frac{1}{16}$

(2)

X	1	2	3	4
p_k	$\frac{1}{4}$	$\frac{1}{4}$	$\frac{1}{4}$	$\frac{1}{4}$

Y	1	2	3	4
p_k	$\frac{1}{4}+\frac{1}{8}+\frac{1}{12}+\frac{1}{16}$	$\frac{1}{8}+\frac{1}{12}+\frac{1}{16}$	$\frac{1}{12}+\frac{1}{16}$	$\frac{1}{16}$

(3) X 和 Y 不独立。

(4) $X+Y$ 的分布律：

$X+Y$	2	3	4	5	6	7	8
p_k	$\frac{1}{4}$	$\frac{1}{8}$	$\frac{1}{12}+\frac{1}{8}$	$\frac{1}{12}+\frac{1}{16}$	$\frac{1}{12}+\frac{1}{16}$	$\frac{1}{16}$	$\frac{1}{16}$

$X-Y$ 的分布律：

$X-Y$	0	1	2	3
p_k	$\frac{1}{4}+\frac{1}{8}+\frac{1}{12}+\frac{1}{16}$	$\frac{1}{8}+\frac{1}{12}+\frac{1}{16}$	$\frac{1}{12}+\frac{1}{16}$	$\frac{1}{16}$

2. (1) $P\{X>Y\}=\frac{2}{3}$

(2) X 的边缘分布律：

X	0	1	2
p_k	$\frac{1}{3}$	$\frac{1}{3}$	$\frac{1}{3}$

Y 的边缘分布律：

Y	-1	0	1
p_k	$\frac{2}{3}$	$\frac{1}{6}$	$\frac{1}{6}$

(3) X 和 Y 不独立。

(4) XY 的分布律：

XY	-2	-1	0
p_k	$\frac{1}{3}$	$\frac{1}{3}$	$\frac{1}{3}$

3. (1) $P\{X>Y\}=0.5$

(2) $f_X(x)=\begin{cases}\int_{-\sqrt{1-x^2}}^{\sqrt{1-x^2}}\frac{1}{\pi}\mathrm{d}y=2\sqrt{1-x^2},\\ -1<x<1\\ 0, 其他\end{cases}$

$f_Y(y)=\begin{cases}\int_{-\sqrt{1-y^2}}^{\sqrt{1-y^2}}\frac{1}{\pi}\mathrm{d}x=2\sqrt{1-y^2},\\ -1<y<1\\ 0, 其他\end{cases}$

(3) X 和 Y 不是独立。

4. (1) $k=\frac{1}{8}$

(2) $f_X(x)=\begin{cases}\frac{1}{8}\int_2^4(6-x-y)\mathrm{d}y=\\ \frac{1}{8}\left(6y-xy-\frac{y^2}{2}\right)\Big|_2^4=\\ \frac{1}{4}(3-x), 0<x<2\\ 0, 其他\end{cases}$

$$f_Y(y)=\begin{cases}\frac{1}{8}\int_0^2(6-x-y)\mathrm{d}x=\\ \frac{1}{8}\left(6x-xy-\frac{x^2}{2}\right)\Big|_0^2=\\ \frac{1}{4}(5-y),2<y<4\\ 0,\text{其他}\end{cases}$$

(3)X 和 Y 不是独立。

(4)$P\{X<1.5\}=\frac{27}{32}$。

第4章

1.(1)2;2

(2)$f(x)=\begin{cases}\frac{1}{2},2\leqslant x\leqslant 4\\ 0,\text{其他}\end{cases}$;0;$\frac{1}{2}$

(3)8;0.2　(4)0.5;0.2

(5)$f(x)=\begin{cases}e^{-x},x\geqslant 0\\ 0,x<0\end{cases}$;ln2

(6)1　(7)−1

2.$E(X)=1,D(X)=\frac{1}{6}$

3.(1)$b=0,k=\frac{1}{\pi}$　(2)$E(X)=\frac{\pi}{2}$;$D(X)=\frac{\pi^2}{12}$　(3)$E(Y)=\frac{2}{\pi}$

4.$E(X)=0.6;D(X)=0.46$

5.$E(aX-bY)=a\mu-\frac{b}{\lambda}$

$D(aX-bY)=a^2\sigma^2+\frac{b^2}{\lambda^2}-\frac{2ab\rho\sigma}{\lambda}$

6.(1)不相关　(2)不独立。

7.$E(X)=\frac{1}{a}\sum_{k=1}^{\infty}k\left(\frac{a}{1+a}\right)^{k+1}$

$D(X)=a+a^2$

8.$E(X)=0;D(X)=\frac{\pi^2}{12}-\frac{1}{2}$

9.$E\left(\sin\frac{\pi(X+Y)}{2}\right)=0.25$

10.(1)

X	0	1	2	3
p	$1/2$	$1/2^2$	$1/2^3$	$1/2^3$

(2)$E\left(\frac{1}{1+X}\right)=\frac{67}{96}$

11.$E(\sqrt{X^2+Y^2})=\frac{3\sqrt{\pi}}{4}$

12.$E(Z)=\frac{l}{3};D(Z)=\frac{l^2}{18}$

13.$E(X)=\mu;D(X)=2$

14.$E(X)=0;E(Y)=0;D(X)=\frac{1}{4}$;$D(Y)=\frac{1}{4}$;$\rho_{XY}=0$

15.5.23 万元

16.$f_T(t)=[F_T(t)]'$

$=\begin{cases}25te^{-5t},t\geqslant 0\\ 0,t<0\end{cases}$

$E(T)=\frac{2}{5};D(T)=\frac{2}{25}$

第5章

1.0.211 9

2.98 箱

3.0.682 6

4.0.952 5

5.切比雪夫不等式方法:至少 250 次;德莫佛-拉普拉斯中心极限定理方法:至少 68 次

6.(1)0.180 2　(2)443

7.0.759 1

8.(1)0.894 41　(2)0.137 9

第6章

1.经验分布函数为

$$F_n(x)=\begin{cases}0,x<138\\ 0.1,138\leqslant x<149\\ 0.3,149\leqslant x<153\\ 0.5,153\leqslant x<156\\ 0.8,156\leqslant x<160\\ 0.9,160\leqslant x<169\\ 1,x\geqslant 169\end{cases}$$

做图(略)

2.(略)

3. $E(\overline{X})=0, D(\overline{X})=\frac{1}{3n}$

4. $E(\overline{X})=m, D(\overline{X})=\frac{2m}{n}$

5. n 至少为 4。

6. 0.685 4

7. (2)为统计量，其余都不是统计量。

8. (1) $f(x)=\frac{1}{6\sqrt{3\pi}}e^{-\frac{(x-60)^2}{108}}, -\infty<x<+\infty$ (2) $P\{Z\geqslant 41\}=0.995\ 1$

9. (1) $P\left\{\frac{S^2}{\sigma^2}\leqslant 1.205\ 2\right\}=0.750\ 0$

(2) $D(S^2)=\frac{2\sigma^4}{17}$

10. (1) $C=\frac{1}{3}$；(2) $C=\frac{\sqrt{6}}{2}$；(3)(略)

11. $\hat{\sigma}^2=\frac{1}{n}\sum_{i=1}^{n}(X_i-\mu)^2$

12. $\hat{\mu}=\frac{1}{n}\sum_{i=1}^{n}X_i=\overline{X}$

13. λ 的极大似然估计为 $\hat{\lambda}_1=X_{(n)}$；λ 的矩估计为 $\hat{\lambda}_2=2\overline{X}$。

14. θ 的矩估计为 $\hat{\theta}_2=1-\frac{c}{\overline{X}}$；$\theta$ 的极大似然估计为 $\hat{\theta}_1=\frac{1}{n}\sum_{i=1}^{n}\ln X_i-\ln c$

15. $\hat{a}=X_{(1)}, \hat{b}=X_{(n)}$.

16. θ 的矩估计和极大似然估计均为 $\hat{\theta}=\frac{5}{6}$

17. $E(k\overline{X}+(1-k)S^2)$

$=kE(\overline{X})+(1-k)E(S^2)$

$=kE(X)+(1-k)D(X)$

$=k\times\lambda+(1-k)\times\lambda=\lambda$

所以，对任意常数 k，统计量 $k\overline{X}+(1-k)S^2$ 都是 λ 的无偏估计。

18. $c=\frac{1}{2n}$

19. $c=\frac{1}{n}\sqrt{\frac{2}{\pi}}$

20.(略)

21. $c=\frac{\sigma_2^2}{\sigma_1^2+\sigma_2^2}, d=\frac{\sigma_1^2}{\sigma_1^2+\sigma_2^2}$

22. (1)设 n_1, n_2 分别表示样本中取值为 -1，取值为 1 的个数，则 $n-n_1-n_2$ 为样本中取值为 0 的个数，所以 θ 的极大似然估计为 $\hat{\theta}_1=\frac{n_2}{n_1+n_2}$

(2) θ 的矩估计为 $\hat{\theta}_2=\overline{X}+\frac{1}{2}$

23. (1) σ 的矩估计为 $\hat{\sigma}_1=\sqrt{\frac{1}{2n}\sum_{i=1}^{n}X_i^2}$

(2) σ 极大似然估计为

$\hat{\sigma}_2=\frac{1}{n}\sum_{i=1}^{n}|X_i|$

24. (2.689 5, 2.720 5)

25. $n\geqslant\left[\frac{4S^2t_{\frac{\alpha}{2}}^2(n-1)}{L^2}\right]+1$

26. (992.16, 1 007.8)

27. (45.10, 45.31)；(0.171 4, 0.329 1)

28. (0.003 2, 0.129 0)

29. (−1.807 4, 5.807 4)

30. (29.469 6, 135.280 4)

第 7 章

1. 无显著变化
2. 不能认为 $\mu=500$ g
3. 无显著降低
4. 认为不合格
5. 有显著变化
6. 可以
7. 无显著差异
8. 有显著差异
9. 接受 H_0
10. 接受 H_0
11. 接受 H_0

12. 认为服从泊松分布

13. 接受 H_0

第8章

1. 三个厂生产的电池的平均寿命有显著差异：(6.75,18.75)，(−7.65,4.05)，(−20.25,−8.55)。

2. 有显著差异：(−9.345 4,3.795 4)，(14.204 6,27.345 4)，(2.954 6,16.095 4)，(−5.770 4,7.370 4)。

3. 有显著差异：(−23.492 4,3.492 4)，(−13.692 4,13.292 4)，(−7.092 4,19.892 4)。

4. 浓度不同对得率产生显著影响；温度及交互作用的影响不显著。

5. 促进剂和氧化锌的影响都是高度显著的，而它们的交换作用则可忽略。

6. (1)等温温度的不同水平对硬度无显著影响；(2)淬火温度的不同水平对硬度有显著影响。

7. 略

8. (1)$\hat{y}=3.0332-2.0698x$；0.001 9

(2)a：(2.967 1,3.111 7)，b：(−2.177 1,−1.962 5)，σ^2：(0.001 0,0.004 3)

(3)线性回归效果显著。

9. (1) $\hat{y}=5.36+0.304x$；0.304 μm

(2)线性回归效果显著。

(3)b：(0.240 9,0.367 8)

σ^2 的无偏估计：4.998 4

(4)29.691 3，(29.691 3±7.882 9)

10. (1) $\hat{y}=-9.88+2.81$

(2)$\hat{y}=-75.3+19.9$

(3)$\hat{y}=0.818x^{0.678}$

(2)中的回归方程 r^2 最大

11. $\hat{u}_0=100.08$；$\hat{a}=0.3127$

12. (1) $\hat{y}=51.7980+0.3361x_1+0.3518x_2$；(2)线性回归效果显著

13. (1) $\hat{y}=111.6892+0.0143x_1-7.1882x_2$；(2)线性回归效果显著

第9章

1. 设 $y''(x)-y(x)\sin x=0$，$y(0)=1$，$y'(0)=0$，用数值解法算出 $y(1)=1.1635$，设 $y''(x)+y(x)\cos x=0$，$y(0)=1$，$y'(0)=0$，用数值解法算出 $y(1)=0.5721$，你用的方法是 Runge-Kutta，调用的 Matlab 命令是 ode45('filename',[0,1],[1,0])，算法精度为 4 阶。

2. 设总体 $X\sim N(\mu,\sigma^2)$，σ 未知，现用一容量 $n=25(20)$ 的样本 x 对 μ 作区间估计。若已算出样本均值 $\bar{x}=16.4(14.3)$，样本方差 $s^2=5.4(4.5)$，作估计时你用的随机变量是 $\frac{\bar{x}-\mu}{s/\sqrt{n}}$，这个随机变量服从的分布是 $t(n-1)$，在显著性水平 0.05 下 μ 的置信区间为 [15.441,17.359]([13.307 2,15.292 8])。若已知样本 $x=(x_1,x_2,\cdots,x_n)$，对 μ 作区间估计，调用的 Matlab 命令是 [mu, sigma, muci, sigmaci] = normfit(x, alpha)。

3. 小型火箭初始质量为 900 kg，其中包括 600 kg 燃料。

(1)11 个 k=0.431 3　0.400 5　0.381 5　0.404 3　0.419 3　0.398 4　0.394 9　0.391 2　0.396 1　0.403 5　0.413 5

平均值 0.403 2

(2)1 个 k=0.402 2(无常数项)

接受 k=0.4(p=0.468 1，k 置信区间 [0.393 8,0.412 5])

拟合一次式(用 m 除)：

常数项：−0.607 0 (置信区间 [−3.865 3,2.651 3])，

一次项：0.394 4(置信区间 [0.351 7,0.437 2])

stat＝0.979 8　435.573 4　0.000 0

拟合一次式(不用 m 除)：

常数项：－1 046.86(置信区间
[－4 299,2 205])

一次项：0.381 6(置信区间
[0.316 8,0.446 4])

stat＝0.951 75　177.53　0.000 0

小型火箭初始质量为 1 200 kg,其中包括 900 kg 燃料。

(1)11 个 k＝0.532 1　0.487 7　0.495 3　0.484 7　0.481 1　0.529 4　0.519 3　0.492 3　0.491 9　0.483 2　0.388 8

平均值　0.489 6

(2)1 个 k＝0.482 1(无常数项)

接受 k＝0.5(p＝0.389 4，k 置信区间[0.463 9,0.515 3])

拟合一次式(用 m 除)：

常数项：－5.637 3(置信区间
[－13.457 6,2.182 9])，

一次项：0.377 5(置信区间
[0.229 9,0.525 2])

stat＝0.788 0　33.457 4　0.000 3

拟合一次式(不用 m 除)：

常数项：－6 365.6(置信区间
[－15 866.7,3 135.3])

一次项：0.360 3(置信区间
[0.173 2,0.547 3])

stat＝0.678 3　18.98　0.001 8

参考文献

References

[1] 徐梅. 概率论与数理统计.北京:中国农业出版社,2007.

[2] 安希忠,等.新编概率统计.长春:吉林科学技术出版社,2005.

[3] 魏宗舒,等.概率论与数理统计教程.北京:高等教育出版社 1983.

[4] 周奎伟,等.概率论与数理统计教程.北京:人民日报出版社,2005.

[5] 万建平,刘次华.概率论与数理统计学习辅导与习题全解.2 版.北京:高等教育出版社,2004.

[6] 程依明,张新生.概率统计习题精解.北京:科学出版社,2002.

[7] 赵选民,师义民.概率论与数理统计典型题分析解集.西安:西北工业大学出版社,1998.

[8] 盛骤.概率论与数理统计.3 版.北京:高等教育出版社,2005.

[9] 吴传生.经济数学——概率论与数理统计.北京:高等教育出版社,2004.